G. Owen

Spieltheorie

Aus dem Englischen übersetzt von
H. Skarabis

Springer-Verlag
Berlin · Heidelberg · New York 1971

Professor Guillermo Owen
Rice University
Department of Mathematical Sciences
Houston, Texas 77001/USA

Dr. Horst Skarabis
Institut für Statistik und Versicherungs-
mathematik der Freien Universität
1000 Berlin 33

Titel der amerikanischen Originalausgabe: Game Theory
© 1968 by W. B. Saunders Company. Philadelphia · London · Toronto 1968

AMS Subject Classifications (1970): 90-D-xx

ISBN-13: 978-3-540-05498-6   e-ISBN-13: 978-3-642-65244-8
DOI: 10.1007/978-3-642-65244-8

Vorwort

In den letzten Jahren entstand ein erheblicher Bedarf an Lehrbüchern, die die Theorie
der Zwei- und n-Personenspiele aus mathematischer Sicht vollständig behandeln. Ich
hoffe, daß das vorliegende Buch diese Lücke schließen wird.

Die Theorie der Zwei-Personenspiele wird in den Kapiteln I bis V behandelt, die gewissermaßen den ersten Teil des Buches bilden. Die letzten fünf Kapitel behandeln die
n-Personenspiele und können zum zweiten Teil zusammengafaßt werden. Beide Teile
sind voneinander unabhängig und stellen etwa je eine einsemestrige Vorlesung dar. Es
können aber auch die Kapitel I, II, VIII, IX zu einem mehr theoretisch orientierten
Elementarkurs zusammengefaßt werden. Überdies ist es möglich, einzelne Kapitel
weitgehend beliebig für eine Lehrveranstaltung auszuwählen, ohne daß dabei zu sehr
auf die restlichen eingegangen werden muß.

Schließlich sei bemerkt, daß die meisten der bisher bekannten Lehrbücher die Teile
der Spieltheorie behandeln, die in den Kapiteln II, III, VIII und IX zu finden sind. Ich
habe versucht, die vorliegende Theorie mit mathematischer Strenge abzuhandeln.
Gleichzeitig aber wurde - besonders in der zweiten Hälfte des Buches - der mathematische Aufbau der Theorie durch heuristische Betrachtungen erläutert. Schließlich
ist die Spieltheorie die mathematische Beschreibung bestimmter soziologischer Phä-
nomene; und es wäre daher in der Tat zu dürftig, die mathematische Darstellung ohne
die zugehörigen sozialen Bezüge zu bringen.

Die Auswahl der Inhalte des Buches orientiert sich an den Kenntnissen und Bedürfnis-
sen der Studenten mittlerer Semester. Daher schien es mir sinnvoll, das Buch mit in-
struktiven Aufgaben und deren Lösungen zu beginnen. In der Tat gilt dies für die Theorie der Zwei-Personenspiele. Einige Teile dieser Theorie wurden bewußt herausgelas-
sen, besonders die Frage der Information in extensiven Spielen, da ich aus Vorlesun-
gen die Erfahrung gewonnen habe, daß die Einführung eines solchen Konzeptes nicht
zur Erleichterung des Hauptproblems beiträgt, sondern dieses eher noch erschwert.
Die Verlegung der Nutzentheorie in die zweite Hälfte dieses Buches hat einen ähnli-
chen Grund: Obwohl sie ein zentrales Problem der n-Personenspiele darstellt, ist sie
für die Behandlung der Zwei-Personen-Nullsummen-Spiele eher hinderlich.

Ich glaube, daß einige der hier behandelten Inhalte zum ersten Mal in einem Lehrbuch erscheinen. Dazu gehören die Differentialspiele, der Verhandlungsbereich und die Spiele mit einem Kontinuum von Spielern. Ich habe diese Themen ausführlich behandelt, obwohl einige ihrer schwierigeren Aspekte natürlich weggelassen werden mußten. Die Behandlung der genannten Themen soll dazu dienen, dem Studenten eine Vorstellung von den vielen neuen Richtungen zu geben, die die Spieltheorie im Augenblick einschlägt.

Voraussetzung für ein erfolgreiches Lesen dieses Buches sind elementare Kenntnisse in Analysis und Wahrscheinlichkeitstheorie. Einige Kenntnisse aus der Maßtheorie wären nützlich sind aber nicht unbedingt erforderlich. Dagegen werden konvexe Mengen und konvexe Funktionen sowie deren wichtigste Eigenschaften vorausgesetzt. Die wichtigsten Teile dieser Theorie sind im Anhang dieses Buches entwickelt. Die Fixpunktsätze von BROUWER und KAKUTANI, die für einige Teile der Spieltheorie nützlich sind, werden ohne Beweis angegeben.

Die Aufgaben stammen hauptsächlich aus der Literatur. Sie sind zum einen von Bedeutung, als sie Gegenbeispiele zu bestimmten plausiblen Vermutungen darstellen. Andererseits liefern sie Beweisskizzen bestimmter Theoreme, von denen ich annehme, daß sie nicht in ihrer Vollständigkeit bewiesen werden müßten. Wieder andere sind elementare Übungen.

Ich habe versucht, die Bibliographie so ausführlich zu machen, daß der Leser sofort die entsprechenden Details findet, die in meinen Ausführungen fehlen. Es soll keineswegs eine erschöpfende Bibliographie sein. Solche findet der Leser besonders in dem ausgezeichneten Buch von LUCE und RAIFFA "Games and Decisions" und in "Annals of Mathematical Studies" No. 40.

Ich möchte Herrn Prof. ALBERT TUCKER der Princeton University und Herrn Prof. JOHN ISBELL vom Institute of Technology für ihre hilfreichen Kommentare und Vorschläge zur Verbesserung des ersten Manuskriptes danken. Einige der Übungsbeispiele gehen auf ihren Vorschlag zurück. Ich möchte weiterhin HELEN GWOZDZ, ELLEN MOONEY und Mrs. CATHERINE DE ROSA für ihre unschätzbare Hilfe beim Schreiben des Manuskriptes danken. Schließlich möchte ich meiner Frau für ihre Aufmunterung und ihr Vertrauen meinen Dank aussprechen.

G. O.

Inhaltsverzeichnis

Kapitel I
Definition eines Spiels

I.1 Einleitende Bemerkungen

Die Hauptidee des hier behandelten "Spiels" ist von den Gesellschaftsspielen her geläufig. Ausgehend von einer bestimmten Anfangssituation hat man eine Folge von Schritten (Zügen) derart, daß die Spieler bei jedem Schritt diesen aus einer gegebenen Menge von möglichen Schritten auswählen. Einige dieser Züge können auch zufällig sein, wie etwa das Werfen eines Würfels oder das Mischen eines Kartenspiels.

Beispiele dieses Spieltyps sind Schach, bei dem es keine zufälligen Züge gibt (ausgenommen die Entscheidung darüber, welcher der Spieler den ersten Zug macht), Bridge, bei dem neben dem Können der Zufall eine größere Rolle spielt und schließlich Roulett, das ausschließlich ein Zufallsspiel (Glücksspiel) ist.

Die Beispiele Bridge und Schach sind geeignet, andere wichtige Eigenschaften eines Spiels herauszustellen. Beim Schach kennen beide Spieler sämtliche vorangegangenen Züge, was beim Bridge nur teilweise zutrifft. Also ist in manchen Spielen der Spieler nicht in der Lage festzustellen, welche der möglichen Züge tatsächlich durch einen Gegenspieler oder durch den Zufall gemacht wurden. Also muß er alle möglichen Konstellationen des Spiels berücksichtigen, wenn er über den nächsten Zug entscheidet.

Schließlich gibt es am Ende eines Spiels die Auszahlung an die Spieler (in Form von Geld oder "Prestige"), die von dem Verlauf des Spiels abhängt. Es existiert also eine Funktion, die jedem "Endpunkt" des Spiels eine Auszahlung zuweist.

I.2 Spiele in extensiver Form

Das allgemeine Konzept eines Spiels enthält also die folgenden drei Elemente: (1) die Reihenfolge der Schritte, über die von Personen oder vom Zufall entschieden wird; (2) den Informationsstand der Spieler und (3) eine Auszahlungsfunktion.

Zunächst definieren wir einen topologischen Baum oder Spielbaum als eine endliche
Menge von "Knoten" (Eckpunkte) die durch Linien (Kanten) verbunden sind und zwar
so, daß eine zusammenhängende Figur ohne einfach geschlossene Kurvenzüge entsteht.
Also existiert zu zwei Eckpunkten A und B genau eine Folge von Kanten und Ecken, die
A mit B verbindet.

__I.2.1 Definition:__ Es sei Γ ein topologischer Baum mit einem ausgezeichneten Punkt A.
Man sagt dann, ein Eckpunkt C folgt dem Eckpunkt B, wenn die Folge von Kanten, die
A und C verbinden, durch B geht. Es soll C dem Punkt B direkt (unmittelbar) folgen,
wenn C Nachfolger von B ist, und eine Kante existiert, die B mit C verbindet. X heißt
Endpunkt, wenn X keinen Nachfolger hat.

__I.2.2 Definition.__ Unter einem n-Personenspiel in extensiver Form versteht man
α) Einen topologischen Baum Γ mit einem ausgezeichneten Punkt A, dem Anfangspunkt
  von Γ.
β) Eine Auszahlungsfunktion, die jedem Endpunkt von Γ einen n-Vektor zuweist.
γ) Eine Zerlegung der Eckpunkte von Γ, die keine Endpunkte sind, in $(n + 1)$ Mengen
  $S_0, S_1 \ldots S_n$, die sogenannten Spieler-Mengen.
δ) Für jede Ecke von S_0 eine Wahrscheinlichkeitsverteilung auf der Menge der unmit-
  telbaren Nachfolger dieser Ecke.
ε) Eine Zerlegung von S_i $(i = 1,\ldots,n)$ in Teilmengen S_i^j, die Informationsmengen, so
  daß zwei Eckpunkte aus der gleichen Informationsmenge die gleiche Anzahl von di-
  rekten Nachfolgern besitzen, und kein Eckpunkt einer Informationsmenge Nachfolger
  einer anderen Ecke dieser Menge ist.
ζ) Für jede Informationsmenge S_i^j existiert eine Indexmenge I_i^j zusammen mit einer
  bijektiven Abbildung von I_i^j auf die Menge der direkten Nachfolger eines jeden Eck-
  punktes aus S_i^j.
Diese Punkte beschreiben die wesentlichen Elemente eines Spiels. Sie haben folgende
Bedeutung
(α) Existenz eines Anfangspunktes,
(β) Existenz einer Auszahlungsfunktion,
(γ) unterteilt die einzelnen Schritte in Zufallsschritte (S_0) und solche, die von Personen
  durchgeführt werden $(S_1,\ldots,S_n)$,
(δ) definiert ein Zufallsschema für jeden Zufallsschritt;
(ε) unterteilt die Züge eines Spielers in "Informationsmengen". Der Spieler weiß zwar,
  in welcher Informationsmenge er sich befindet, aber nicht an welcher Stelle innerhalb dieser Menge.

__I.2.3 Beispiel.__ Beim Münzwurf Abb. I.2.1 wählt Spieler I "Kopf" (K) oder "Zahl" (Z).
Spieler 2, der die Wahl von I nicht kennt, wählt auch Kopf oder Zahl. Wenn beide Spie-
ler das gleiche wählen, gewinnt II einen Pfennig von I. Im anderen Fall gewinnt Spieler
I einen Pfennig von Spieler II. Im Spielbaum repräsentiert der Vektor an den Endpunk-

ten die Auszahlungsfunktion, die Zahlen neben den anderen Eckpunkten geben an, welcher Schritt zu welchem Spieler gehört. Der schraffierte Bereich umschließt die Schritte aus der gleichen Informationsmenge.

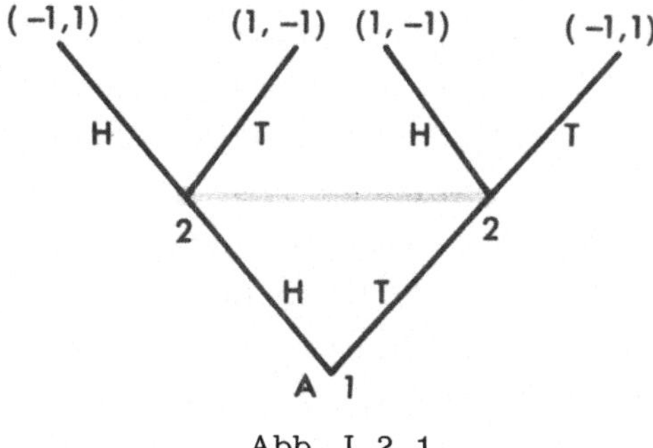

Abb. I.2.1

I.2.4 Beispiele. Ein Spiel mit reinen Strategien ist beispielsweise das folgende: Zwei Spieler erhalten je eine vollständige Farbe eines Kartenspiels (13 Karten). Die Karten einer dritten Farbe werden gemischt und dann nacheinander aufgedeckt. Jedesmal wenn eine Karte aufgedeckt worden ist, drehen die Spieler eine ihrer Karten um, wobei es

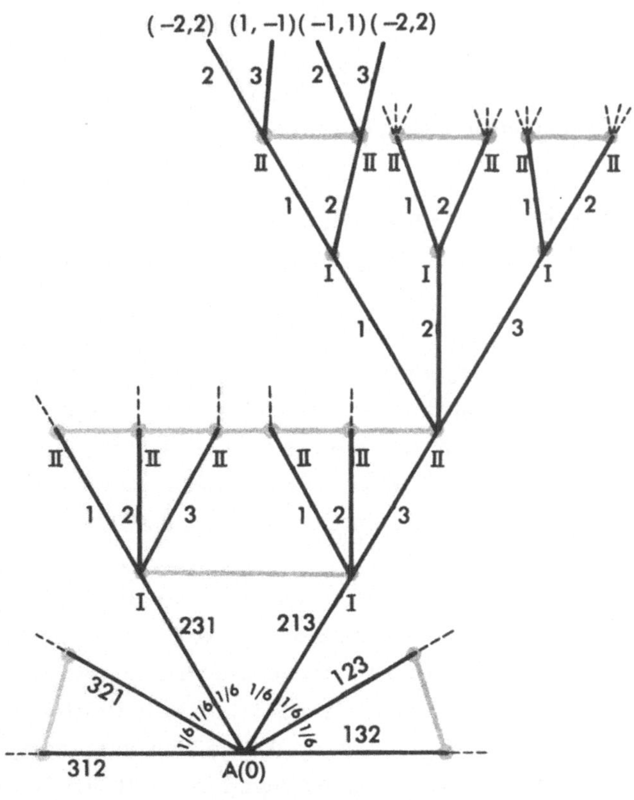

Abb. I.2.2

ihnen überlassen bleibt, welche sie jeweils umdrehen. Es gewinnt dann der Spieler die dritte Karte, der die höhere eigene aufgedeckt hat. (Haben beide aufgedeckten Karten denselben Wert, so gewinnt keiner). Das wird solange fortgesetzt, bis sämtliche Karten der beiden Spieler aufgedeckt worden sind. Dann zählen die Spieler die Punktzahl ihrer gewonnenen Karten. Der Gewinn ist die Differenz zwischen beiden Augensummen. Der Spielbaum mit 13 Karten ist zu groß, um ihn hier darzustellen. Ein Teil des Spielbaums mit drei Karten des gleichen Spiels ist in Abb.I.2.2 dargestellt.

Der einzige Zufallsschritt besteht im Mischen der Karten, wobei diese in eine der sechs möglichen Anordnungen je mit der Wahrscheinlichkeit 1/6 gebracht werden. Danach entscheiden die beiden Spieler I und II über alle weiteren Schritte. Vom Spielbaum sind nur bestimmte Teile dargestellt worden, darunter der Anfangspunkt, einige Zweige (Kanten) und schließlich vier der Endpunkte. Die anderen Zweige sind den hier dargestellten ähnlich. Bezüglich der Information der Spieler vereinbaren wir die

I.2.5 Definition. Ein Spieler besitzt vollständige Information in Γ, wenn seine Informationsmengen S_i^j sämtlich aus je einem Element bestehen. Ein Spiel mit vollständiger Information liegt genau dann vor, wenn jeder Spieler vollständige Information in Γ besitzt. Beispielsweise sind Schach und Dame Spiele mit vollständiger Information im Gegensatz zu Bridge und Poker.

I.3 Strategien. Die Normalform

Rein intuitiv kann man eine Strategie als einen Spielplan erklären, in dem sich jeder Spieler überlegt, wie er in jeder möglichen Situation des Spiels reagieren wird. Daraus ergibt sich

I.3.1 Definition. Eine Strategie des Spielers i sei eine Funktion, die jeder Informationsmenge S_i^j eine der Kanten zuordnet, die den Ecken von S_i^j folgen. Die Menge aller Strategien des Spielers i sei Σ_i. Im allgemeinen nimmt man an, daß ein Spieler nur wenige Schritte in die Zukunft plant und gewöhnlich auch erst zu dem Zeitpunkt, wo er den Schritt machen muß. Diese Praxis ist häufig notwendig, weil wie z.B. beim Schach oder dem Pokern die Zahl der möglichen Schritte so groß ist, daß niemand alle Möglichkeiten sehr weit im voraus planen kann. Vom rein theoretischen Standpunkt aus kann diese praktische Einschränkung übergangen werden, und man kann annehmen, daß vor Spielbeginn jeder Spieler darüber zu entscheiden hat, was er in den einzelnen Fällen tun wird; d.h., jeder Spieler hat vor dem Spiel seine jeweilige Strategie gewählt. Offen bleiben daher nur noch die Zufallsschritte. Diese können zu einem einzigen "Schritt" zusammengefaßt werden, dessen Ausgang zusammen mit den gewählten Strategien den Endpunkt des Spieles festlegt.

Der Spieler ist nun an der Strategie interessiert, die ihm den größten Anteil an der Auszahlung sichert (d.h., Spieler i will die i-te Komponente des Auszahlungsvektors maximieren). Da man jedoch nur wahrscheinlichkeitstheoretische Aussagen über den Ausgang der Zufallsschritte machen kann, nimmt man naturgemäß den Erwartungswert der Auszahlungsfunktion als Auszahlung. Werden die Strategien der Spieler für $i = 1, 2, \ldots, n$ mit $\sigma_i \in \Sigma_i$ bezeichnet, dann soll

$$\pi(\sigma_1, \sigma_2, \ldots, \sigma_n) =$$
$$(\pi_1(\sigma_1, \ldots, \sigma_n), \pi_2(\ldots), \ldots, \pi_n(\sigma_1, \ldots, \sigma_n))$$

den Erwartungswert der Auszahlungsfunktion darstellen.

Nun kann die Funktion $\pi(\sigma_1, \ldots, \sigma_n)$ für alle möglichen Werte $\sigma_1, \ldots, \sigma_n$ tabelliert werden, und zwar entweder in Form einer Relation oder aber durch Bestimmung eines n-dimensionalen Schemas von n-Vektoren. (Im Fall $n = 2$ liefert das eine Matrix, deren Elemente aus reellen Zahlenpaaren bestehen.) Dieses n-dimensionale Schema heißt Normalform des Spiels Γ.

I.3.2 Beispiel. Im Spiel des Münzwurfs (Beispiel I.2.3) hat jeder Spieler zwei Strategien "Köpfe" oder "Zahlen". Die Normalform dieses Spieles ist dann die Matrix

	K	Z
K	$(-1, 1)$	$(1, -1)$
Z	$(1, -1)$	$(-1, 1)$

(Die Zeilen repräsentieren die Strategien des Spielers I und die Spalten die des Spielers II.)

I.3.3 Beispiel. Man betrachte folgendes Spiel: Eine Zufallsvariable, die der Werte 1, 2, 3, 4 fähig ist, nehme jeden dieser Werte mit der Wahrscheinlichkeit $\frac{1}{4}$ an. Spieler I, der den Ausgang des Zufallsexperimentes nicht kennt, wählt eine Zahl x, Spieler II, der weder den Ausgang des Zufallsexperimentes noch die Wahl von I kennt, wählt eine Zahl y. Die Auszahlung sei dann

$$(|y - z| - |x - z|, \ |x - z| - |y - z|)$$

d.h., die Zahl z soll möglichst genau erraten werden.

In diesem Spiel hat jeder Spieler die vier Strategien: 1,2,3,4. Wählt etwa I die Strategie 1 und II die Strategie 3, so ist die Auszahlung gleich $(2, -2)$ mit der Wahrscheinlichkeit $\frac{1}{4}$, bzw. $(0,0)$ mit der Wahrscheinlichkeit $\frac{1}{4}$ oder $(-2,2)$ mit der Wahrscheinlichkeit $\frac{1}{2}$. Der Erwartungswert ist dann $\pi(1,3) = \left(-\frac{1}{2}, \frac{1}{2}\right)$. Berechnet man alle Werte für $\pi(\sigma_1, \sigma_2)$, so ergibt sich

	1	2	3	4
1	$(0,0)$	$(-\frac{1}{2},\frac{1}{2})$	$(-\frac{1}{2},\frac{1}{2})$	$(0,0)$
2	$(\frac{1}{2}, -\frac{1}{2})$	$(0,0)$	$(0,0)$	$(\frac{1}{2}, -\frac{1}{2})$
3	$(\frac{1}{2}, -\frac{1}{2})$	$(0,0)$	$(0,0)$	$(\frac{1}{2}, -\frac{1}{2})$
4	$(0,0)$	$(-\frac{1}{2},\frac{1}{2})$	$(-\frac{1}{2},\frac{1}{2})$	$(0,0)$

<u>I.3.4 Definition.</u> Ein Spiel heißt endlich, wenn sein Baum aus endlich vielen Eckpunkten besteht.

Nach dieser Definition sind die meisten unserer Gesellschaftsspiele endlich.

Es ist leicht einzusehen, daß es in einem endlichen Spiel nur endlich viele Strategien geben kann.

I.4 Gleichgewichts-n-Tupel

<u>I.4.1 Definition.</u> Gegeben sei ein Spiel Γ. Dann heißt ein n-Tupel von Strategien $\left(\sigma_1^*, \sigma_2^*, \ldots, \sigma_n^*\right)$ im Gleichgewicht oder Gleichgewichts-n-Tupel, wenn für jedes $i = 1, \ldots, n$ und jedes $\hat{\sigma}_i \in \Sigma_i$

$$\pi_i\left(\sigma_1^*, \ldots, \sigma_{i-1}^*, \hat{\sigma}_i, \sigma_{i+1}^*, \ldots, \sigma_n^*\right) \leq \pi_i\left(\sigma_1^*, \ldots, \sigma_n^*\right).$$

gilt.

Mit anderen Worten, ein n-Tupel von Strategien befindet sich im Gleichgewicht, wenn kein Spieler einen vernünftigen Grund hat, seine Strategie zu ändern unter der Voraussetzung, daß alle anderen Spieler ihre Strategien beibehalten. Wenn in solch einem Fall jeder Spieler die Pläne der anderen genau kennt, wird er die Strategien bevorzugen, die zusammen mit denen seiner Kontrahenten Gleichgewichts-n-Tupel ergeben, und das Spiel wird stabil.

I.4.2 Beispiel. In einem Spiel mit der Normalform

$$
\begin{array}{c|c|c}
 & \beta_1 & \beta_2 \\
\hline
\alpha_1 & (2,1) & (0,0) \\
\hline
\alpha_2 & (0,0) & (1,2) \\
\end{array}
$$

sind (α_1, β_1) und (α_2, β_2) Gleichgewichtspaare.

Leider besitzt nicht jedes Spiel Gleichgewichtspunkte. Ein Beispiel dafür ist das Werfen einer Münze (Beispiel I.3.2).

Besitzt ein Spiel keinen Gleichgewichtspunkt, so werden die einzelnen Spieler ihre Gegner zu überlisten versuchen, indem sie ihre Strategien geheimhalten. Diese Folgerung legt den Gedanken nahe, daß in Spielen mit vollständiger Information Gleichgewichtspunkte existieren.

Um diese Behauptung zu beweisen, muß die Zerlegung eines Spiels erklärt werden.

Ein Spiel heißt am Eckpunkt X zerlegt, wenn keine der Informationsmengen Eckpunkte enthalten, die sowohl zu (a) X und allen seinen Nachfolgern als auch (b) zum Rest des Spielbaumes gehören. In diesem Fall können wir zwischen dem Teilspiel Γ_X, das aus X und seinen Nachfolgern besteht, und dem Quotienten-Spiel Γ/X unterscheiden, das aus den übrigen Eckpunkten und X besteht. Für das Quotienten-Spiel ist X ein Endpunkt; die Auszahlung an dieser Stelle kann mit Γ_X bezeichnet werden, d.h., die Auszahlung an diesem Eckpunkt besteht im Ausspielen des Unterspiels Γ_X.

Wie gesagt wurde, ist eine Strategie für i eine Funktion, deren Definitionsbereich die Informationsmengen des Spielers i sind. Wenn ein Spiel an der Stelle X zerlegt wird, kann auch die Strategie σ in zwei Teile zerlegt werden. Dabei entsteht die Strategie $\sigma|_{\Gamma/X}$, durch Einschränkung von σ auf die Informationsmengen von Γ/X, während $\sigma|_{\Gamma_X}$ die Strategie des Spiels ist, das durch Einschränkung von σ auf Γ_X entsteht. Umgekehrt können die Strategien für Γ/X und für Γ_X zu einer Strategie für das größere Spiel Γ kombiniert werden.

I.4.3 Theorem. Γ sei zerlegt an der Stelle X. Für $\sigma_i \in \Sigma_i$ ordne man X, aufgefaßt als Endpunkt von Γ/X, die Auszahlung

$$
\pi_X\left(\sigma_1|_{\Gamma_X}, \sigma_2|_{\Gamma_X}, \ldots, \sigma_n|_{\Gamma_X}\right)
$$

8

zu. In diesem Fall gilt

$$\pi\left(\sigma_1,\ldots,\sigma_n\right) = \pi_{\Gamma/X}\left(\sigma_1|\Gamma/X,\ldots,\sigma_n|\Gamma/X\right).$$

Der Beweis dieses Theorems ist einfach und wird dem Leser als Übung überlassen. Man hat zu zeigen, daß für jeden möglichen Ausgang des Zufallschrittes der gleiche Endpunkt sowohl im Original-Spiel als auch in dessen Zerlegung erreicht werden kann.

Damit kann man nun das folgende Theorem beweisen:

I.4.4 **Theorem.** Γ sei an der Ecke X zerlegt und $\sigma_i \in \Sigma_i$ sei so konstruiert, daß (a) $\left(\sigma_1|\Gamma_X,\ldots,\sigma_n|\Gamma_X\right)$ ein Gleichgewichtspunkt für Γ_X, und (b) $\left(\sigma_1|\Gamma/X,\ldots,\sigma_n|\Gamma/X\right)$ ein Gleichgewichtspunkt für Γ/X ist mit der Auszahlung $\pi\left(\sigma_1|\Gamma_X,\ldots,\sigma_n|\Gamma_X\right)$, die zum Endpunkt X gehört. Dann ist $(\sigma_1,\ldots,\sigma_n)$ ein Gleichgewichts-n-Tupel für Γ.

Beweis: Es sei $\hat{\sigma}_i \in \Sigma_i$. Da $\left(\sigma_1|\Gamma_X,\ldots,\sigma_n|\Gamma_X\right)$ ein Gleichgewichtspunkt für Γ_X ist, folgt

$$\pi_i\left(\sigma_1|\Gamma_X,\ldots,\hat{\sigma}_i|\Gamma_X,\ldots,\sigma_n|\Gamma_X\right) \leq \pi_i\left(\sigma_1|\Gamma_X,\ldots,\sigma_n|\Gamma_X\right).$$

Gehört andererseits $\pi\left(\sigma_1|\Gamma_X,\ldots,\sigma_n|\Gamma_X\right)$ zum Vektor X, dann gilt

$$\pi_i\left(\sigma_1|\Gamma/X,\ldots,\hat{\sigma}_i|\Gamma/X,\ldots,\sigma_n|\Gamma/X\right) \leq \pi_i\left(\sigma_1|\Gamma/X,\ldots,\sigma_n|\Gamma/X\right).$$

wegen (b).

Die Auszahlung (für eine gegebene Menge von Strategien) ist nun ein gewichtetes Mittel der Auszahlungen für einige der Endpunkte eines Baumes. Wenn die Auszahlung an den Spieler i für den gegebenen Endpunkt (in diesem Falle X) abnimmt, wird seine erwartete Auszahlung für eine beliebige Wahl der Strategie entweder gleichbleiben oder aber ebenfalls abnehmen. Wendet man Theorem I.4.3 an, so ergibt sich

$$\pi_i(\sigma_1,\ldots,\hat{\sigma}_i,\ldots,\sigma_n) \leq \pi_i(\sigma_1,\ldots,\sigma_n).$$

Also ist $(\sigma_1,\ldots,\sigma_n)$ ein Gleichgewichtspunkt, was zu beweisen war. ☐

Hinsichtlich der Existenz von Gleichgewichts-n-Tupeln beweisen wir nun noch das folgende

__I.4.5 Theorem.__ Jedes endliche n-Personen-Spiel mit vollständiger Information besitzt einen Gleichgewichtspunkt.

__Beweis:__ Die Länge eines Spiels sei als die größtmögliche Anzahl von Ecken definiert, die passiert werden können, bevor ein Endpunkt erreicht wird, d.h. die größte Anzahl von Schritten vom Spielanfang bis Spielende. Natürlich hat ein endliches Spiel eine endliche Länge. Der Beweis wird mit Hilfe der vollständigen Induktion geführt.

Wenn Γ die Länge 0 hat, ist die Aussage trivial. Für die Länge 1 macht höchstens ein Spieler einen Schritt und er erhält das Gleichgewicht durch die Wahl der für ihn besten Alternative. Wenn Γ die Länge m hat, zerlegt man es (unter der Annahme der vollständigen Information) in verschiedene Teilspiele mit einer Länge kleiner als m. Auf Grund der Induktionsannahme hat jedes dieser Teilspiele einen Gleichgewichtspunkt. Damit folgt wegen I.4.4 die Behauptung. ⬚

Aufgaben

1. Ein unendliches Spiel besitzt trotz vollständiger Information nicht notwendig einen Gleichgewichtspunkt.

   (a) Man betrachte ein Zwei-Personen-Spiel, in dem sich die beiden Spieler abwechseln, jeweils eine der Zahlen 0 und 1 zu wählen. Wird die Zahl x_i beim i-ten Schritt gewählt, so gehört zu dem Spiel eine Zahl x mit

$$x = \sum_{i=1}^{\infty} x_i 2^{-i}$$

   aus dem Intervall $[0,1]$. Spieler I gewinnt eine Einheit vom Spieler II, wenn $x \in S$, und verliert eine Einheit wenn $x \notin S$, wobei S eine vorher bestimmte Teilmenge von $[0,1]$ ist.

   (b) Jeder Spieler hat genau $2^{\aleph_0}$ Strategien, die mit σ_β bzw. τ_β indiziert werden können mit $\beta < \alpha$. Dabei sei α die kleinste Ordnungszahl, die mindestens $2^{\aleph_0}$ ordinale Vorgänger hat.

   (c) Es sei $\langle \sigma, \tau \rangle$ das realisierte Spiel (bzw. die zugehörige Zahl x), das man erhält, wenn die Spieler sich für die Strategien σ bzw. τ entscheiden. Für jede Strategie σ von I, hat Spieler II $2^{\aleph_0}$ Strategien τ, die verschiedene Werte für $\langle \sigma, \tau \rangle$ ergeben (und ähnlich für jede Strategie τ von II).

10

(d) Die Menge S kann nun so konstruiert werden (unter Anwendung des Auswahl-
axioms), daß für jedes σ_β ein τ_β existiert mit $\langle\sigma_\beta,\tau_\beta\rangle \notin S$, aber für jedes τ_β
ein σ_β existiert mit $\langle\sigma_\beta,\tau_\beta\rangle \in S$.

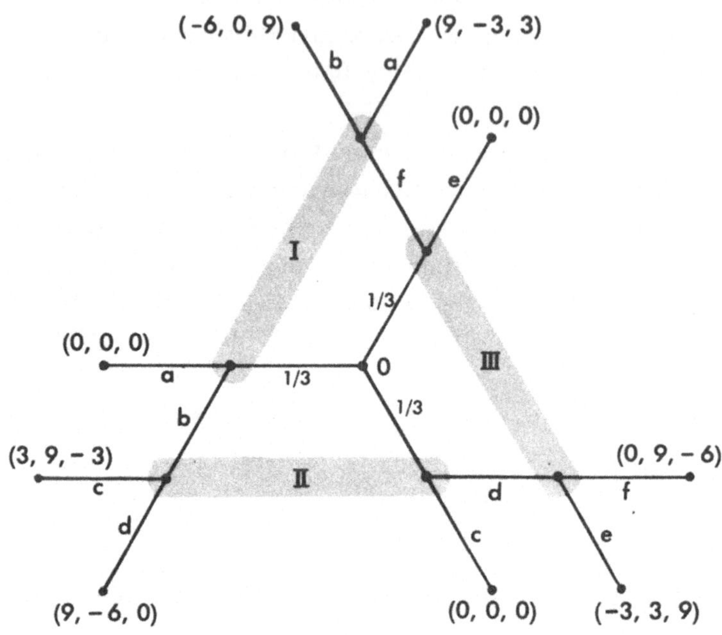

Abb. I.p.1

2. Konstruiere die Normalform des Spiels, dessen Baum in Abb.I.p.1 gegeben ist. Das
Spiel startet am Eckpunkt 0 (Zufallsschritt). Jeder der drei Spieler hat eine Informationsmenge, die aus zwei Eckpunkten mit zwei Alternativen (indiziert durch a und
b, c und d, e und f) pro Eckpunkt besteht.

Kapitel II
Zwei-Personen-Nullsummenspiele

II.1 Nullsummen-Spiele

__II.1.1 Definition.__ Ein Spiel Γ heißt Nullsummen-Spiel, wenn die Auszahlungsfunktion für jeden Endpunkt die Beziehung

$$2.1.1 \qquad \sum_{i=1}^{n} p_i = 0$$

erfüllt.

Allgemein stellt ein Nullsummenspiel ein abgeschlossenes System dar, bei dem jeder Gewinn eines Spielers notwendig den gleichgroßen Verlust anderer Spieler bedeutet. Die meisten Gesellschaftsspiele sind vom Nullsummen-Typ. Zweipersonen-Nullsummen-Spiele werden gelegentlich auch Spiele bei vollständiger Konkurrenz genannt.

Wegen 2.1.1 ist die n-te Komponente des Auszahlungsvektors durch die restlichen $n - 1$ Komponenten eindeutig bestimmt. Im Falle eines Zwei-Personen-Nullsummenspiels genügt es daher, einfach die erste Komponente des Auszahlungsvektors anzugeben. Die zweite Komponente ist notwendig gleich dem Negativen der ersten. In diesem Fall nennen wir die erste Komponente kurz Auszahlung und meinen damit, daß der zweite Spieler diesen Betrag an den ersten zahlt. Es wird sich zeigen, daß sich Zweipersonen-Nullsummen-Spiele dadurch von anderen Spielen unterscheiden, daß es für beide Spieler sinnlos ist, irgendwie zu verhandeln; denn immer wenn einer gewinnt, verliert der andere. Die Bedeutung dieser Bemerkung erkennt man an

__II.1.2 Theorem.__ In einem Zweipersonen-Nullsummen-Spiel seien (σ_1,σ_2) und (τ_1,τ_2) zwei Gleichgewichtspaare. Dann gilt (i) (σ_1,τ_2) und (σ_2,τ_1) sind auch Gleichgewichtspaare, und

$$(2.1.2) \qquad (ii) \quad \pi(\sigma_1,\sigma_2) = \pi(\tau_1,\tau_2) = \pi(\sigma_1,\tau_2) = \pi(\tau_1,\sigma_2).$$

<u>Beweis.</u> (σ_1, σ_2) ist ein Gleichgewichtspunkt. Also gilt

$$\pi(\sigma_1, \sigma_2) \geq \pi(\tau_1, \sigma_2).$$

Da (τ_1, τ_2) Gleichgewichtspunkt ist, folgt

$$\pi(\tau_1, \sigma_2) \geq \pi(\tau_1, \tau_2)$$

und damit

$$\pi(\tau_1, \tau_2) \leq \pi(\tau_1, \sigma_2) \leq \pi(\sigma_1, \sigma_2).$$

Analog zeigt man

$$\pi(\sigma_1, \sigma_2) \leq \pi(\sigma_1, \tau_2) \leq \pi(\sigma_1, \sigma_2).$$

Aus den beiden letzten Zeilen folgt 2.1.2. Für beliebiges $\hat{\sigma}_1$ gilt nun

$$\pi(\hat{\sigma}_1, \sigma_2) \leq \pi(\sigma_1, \sigma_2) = \pi(\tau_1, \sigma_2)$$

und analog für beliebiges $\hat{\sigma}_2$

$$\pi(\tau_1, \hat{\sigma}_2) \geq \pi(\tau_1, \tau_2) = \pi(\tau_1, \sigma_2).$$

Also ist (τ_1, σ_2) ein Gleichgewichtspunkt. Ganz ähnlich folgt, daß (σ_1, τ_2) ein Gleichgewichtspunkt ist. ▯

Dieses Theorem gilt nicht für alle beliebigen Spiele. So sind z.B. (α_1, β_1) und (α_2, β_2) in Beispiel I.4.2 Gleichgewichtspunkte, obwohl die Auszahlungen ungleich und weder (α_1, β_2) noch (α_2, β_1) Gleichgewichtspunkte sind.

II.2 Die Normalform

Wie wir sahen, reduziert sich die Normalform eines endlichen Nullsummen-Zwei-Personenspiels auf eine Matrix A, bei der die Anzahl der Zeilen (Spalten) mit der Anzahl der Strategien des Spielers I (Spielers II) übereinstimmt. Wählen Spieler I die i-te und Spieler II die j-te Strategie, so ist die erwartete Auszahlung gleich dem Element a_{ij} in der i-ten Zeile und j-ten Spalte der Matrix A. Wir werden sehen, daß ein Paar von Strategien genau dann ein Gleichgewichtspaar ist, wenn das zugehörige Element a_{ij} sowohl größtes Element seiner Spalte als auch kleinstes Element seiner Zeile ist. Ein solches Element heißt Sattelpunkt (in Analogie zur Oberfläche eines Sattels, der in einer Richtung aufwärts und in der anderen abwärts gekrümmt ist). Nicht jede Matrix besitzt einen Sattelpunkt.

II.2.1 Beispiel. Das Matrixspiel

$$\begin{pmatrix} 5 & 1 & 3 \\ 3 & 2 & 4 \\ -3 & 0 & 1 \end{pmatrix}$$

hat einen Sattelpunkt in der zweiten Zeile und zweiten Spalte.

II.2.2 Beispiel. Das Matrixspiel

$$\begin{pmatrix} -1 & 1 \\ 1 & -1 \end{pmatrix}$$

besitzt keinen Sattelpunkt.

Angenommen zwei Spieler spielen ein Matrixspiel. Die Entscheidung für bestimmte Strategien bedeutet hier für Spieler I Wahl einer Zeile i und für Spieler II die Bestimmung einer Spalte j in der Matrix. Die Auszahlung ist dann die Größe a_{ij}. Da dies der Betrag ist, den I von II erhält, wird I versuchen, ihn zu maximieren, während II ihn zu minimieren sucht. Allerdings weiß keiner, welche Strategie sein Gegenüber wählen wird. Gerade diese Information ist aber gewöhnlich bei der Wahl der eigenen Strategie von Bedeutung.

Nehmen wir das Werfen einer Münze als Beispiel (Beispiel I.3.2). Spieler I kann etwa so überlegen: "Gewöhnlich wird Kopf gewählt. Also erwartet II von mir, daß ich Kopf wähle und wählt selbst auch Kopf. Daher sollte ich Zahl wählen. Aber vielleicht überlegt II ebenso: Er nimmt an, daß ich Zahl wähle. Also wäre es besser, wenn ich doch Kopf wählte. Aber vielleicht denkt II ebenso usw. .....". In diesem Fall kann Spieler I mit einer solchen Überlegung niemals zu einer für ihn befriedigenden Entscheidung gelangen.

Betrachten wir jedoch das Spiel aus Beispiel II.2.1, so wird sich Spieler I vermutlich hier für seine erste oder zweite Strategie entscheiden, und schließlich die zweite wählen, weil er etwa so überlegt: "Ich muß entweder meine erste oder meine zweite Strategie wählen. Wenn II das berücksichtigt, wird er seine zweite Strategie bevorzugen.

Also spiele ich meine zweite Strategie." Auch wenn II die Strategie I erraten sollte, wäre es für I gut, wenn er diese von II erratene beibehielte. Es besteht also ein sehr wesentlicher Unterschied zwischen diesen beiden Spielen. In einem Spiel ist die Geheimhaltung (der gewählten Strategie) äußerst wichtig, während sie im anderen keine Rolle spielt. Der Grund dafür liegt natürlich in der Existenz eines Sattelpunktes beim zweiten Spiel.

II.3 Gemischte Strategien

Die bisherige Analyse zeigte zwar, wie man Matrixspiele mit Sattelpunkt spielt, sie gab aber keinen Hinweis für das optimale Verhalten eines Spielers in Spielen ohne Sattelpunkt. Letztere Spiele kommen jedoch weitaus häufiger vor.

Angenommen, wir spielen ein Matrixspiel ohne Sattelpunkt, wie z.B.

$$\begin{pmatrix} 4 & 2 \\ 1 & 3 \end{pmatrix}.$$

Wir können den Verlauf des Spiels natürlich nicht vorhersagen. Nehmen wir jedoch an, daß unser Gegenüber nicht nur unberechenbar, sondern auch allwissend ist, und unsere Entscheidung immer genau kennt. In dieser Situation werden wir, wenn wir Spieler I sind, ganz bestimmt unsere Strategie wählen, mit der wir mindestens zwei Einheiten gewinnen, während wir mit der anderen Strategie nur eine Einheit bekommen, weil ja unser Gegenüber allwissend ist. Dieser sichere Gewinn von mindestens zwei Einheiten ist unser "Mindestgewinn", den wir mit v_I' bezeichnen, d.h.

2.2.1
$$v_I' = \max_i \{ \min_j a_{ij} \}.$$

Wären wir nun in der Rolle den Spieler II, so müßten wir unter den gleichen Bedingungen die zweite Strategie wählen, die uns höchstens einen Verlust von drei Einheiten bringen würde. Diesen bezeichnen wir mit v_{II}' d.h.

2.2.2
$$v_{II}' = \min_j \{ \max_i a_{ij} \}.$$

Offenbar spielen "Mindestgewinn" und "Höchstverlust" eine wichtige Rolle bei Matrixspielen. Es wäre absurd anzunehmen, daß der Mindestgewinn von I größer ist als der

Höchstverlust von II. In der Tat gilt

$$2.2.3 \qquad\qquad v'_I \leq v'_{II},$$

was wir leicht nachweisen können.

Der elementare Beweis sei dem Leser überlassen. Wenn in 2.2.3 die Gleichheit gilt, so haben wir einen Sattelpunkt; andernfalls liegt ein Spiel ohne Sattelpunkt vor. In einem solchen Spiel können wir nichts vorhersagen, aber dennoch folgendes feststellen: Spieler I sollte nicht weniger als v'_I gewinnen, und Spieler II nicht mehr als v'_{II} verlieren. Teilen wir unserem Gegenspieler unsere Strategie mit, so können wir in einem Spiel ohne Sattelpunkt bestenfalls den "Mindestgewinn" v'_I bzw. den "Höchstverlust" v'_{II} erwarten, je nachdem ob wir Spieler I oder II sind. Wenn wir besser fahren wollen, so müssen wir verhindern, daß unser Gegenspieler unsere Strategie erfährt. Das ist schwierig, solange wir unsere Wahl nach rationalen Überlegungen treffen, weil nichts unseren Gegenspieler daran hindert, unsere Überlegungen nachzuvollziehen. Also sollten wir die Wahl der Strategie "irrational" treffen. Aber welchen Sinn hat denn unsere ganze Analyse? Die Antwort lautet: die Wahl erfolgt durch den Zufall, d.h. irrational, aber der Zufallsmechanismus wird rational bestimmt. Diese Idee liegt den gemischten Strategien zugrunde.

<u>II.3.1 Definition.</u> Eine gemischte Strategie eines Spielers ist eine Wahrscheinlichkeitsverteilung auf der Menge seiner reinen Strategien.

Besitzt der Spieler nur eine endliche Anzahl m von reinen Strategien, so reduziert sich eine gemischte Strategie auf einen m-Vektor $x = (x_1, \ldots, x_m)$, der

$$2.3.1 \qquad\qquad x_i \geq 0 \qquad \text{für alle } i = 1, \ldots, m$$

und

$$2.3.2 \qquad\qquad \sum_{i=1}^{m} x_i = 1.$$

erfüllt.

Die Menge aller gemischten Strategien von Spieler I werden wir mit X und die von Spieler II mit Y bezeichnen. Angenommen die Spieler I und II spielen das Matrixspiel A und wählen die gemischten Strategien x bzw. y. Dann gilt für die erwartete Auszahlung

2.3.3
$$A(x,y) = \sum_{i=1}^{m} \sum_{j=1}^{n} x_i a_{ij} y_j$$

oder in Matrizenschreibweise

2.3.4
$$A(x,y) = xAy^t .$$

Wie bisher muß Spieler I befürchten, daß II die Wahl seiner Strategie aufdeckt. Wenn das geschieht, dann wird II sicher y so wählen, daß $A(x,y)$ minimiert wird, d.h., wenn I x spielt, so ist sein erwarteter Gewinn

2.3.5
$$v(x) = \min_{y \in Y} xAy^t .$$

Nun kann man aber xAy^t auch auffassen als gewichtetes Mittel der erwarteten Auszahlungen für I, wenn dieser die Strategie x gegen die reinen Strategien von II spielt. Also wird das Minimum für eine reine Strategie, etwa die mit der Nummer j angenommen, d.h.,

2.3.6
$$v(x) = \min xA_{.j}$$

($A_{.j}$ bedeutet die j-te Spalte der Matrix A). Nun muß der Spieler I x so wählen, daß $v(x)$ maximiert wird, damit er schließlich

2.3.7
$$v_I = \max_{x \in X} \min_{j} xA_{.j}$$

erhält. (Da die Menge X kompakt ist, folgt wegen der Stetigkeit von $v(x)$ die Existenz des Maximums in 2.3.7.) Ein solches x heißt Maximin-Strategie von Spieler I. Analog erhält II, wenn er y wählt, den erwarteten Verlust

2.3.8
$$v(y) = \max_{i} A_{i.} y^t$$

($A_{i.}$ ist die i-te Zeile von A). Er muß also y so wählen, daß er

2.3.9
$$v_{II} = \min_{y \in Y} \max_{i} A_{i.} y^t$$

erhält. Eine Strategie, die 2.3.9 genügt, heißt Minimax-Strategie für II. Damit erhalten wir die beiden Zahlen v_I und v_{II}. Diese heißen Werte des Spiels für I bzw. II.

II.4 Das Minimax Theorem

Man zeigt leicht, daß jede auf dem kartesischen Produkt $X \times Y$ definierte Funktion $F(x,y)$

2.4.1
$$\max_{x \in X} \min_{y \in Y} F(x,y) \leq \min_{y \in Y} \max_{x \in X} F(x,y)^{1}$$

erfüllt, woraus

$$v_I \leq v_{II}$$

folgt. Diese Ungleichung entspricht der in 2.2.3. In der Tat, es ist auch hier nur natürlich, daß der Mindestgewinn von I den Höchstverlust von II nicht übersteigt.

Im Falle der reinen Strategien sahen wir, daß die Gleichung in 2.2.3 nur im Ausnahmefall gültig war. Hier beweisen wir jedoch

<u>II.4.1 Theorem (Minimax-Theorem)</u> $v_I = v_{II}$.

Dieses bedeutendste Theorem der Spieltheorie wurde auf viele Arten bewiesen. Wir geben hier einen Beweis, der auf von Neumann und Morgenstern zurückgeht. Zunächst beginnen wir mit zwei Lemmata.

<u>II.4.2 Lemma (Existenz einer trennenden Hyperebene)</u>. Sei B eine abgeschlossene und konvexe Punktmenge im n-dimensionalen Euklidischen Raum und $x = (x_1,\ldots,x_n)$ ein Punkt, der nicht in B liegt. Dann gibt es reelle Zahlen $p_1,\ldots,p_n,p_{n+1}$ mit

2.4.2
$$\sum_{i=1}^{n} p_i x_i = p_{n+1}$$

und

2.4.3
$$\sum_{i=1}^{n} p_i y_i > p_{n+1}, \qquad \text{für alle } y \in B.$$

———————

1 Sofern die max bzw. min und minmax bzw. maxmin existieren. (Anm. des Übersetzers)

18

(Geometrisch bedeutet dies, daß wir stets eine Hyperebene durch den Punkt x finden
können, so daß B ganz auf einer Seite derselben liegt.)

Beweis. Sei z ein Punkt in B mit minimalem Abstand von x. (Ein solcher existiert wegen der Abgeschlossenheit von B.) Dann setzen wir

$$p_i = z_i - x_i \qquad i = 1,\ldots,n$$

$$p_{n+1} = \sum_{i=1}^{n} z_i x_i - \sum_{i=1}^{n} x_i^2.$$

Offenbar ist 2.4.2 erfüllt. Also bleibt 2.4.3 nachzuweisen. Es gilt

$$\sum_{i=1}^{n} p_i z_i = \sum_{i=1}^{n} z_i^2 - \sum_{i=1}^{n} z_i x_i$$

und damit auch

$$\sum p_i z_i - p_{n+1} = \sum_{i=1}^{n} z_i^2 - 2 \sum_{i=1}^{n} z_i x_i + \sum_{i=1}^{n} x_i^2$$

$$= \sum_{i=1}^{n} (z_i - x_i)^2 > 0$$

woraus

$$\sum p_i z_i > p_{n+1}.$$

folgt.

Angenommen es existiert ein $y \in B$ mit

$$\sum_{i=1}^{n} p_i y_i \le p_{n+1}.$$

Da B konvex ist, ist die Strecke zwischen y und z ganz in B enthalten, d.h., für alle
$0 \le r \le 1$ folgt $w_r = r \cdot y + (1 - r)z \in B$. Für das Quadrat des Abstandes von x bis w_r
gilt daher

$$\rho^2(x,w_r) = \sum_{i=1}^{n} (x_i - ry_i - (1 - r)z_i)^2.$$

Daraus folgt

$$\frac{\partial \rho^2}{\partial r} = 2 \sum_{i=1}^{n} (z_i - y_i)(x_i - ry_i - (1-r)z_i)$$

$$= 2\sum (z_i - x_i)y_i - 2\sum (z_i - x_i)z_i + 2\sum r(z_i - y_i)^2$$

$$= 2\sum p_i y_i - 2\sum p_i z_i + 2r\sum (z_i - y_i)^2.$$

An der Stelle $r = 0$ (d.h. für $w_r = z$) liefert das

$$\left. \frac{\partial \rho^2}{\partial r} \right|_{r=0} = 2\sum p_i y_i - 2\sum p_i z_i.$$

Die erste Summe der rechten Seite ist - wie oben angenommen - kleiner oder gleich $2p_{n+1}$, während die zweite größer als $2p_{n+1}$ ist. Also ist

$$\left. \frac{\partial \rho^2}{\partial r} \right|_{r=0} < 0.$$

Daraus folgt für hinreichend kleines r

$$\rho(x, w_r) < \rho(x, z),$$

was der Wahl des z widerspricht. Also muß 2.4.3 für alle $y \in B$ gelten. ☐

II.4.3 **Lemma.** Sei $A(a_{ij})$ eine $m \times n$ Matrix. Dann gilt genau eine der folgenden Aussagen: (i) Der Punkt 0 (im n-dimensionalen Raum) liegt in der konvexen Hülle der $m + n$ Punkte

$$a_1 = (a_{11}, \ldots, a_{m1})$$
$$\cdots \cdots \cdots \cdots$$
$$a_n = (a_{1n}, \ldots, a_{mn})$$

und

$$e_1 = (1, 0, \ldots \ldots, 0)$$
$$e_2 = (0, 1, 0, \ldots, 0)$$
$$\cdots \cdots \cdots \cdots$$
$$e_m = (0, 0, \ldots \ldots, 1).$$

(ii) Es existieren reelle Zahlen $x_1, \ldots, x_m$ mit

$$x_i > 0$$

$$\sum_{i=1}^{m} x_i = 1$$

$$\sum_{i=1}^{m} a_{ij} x_i > 0 \quad \text{für} \quad j = 1, \ldots, n.$$

<u>Beweis.</u> Nehmen wir an, (i) gilt nicht. Dann garantiert Lemma II.4.2 die Existenz reeller Zahlen $p_1, \ldots, p_{m+1}$ mit der Eigenschaft

$$\sum_{j=1}^{n} 0 \cdot p_j = p_{n+1}$$

(d.h. $p_{n+1} = 0$) und

$$\sum_{j=1}^{n} p_j y_j > 0$$

für alle y aus der konvexen Hülle. Das gilt insbesondere, wenn y mit einem der $m + n$ Vektoren a_i, e_j zusammenfällt. Also ist

$$\sum a_{ij} p_i > 0 \quad \text{für alle } j$$

$$p_i > 0 \quad \text{für alle } i.$$

Wegen $p_i > 0$ ist $\sum p_i > 0$, und wir können

$$x_i = \frac{p_i}{\sum p_i}$$

setzen. Damit folgt dann

$$\sum a_{ij} x_i > 0$$

$$x_i > 0$$

$$\sum x_i = 1.$$

Mit diesen beiden Lemmata können wir nun unser Theorem beweisen.

<u>Beweis des Minimax-Theorems.</u> Sei A ein Matrixspiel. Nach Lemma II.4.3 gilt entweder (i) oder (ii). Gilt (i), so ist 0 als Linearkombination der $m + n$ Vektoren darstellbar. Also existieren $s_1, \ldots, s_{m+n}$ derart, daß

$$\sum_{j=1}^{n} s_j a_{ij} + s_{n+i} = 0, \qquad i = 1, \ldots, m$$

$$s_j \geq 0 \qquad j = 1, \ldots, m+n$$

$$\sum_{j=i}^{m+n} s_j = 1.$$

Wären nun sämtliche $s_1, \ldots, s_n$ gleich Null, so würde sich 0 als konvexe Linearkombination der m Einheitsvektoren $e_1, \ldots, e_m$ darstellen lassen, was wegen der linearen Unabhängigkeit dieser Vektoren offenbar nicht möglich ist. Also ist mindestens eines der $s_1, \ldots, s_n$ positiv und damit $\sum s_j > 0$. Also können wir wieder

$$y_j = \frac{s_j}{\displaystyle\sum_{j=1}^{n} s_j}$$

bilden und haben somit

$$y_j \geq 0,$$

$$\sum_{j=1}^{n} y_j = 1,$$

und

$$\sum_{j=1}^{n} a_{ij} y_j = \frac{-s_{n+i}}{\displaystyle\sum_{j=1}^{n} s_j} \leq 0.$$

Also gilt $v(y) \leq 0$ und $v_{II} \leq 0$.

Unterstellen wir nun, daß (ii) zutrifft. Dann folgt $v(x) > 0$ und somit $v_I > 0$. Wir wissen also, daß die Ungleichung $v_I \leq 0 < v_{II}$ nicht wahr sein kann. Nun verändern wir das Spiel A, in dem wir es durch $B = (b_{ij})$ ersetzen mit

$$b_{ij} = a_{ij} + k.$$

22

Es ist klar, daß für beliebige x,y

$$xBy^t = xAy^t + k,$$

und damit

$$v_I(B) = v_I(A) + k$$

bzw.

$$v_{II}(B) = v_{II}(A) + k$$

folgt. Da

$$v_I(B) < 0 < v_{II}(B)$$

nicht gelten kann, ist auch

$$v_I(A) < - k < v_{II}(A)$$

unmöglich. Weil k beliebig ist, kann $v_I < v_{II}$ nicht wahr sein. Wir hatten aber bereits $v_I \leq v_{II}$ gezeigt. Also gilt

$$v_I = v_{II}. \qquad \square$$

Also ist der "Mindestgewinn" von I gleich dem "Höchstverlust" von II, wenn gemischte Strategien benutzt werden. Die Zahl $v = v_I = v_{II}$ heißt Wert des Spiels. Eine Strategie x mit der Eigenschaft

$$2.4.4 \qquad \sum_{i=1}^{m} x_i a_{ij} \geq v \qquad j = 1,\ldots,n$$

ist für den ersten Spieler optimal in dem Sinne, daß es keine Strategie gibt, die ihm - bei beliebiger Strategie von II - eine erwartete Auszahlung größer als v einbringt. Erfüllt umgekehrt y

$$2.4.5 \qquad \sum_{j=1}^{n} a_{ij} y_j \leq v \qquad i = 1,\ldots,m,$$

dann ist y optimal für Spieler II im oben erklärten Sinne. Nun gilt offenbar

$$xAy^t = v;$$

denn wäre $xAy^t > v$, so gäbe das einen Widerspruch zu II.5.2. Wäre dagegen $xAy^t < v$, dann widerspräche das II.5.1. Also sind x und y, die xAy^t erfüllen, neben ihrer Optimalität auch optimal gegeneinander und gegenüber jeder anderen Strategie. Wir nennen daher ein solches Paar (x,y) optimaler Strategien Lösung eines Spiels.

Das folgende Theorem (eine Verschärfung des Minimax-Theorems) erweist sich später als nützlich.

__II.4.4 Theorem.__ In einem $m + n$ Matrixspiel A besitzt entweder Spieler II eine optimale Strategie y mit $y_n > 0$, oder I hat eine optimale Strategie x mit

$$\sum_{i=1}^{m} a_{in}x_i > v.$$

Zum Beweis geben wir zunächst folgende Definition:

__II.4.5 Definition:__ Seien $r^k = \left(r_1^k, \ldots, r_n^k \right)$, $k = 1, \ldots, p$, p n-dimensionale Vektoren. Dann heißt die Menge der Vektoren x mit

$$x = \sum_{k=1}^{p} \lambda_k r^k$$

für nichtnegative $\lambda_1, \ldots, \lambda_p$ der durch $r^1, \ldots, r^p$ erzeugte konvexe Kegel. Man prüft leicht nach, daß ein solcher Kegel in der Tat konvex ist.

__II.4.6 Lemma.__ (FARKAS) Seien $r^k = \left(r_1^k, \ldots, r_n^k \right)$ mit $k = 1, \ldots, p + 1$ n-dimensionale Vektoren derart, daß für alle $(q_1, \ldots, q_n)$, für die

2.4.6
$$\sum_{j=1}^{n} q_j r_j^k \geq 0 \qquad k = 1, \ldots, p$$

gilt, auch

2.4.7
$$\sum_{j=1}^{n} q_j r_j^{p+1} \geq 0$$

folgt. Dann liegt r^{p+1} in dem von $r^1, \ldots, r^p$ erzeugten konvexen Kegel C.

<u>Beweis.</u> Angenommen $r^{p+1} \notin C$. Dann gibt es nach Lemma II.4.2 reelle Zahlen $q_1, \ldots, q_n$ mit

$$\sum_{j=1}^{n} q_j r_j^{p+1} = q_{n+1}$$

und

$$\sum_{j=1}^{n} q_j s_j > q_{n+1} \qquad \text{für alle } s \in C.$$

Wegen $0 \in C$ folgt daraus $q_{n+1} < 0$. Wir nehmen außerdem an, daß $\sum_{j=1}^{n} q_j s_j$ für alle $s \in C$ negativ ist. Für jede positive Zahl α gilt $\alpha s \in C$. Für genügend großes α läßt sich aber $\sum q_j \alpha s_j = \alpha \sum q_j s_j$ beliebig klein machen, insbesondere kleiner als q_{n+1}. Daraus folgt

$$\sum_{j=1}^{n} q_j r_j^{p+1} < 0,$$

aber es gilt auch

$$\sum_{j=1}^{n} q_j s_j \geq 0 \qquad \text{für alle } s \in C,$$

insbesondere auch für $s = r^1, \ldots, r^p$. Ist also 2.4.7 falsch, so ist auch 2.4.6 falsch, was bewiesen werden mußte.

Wir beweisen nun II.4.4 und setzen dabei zunächst $v(A) = 0$ voraus. Betrachten wir die $(m+n)$ m-dimensionalen Vektoren

$$e_1 = (1, 0, \ldots\ldots\ldots\ldots\ldots\ldots\ldots, 0)$$
$$e_2 = (0, 1, \ldots\ldots\ldots\ldots\ldots\ldots\ldots, 0)$$
$$\ldots\ldots\ldots\ldots\ldots\ldots\ldots\ldots\ldots\ldots\ldots\ldots$$
$$e_m = (0, 0, \ldots\ldots\ldots\ldots\ldots\ldots\ldots, 1)$$
$$a_1 = (a_{11}, a_{21}, \ldots\ldots\ldots\ldots, a_{m1})$$
$$\ldots\ldots\ldots\ldots\ldots\ldots\ldots\ldots\ldots\ldots\ldots\ldots$$
$$a_{n-1} = (a_{1,n-1}, a_{2,n-1}, \ldots, a_{m,n-1})$$
$$-a_n = (-a_{1n}, -a_{2n}, \ldots\ldots\ldots, -a_{mn}).$$

Entweder $- a_n$ liegt in dem von den restlichen $m + n - 1$ Punkten aufgespannten konvexen Kegel C oder nicht. Angenommen $- a_n \in C$. Dann existieren nicht negative Zahlen $\mu_1, \ldots, \mu_m, \lambda_1, \ldots, \lambda_{n-1}$ derart, daß

$$- a_{in} = \sum_{j=1}^{m} \mu_j e_{ij} + \sum_{j=1}^{n-1} \lambda_j a_{ij} \qquad \text{für alle i,}$$

und das bedeutet

$$\sum_{j=1}^{n-1} \lambda_j a_{ij} + a_{in} = - \mu_i \leq 0 \qquad \text{für alle i.}$$

Wir setzen nun

$$y_j = \frac{\lambda_j}{1 + \sum \lambda_i} \qquad j = 1, \ldots, n-1$$

$$y_n = \frac{1}{1 + \sum \lambda_i} \ .$$

Offensichtlich ist $y = (y_1, \ldots, y_n)$ eine optimale Strategie für II mit $y_n > 0$.

Betrachten wir nun den Fall $- a_n \notin C$. Dann gibt es reelle Zahlen $q_1, \ldots, q_m$ mit

$$2.4.8 \qquad \sum_{i=1}^{m} q_i e_{ij} \geq 0 \qquad \text{für alle} \quad j = 1, \ldots, m$$

$$2.4.9 \qquad \sum_{i=1}^{m} q_i a_{ij} \geq 0 \qquad \text{für} \quad j = 1, \ldots, n-1$$

und

$$2.4.10 \qquad \sum_{i=1}^{m} q_i (- a_{in}) < 0.$$

Aus 2.4.8 folgt $q_i > 0$ und 2.4.10 zeigt, daß nicht alle q_i gleich Null sind. Also können wir

$$x_i = \frac{q_i}{\sum_{j=1}^{m} q_j} \qquad i = 1,\ldots,m$$

erklären, und aus 2.4.9 und 2.4.10 folgt unmittelbar, daß x eine optimale Strategie für I ist mit

$$\sum_i x_i a_{in} > 0.$$

Sei nun $v(A) = k \neq 0$. Dann bilden wir wie früher die Matrix $B = (b_{ij})$ mit $b_{ij} = a_{ij} - k$ und der Beweis verläuft so wie der von Theorem II.4.1. $\quad\square$

II.5 Berechnung optimaler Strategien

Theorem II.4.1 (Minimax-Theorem) garantiert die Existenz optimaler Strategien bei Zwei-Personen-Nullsummenspielen. Allerdings ist der angeführte Beweis ein Existenzbeweis, der nichts darüber aussagt, wie diese optimalen Strategien zu berechnen sind.

Wir behandeln nun einige Methoden zur Lösung einfachster Spiele. In Kapitel III diskutieren wir dann eine allgemeinere Lösungsmethode.

<u>II.5.1 Sattelpunkte.</u> Der einfachste der Fälle liegt vor, wenn ein Sattelpunkt existiert, d.h. wenn ein Element a_{ij} existiert, das sowohl maximal in seiner Spalte als auch minimal in seiner Zeile ist. In diesem Fall sind die reinen Strategien i und j oder analog dazu die gemischten Strategien x und y mit $x_i = 1$, $y_j = 1$ und Nullen in den restlichen Komponenten - optimal für die Spieler I bzw. II.

<u>II.5.2 Dominanz.</u> Wir sagen die i-te Zeile der Matrix A dominiert die k-te Zeile, wenn

$$2.5.1 \qquad\qquad a_{ij} \geq a_{ki} \qquad\qquad \text{für alle } j$$

und

$$2.5.2 \qquad\qquad a_{ij} > a_{kj} \qquad\qquad \text{für mindestens ein } j$$

gilt. Analog sagt man, die j-te Spalte dominiert die l-te Spalte, wenn

$$2.5.3 \qquad\qquad a_{ij} < a_{il} \qquad\qquad \text{für alle } i$$

und

2.5.4 $\qquad a_{ij} \leq a_{il} \qquad$ für mindestens ein i

erfüllt ist.

Eine reine Strategie (dargestellt durch eine Zeile bzw. Spalte) dominiert also eine andere reine Strategie, wenn sie mindestens so gut und in einigen Fällen besser ist als diese. Daraus folgt, daß ein Spieler dominierte Strategien nicht verwendet und nur nicht-dominierte zu berücksichtigen braucht.

Das folgende Theorem, das wir ohne Beweis angeben, drückt diesen Sachverhalt explizit aus.

II.5.3 Theorem. Sei A ein Matrixspiel in dem die i_1-te, i_2-te,$\ldots,i_k$-te Zeilen von A dominiert sind. Dann besitzt Spieler I eine optimale Strategie x mit $x_{i1} = x_{i2} = \ldots = x_{ik} = 0$. Überdies ist jede optimale Strategie des "verkleinerten" Spiels, das aus dem gegebenen durch Weglassen der dominierten Zeilen entsteht, auch optimal für das gegebene.

Ein analoger Satz gilt für die Dominanz von Spalten. Diese Theoreme bewirken generell eine Verkleinerung der gegebenen Matrix, weil man dominierte Zeilen und Spalten weglassen kann.

II.5.4 Beispiel. Man betrachte das Spiel mit der Matrix

$$\begin{pmatrix} 2 & 0 & 1 & 4 \\ 1 & 2 & 5 & 3 \\ 4 & 1 & 3 & 2 \end{pmatrix}.$$

Offenbar dominiert die zweite Spalte die vierte. Also wird Spieler II niemals seine vierte Strategie verwenden. Wir lassen sie daher fort und behalten die Matrix

$$\begin{pmatrix} 2 & 0 & 1 & 4 \\ 1 & 2 & 5 & 3 \\ 4 & 1 & 3 & 2 \end{pmatrix}.$$

In dieser Matrix erkennt man, daß die dritte Zeile die erste dominiert. Entfernen wir sie, so haben wir

$$\begin{pmatrix} 2 & 0 & 1 & 4 \\ 1 & 2 & 5 & 3 \\ 4 & 1 & 3 & 2 \end{pmatrix},$$

und in dieser Matrix wird die dritte Spalte durch die zweite dominiert, wodurch sich schließlich unsere Matrix zu

$$\begin{pmatrix} 2 & 0 & 1 & 4 \\ 1 & 2 & 5 & 3 \\ 4 & 1 & 3 & 2 \end{pmatrix}$$

reduziert. Also brauchten wir nur in dem kleinen 2×2 Matrixspiel nach optimalen Strategien zu suchen. Im nächsten Abschnitt werden solche 2×2-Spiele behandelt.

II.5.5 <u>2×2-Spiele.</u> Gegeben sei ein 2×2 Matrixspiel

$$\begin{pmatrix} a_{11} & a_{12} \\ a_{21} & a_{22} \end{pmatrix} .$$

Besitzt dies einen Sattelpunkt, so ist die Lösung unproblematisch. Hat das Spiel aber keinen Sattelpunkt, so müssen optimale Strategien $x = (x_1, x_2)$ und $y = (y_1, y_2)$ sämtlich positive Komponenten haben. Ist nun v der Wert des Spiels, so ergibt sich

$$a_{11}x_1y_1 + a_{12}x_1y_2 + a_{21}x_2y_1 + a_{22}x_2y_2 = v$$

bzw.

$$2.5.5 \qquad x_1(a_{11}y_1 + a_{12}y_2) + x_2(a_{21}y_1 + a_{22}y_2) = v.$$

Die beiden Klammern auf der linken Seite von 2.5.5 sind jeweils kleiner oder gleich v, weil y nach Voraussetzung eine optimale Strategie ist. Nehmen wir an, daß eine der beiden echt kleiner als v ist. Also etwa

$$2.5.6 \qquad a_{11}y_1 + a_{12}y_2 < v$$

$$2.5.7 \qquad a_{21}y_1 + a_{22}y_2 \leq v.$$

Dann ist die ganze linke Seite von 2.5.5 wegen $x_1 > 0$ und $x_1 + x_2 = 1$ echt kleiner als v. Also müssen beide Klammern in 2.5.5 gleich v sein. Damit gilt

$$2.5.8 \qquad a_{11}y_1 + a_{12}y_2 = v$$

$$2.5.9 \qquad a_{21}y_1 + a_{22}y_2 = v.$$

Ganz ähnlich kommt man zu

$$2.5.10 \qquad a_{11}x_1 + a_{21}x_2 = v$$

$$2.5.11 \qquad a_{12}x_1 + a_{22}x_2 = v,$$

was in Matrizenform geschrieben

$$2.5.12 \qquad Ay^t = \begin{pmatrix} v \\ v \end{pmatrix}$$

$$2.5.13 \qquad xA = (v,v)$$

bedeutet.

Diese Gleichungen gestatten - zusammen mit

$$2.5.14 \qquad x_1 + x_2 = 1$$

$$2.5.15 \qquad y_1 + y_2 = 1$$

die Bestimmung von x,y und v. Ist nämlich A regulär, so folgt

$$x = vJA^{-1}$$

mit

$$J = \begin{pmatrix} 1 \\ 1 \end{pmatrix}.$$

Eliminieren wir nun v und beachten dabei, daß die Summe der Komponenten von x - nämlich xJ^t - gleich 1 ist, so liefert das

$$vJA^{-1}J^t = 1$$

oder

$$2.5.16 \qquad v = \frac{1}{JA^{-1}J^t}$$

und

$$2.5.17 \qquad x = \frac{JA^{-1}}{JA^{-1}J^t} \; .$$

30

Ähnlich bestimmt man

2.5.18
$$y = \frac{A^{-1}J^t}{JA^{-1}J^t} \, .$$

Ist aber A singulär, so haben diese Ausdrücke natürlich keinen Sinn. Man sieht aber leicht, daß

2.5.19
$$x = \frac{JA^*}{JA^*J^t}$$

und

2.5.20
$$y = \frac{A^*J^t}{JA^*J^t}$$

(A^* ist die Adjungierte von A) optimale Strategien darstellen. Man beachte dabei, daß 2.5.19 bzw. 2.5.20 mit 2.5.17 bzw. 2.5.18 zusammenfallen, falls A regulär ist.

Ferner ergibt sich

2.5.21
$$v = \frac{|A|}{JA^*J^t} \, ,$$

– wenn $|A|$ die Determinante von A bezeichnet – der Wert des Spiels unabhängig davon, ob A singulär ist oder nicht. Wir fassen diese Formeln im folgenden Theorem zusammen.

<u>II.5.6 Theorem.</u> Ist A ein 2 x 2 Matrixspiel ohne Sattelpunkt, so sind die eindeutig bestimmten optimalen Strategien und der Wert des Spiels gegeben durch

2.5.22
$$x = \frac{JA^*}{JA^*J^t}$$

2.5.23
$$y = \frac{A^*J^t}{JA^*J^t}$$

2.5.24
$$v = \frac{|A|}{JA^*J^t}$$

wo A^* bzw. $|A|$ die Adjungierte bzw. die Determinante von A und J den Vektor $\binom{1}{1}$ darstellen.

<u>II.5.7 Beispiel.</u> Gesucht ist die Lösung des Matrixspiels

$$\begin{pmatrix} 1 & 0 \\ -1 & 2 \end{pmatrix}.$$

Offenbar besitzt das Spiel keinen Sattelpunkt. Die Adjungierte von A ist $A^* = \begin{pmatrix} 2 & 0 \\ 1 & 1 \end{pmatrix}$ und $|A| = 2$, $JA^* = (3,1)$; $A^* J^t = (2,2)$ und $JA^* J^t = 4$. Also erhalten wir

$$x = \left(\frac{3}{4}, \frac{1}{4}\right)$$

$$y = \left(\frac{1}{2}, \frac{1}{2}\right)$$

$$v = \frac{1}{2}.$$

Man prüft leicht nach, daß diese Strategien x und y tatsächlich die Auszahlung $\frac{1}{2}$ garantieren.

<u>II.5.8 $2 \times n$ und $m \times 2$ Spiele.</u> Neben den 2×2 Spielen lassen sich $2 \times n$ und $m \times 2$ Spiele sehr einfach lösen, bei denen wenigstens einer der Spieler nur zwei Strategien besitzt. Wir werden $2 \times n$ Spiele betrachten. Die Behandlung von $m \times 2$ Spielen verläuft analog. Aufgabe des ersten Spielers ist es,

$$v(x) = \min_j \{a_{1j}x_1 + a_{2j}x_2\}$$

zu maximieren. Wegen $x_1 = 1 - x_2$ schreiben wir auch

$$v(x) = \min_j \{(a_{2j} - a_{1j})x_2 + a_{1j}\}.$$

D.h., $v(x)$ ist das Minimum von n linearen Funktionen der Variablen x_2. Diese können sämtlich bildlich dargestellt werden und ihr Minimum $v(x)$ kann dann mit Hilfe graphischer Methoden maximiert werden.

<u>II.5.9 Beispiel.</u> Betrachten wir das Matrixspiel

$$\begin{pmatrix} 2 & 3 & 1 & 5 \\ 4 & 1 & 6 & 0 \end{pmatrix}.$$

Die durch den Ausdruck $(a_{2j} - a_{1j})x_2 + a_{1j}$ beschriebenen Funktionen kann man leicht graphisch darstellen, wenn man bedenkt, daß sämtliche Graphen die Punkte $(0, a_{1j})$ und $(1, a_{2j})$ enthalten.

Der dick gezeichnete Streckenzug stellt die Funktion $v(x)$ dar. Der höchste Punkt X dieses Zuges ist Schnittpunkt der zur zweiten und dritten Spalte gehörigen Geraden. Die Abszisse dieses Punktes ist $\frac{2}{7}$, die Ordinate $\frac{17}{7}$. Also hat man $x = \left(\frac{5}{7}, \frac{2}{7}\right)$ und $v = \frac{17}{7}$. Diese Werte können auch unter Anwendung der Formeln 2.5.22 und 2.5.24 auf das 2×2 - Matrixspiel, das aus der zweiten und dritten Spalte des gegebenen Matrixspiels besteht, gewonnen werden. Bei Anwendung von 2.5.23 auf diese Matrix erhält man außerdem $y = \left(0, \frac{5}{7}, \frac{2}{7}, 0\right)$. Es macht keine Mühe nachzuweisen, daß damit die optimalen Strategien und der Wert des Spiels berechnet sind.

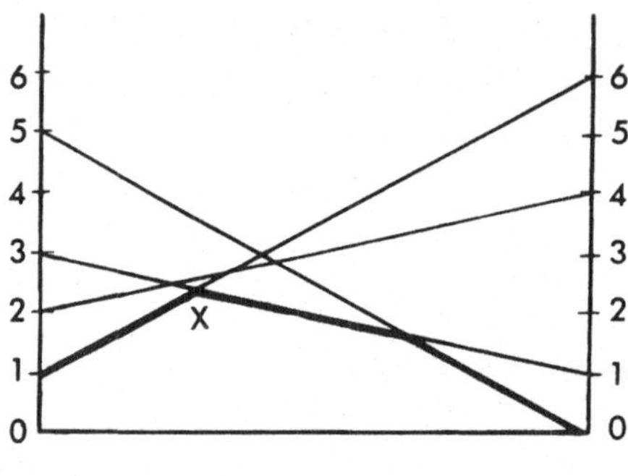

Abb. II.5.1

Damit beherrschen wir die einfachsten Typen derartiger Spiele. Verallgemeinerungen dieser Methoden auf andere Spiele sind zwar möglich, aber wegen des großen Rechenaufwandes ohne praktischen Nutzen. Eine der einfachsten Erweiterungen werden wir jetzt behandeln, ohne die Beweise für die Gültigkeit der einzelnen Behauptungen zu liefern. Diese sind in der Literatur zu finden.

II.5.10 Lösung durch ein fiktives Spiel. Angenommen zwei Spieler, die möglicherweise keine spieltheoretischen Kenntnisse besitzen, entschließen sich, ein und dasselbe Spiel sehr oft zu spielen. Obwohl sie nichts über Spieltheorie wissen, haben sie vielleicht statistische Neigungen und notieren die reinen Strategien, die ihr Gegenüber in der Folge dieser Spiele verwendet. In jedem Spiel versuchen die Spieler die erwartete Rückzahlung des Kontrahenten bezüglich der bei ihm beobachteten Wahrscheinlichkeitsverteilung zu maximieren, d.h., wenn Spieler II seine j-te Strategie q_j-mal benutzt hat, dann wählt Spieler I i so, daß $\sum_j a_{ij} q_j$ maximiert wird. Analog wählt Spieler II j so, daß $\sum_i a_{ij} p_i$ minimal wird, sofern I seine i-te Strategie p_i-mal verwendet hat.

So naiv diese Methode auch erscheint, sie liefert doch eine Folge von empirischen Verteilungen, die gegen die optimale Strategie konvergiert. Genauer: Spieler I möge genau p_i^N-mal die Strategie i in den ersten N Spielen verwenden. Setzen wir $x_i^N = p_i^N/N$, so stellt $x^N = \left(x_1^N, x_2^N, \ldots, x_S^N\right)$ offenbar eine gemischte Strategie dar, wenn s die Anzahl der reinen Strategien bedeutet. Die Folge der Strategien x^N ist nicht notwendig konvergent, sie enthält aber eine konvergente Teilfolge, da ihre Werte sämtlich in der kompakten Menge aller gemischten Strategien liegen. Wesentlich ist dabei, daß der Grenzwert jeder konvergenten Teilfolge eine optimale Strategie darstellt.

Wir übergehen den Beweis dieser Behauptung, da er für unser Vorhaben zu kompliziert ist. Er basiert auf der Tatsache, daß für Strategien x^N bzw. y^N der Spieler I bzw. II im obigen Sinne die Gleichung

$$2.5.25 \qquad \lim_{N \to \infty} \{v(y^N) - v(x^N)\} = 0$$

erfüllt ist. Diese Methode ist besonders nützlich bei sehr großen Spielen, d.h. bei Spielen mit einer großen Anzahl reiner Strategien, die wegen ihres Umfangs schwer auf andere Art zu behandeln sind. (Man beachte Problem II.9. wegen des Beweisganges zu dieser Aussage.)

II.6 Symmetrische Spiele

Wir beenden dieses Kapitel mit einer kurzen Diskussion eines speziellen Spieltyps.

<u>II.6.1 Definition.</u> Eine quadratische Matrix heißt schiefsymmetrisch, wenn $a_{ij} = -a_{ji}$ für alle i, j. Ein Matrixspiel heißt symmetrisch, wenn die zugehörige Matrix schiefsymmetrisch ist.

<u>II.6.2 Theorem.</u> Der Wert eines symmetrischen Spiels ist Null. Außerdem ist jede optimale Strategie x für I auch optimal für II.

<u>Beweis.</u> Sei A ein Matrixspiel und x irgendeine Strategie. Offenbar ist $A = -A^t$, und daher folgt

$$xAx^t = -xA^tx^t$$
$$= -(xAx^t)^t$$
$$= -xAx^t,$$

d.h., $xAx^t = 0$. Also gilt für beliebiges x

$$\min_y xAy^t \leq 0,$$

so daß der Wert des Spiels nicht positiv ist, während wegen

$$\max_{y} yAx^t \geq 0$$

der Wert auch nicht negativ ist. Mithin ist der Wert des Spiels gleich Null. Ist nun x eine optimale Strategie für I, dann gilt

$$xA \geq 0.$$

Das bedeutet aber gerade

$$x(-A^t) \geq 0$$

und damit

$$xA^t \leq 0$$

oder

$$Ax^t \leq 0.$$

Also ist x optimal für II.   ⬚

Zur Lösung symmetrischer Spiele ist ein iterativer Algorithmus entwickelt worden, der dem in II.5.10 gegebenen ähnlich ist. Im Gegensatz zur Methode II.5.10, die eine diskrete Folge von Strategien liefert, basiert diese auf einer kontinuierlichen Modifikation einer gegebenen Strategie, wodurch schließlich die optimale Strategie approximiert wird. Diese Methode, die auf von NEUMANN und BROWN zurückgeht, ist jedoch nur sehr begrenzt brauchbar, weil die dabei auftretenden Differentialgleichungen gewöhnlich mit analytischen Mitteln nicht lösbar sind.

II.6.3 Beispiel. Wir betrachten das Spiel mit der Matrix

$$\begin{pmatrix} 0 & 1 & -2 \\ -1 & 0 & 3 \\ 2 & -3 & 0 \end{pmatrix},$$

das man als Verallgemeinerung des bekannten Kinderspiels "Schere, Stein, Papier" auffassen kann. Da die Matrix schiefsymmetrisch ist, muß der Wert des Spiels - wie wir wissen - gleich Null sein. Das Spiel besitzt keinen Sattelpunkt. Eine optimale Strategie kann auch nicht nur zwei der reinen Strategien verwenden, denn für $x_1 > 0$, $x_2 > 0$ und $x_3 = 0$ liefert eine solche gemischte Strategie von I - wie man leicht sieht - eine negative Erwartung gegenüber der ersten reinen Strategie von II. Also muß x notwendig sämtlich positive Komponenten haben. Das gilt auch für die optimalen Strategien von II. Ein ähnliches Argument wie das zu II.5.5 zeigt hier, daß eine optimale Strategie x das folgende lineare Gleichungssystem erfüllen muß:

$$- x_2 + 2x_3 = 0$$

$$x_1 \qquad + 3x_3 = 0$$

$$- 2x_1 + 3x_2 \qquad = 0$$

$$x_1 + x_2 + x_3 = 1.$$

Elementare Auflösung dieser Gleichungen liefert $\left(\frac{1}{2}, \frac{1}{3}, \frac{1}{6}\right)$ als Lösung. Diese ist eindeutig bestimmt und für beide Spieler die optimale Strategie.

Aufgaben

1. Man zeige, daß für jeden Punkt x auf dem Rand einer konvexen Menge C ein Vektor $p \neq 0$ existiert mit den Eigenschaften $\sum x_i p_i = 0$ und $\sum y_i p_i \geq 0$ für alle $y \in C$. Diese Aussage ist in gewisser Weise eine strenge Version des Theorems über die trennende Hyperebene. Unter Verwendung dieses Theorems zeige man, daß es eine Folge von Punkten $x^n \in \overline{C}$ gibt, die gegen x konvergiert, wenn x auf dem Rand von C liegt.

2. Man zeige, daß die Menge der optimalen Strategien stets abgeschlossen, konvex und beschränkt ist und daher mit der konvexen Hülle ihrer extremen Punkte übereinstimmt.

3. Man zeige, daß der Wert eines Spieles eine stetige Funktion des Spiels ist, wenn man m × n Matrixspiele als Punkte im m × n-dimensionalen Euklidischen Raum auffaßt.

4. Man zeige, daß die Menge der optimalen Strategien eines Spiels eine von unten halbstetige Funktion der Spielmatrix ist.

5. Man zeige, daß die Menge aller m × n Matrixspiele mit eindeutig bestimmter optimaler Strategie eine dichte und offene Teilmenge des m × n-dimensionalen Euklidischen Raumes ist.

6. M sei ein Matrixspiel mit dem Wert Null und x bzw. y extreme Punkte der Menge
aller optimalen Strategien dieses Spiels. Man zeige, daß M eine reguläre Untermatrix Ṁ besitzt mit

$$\hat{x} = \frac{J\dot{M}^{-1}}{J\dot{M}^{-1}J^t}$$

$$\hat{y}^t = \frac{\dot{M}^{-1}J^t}{J\dot{M}^{-1}J^t}$$

$$v = \frac{1}{J\dot{M}^{-1}J^t},$$

wobei I ein Vektor passender Dimension ist, dessen Komponenten sämtlich gleich 1
sind.

a) Das Produkt von x mit jeder zu Ṁ gehörigen Spalte von M ist gleich v.

b) Das Produkt von y mit jeder zu Ṁ gehörigen Zeile von M ist gleich v.

c) Sind $x_i > 0$ und $y_j > 0$, dann gehören die i-te Zeile und j-te Spalte von M zu Ṁ.

d) Unter Berücksichtigung von (a) und (b) können Zeilen und Spalten zu Ṁ hin-
zugefügt werden, solange sie linear unabhängig sind.

e) Sind die Zeilen der so gebildeten Matrix linear abhängig, dann ist y nicht
extremal.

7. Sei $A = (a_{ij})$ eine schiefsymmetrische Matrix und $x = (x_1, \ldots, x_m)$ eine gemischte
Strategie. Man benutze die Abkürzungen

$$u_i = \sum_{j=1}^{m} a_{ij}x_j$$

$$\varphi(u_i) = \max(0, u_i)$$

$$\Phi(x) = \sum_{i=1}^{m} \varphi(u_i)$$

$$\psi(x) = \sum_{i=1}^{m} \varphi^2(u_i)$$

und zeige, daß die Lösung des Systems der Differentialgleichungen

$$\frac{dx_i}{dt} = \varphi(u_i) - x_i \Phi(x)$$

$$x(0) = x^0$$

für jede "Anfangsstrategie" x^0 gegen eine optimale Strategie konvergiert in dem Sinne, daß die Folge der Strategien - wie wir wissen - Häufungspunkte besitzt und jeder dieser Häufungspunkte eine optimale Strategie darstellt.

   a) Ist x^0 eine Strategie, dann ist $x(t)$ eine Strategie für alle t.

   b) Die Funktion ψ genügt der Gleichung

$$\frac{d\psi}{dt} = -2\Phi(x)\psi(x).$$

   c) $\psi(x) \leq \Phi^2(x)$.

   d) Aus (b) und (c) folgt

$$\psi(x) \leq \frac{\psi(x_0)}{(1 + t\sqrt{\psi(x_0)})^2}.$$

8. Sei $A = (a_{ij})$ eine $m \times n$ Matrix. Wir definieren die $m \cdot n \times m \cdot n$ Matrix $B = (b_{pq})$ durch

$$b_{(i-1)n+j,\,(k-1)n+l} = a_{il} - a_{kj}.$$

Man zeige, daß B schiefsymmetrisch ist und mithin ein symmetrisches Spiel darstellt. Außerdem zeige man, daß für eine optimale Strategie $\lambda = (\lambda_1, \ldots, \lambda_{mn})$ des Spiels B die Vektoren x und y mit den Komponenten

$$x_l = \sum_{j=1}^{n} \lambda_{(i-1)n+j}$$

und

$$y_j = \sum_{i=1}^{m} \lambda_{(i-1)n+j}$$

optimale Strategien für Spieler I und II beim Spiel A sind.

9. (Lösung eines Spiels durch fiktives Spielen.) Wir betrachten folgendes Vorgehen für ein Matrixspiel $A = (a_{ij})$: Zwei Spieler spielen dieses Spiel sehr oft. Zunächst mögen sie irgendeine ihrer Strategien anwenden. Nehmen wir an, daß Spieler I in den ersten k Spielen seine i-te Strategie X_i^k-mal $(i = 1, \ldots, n)$ und Spieler II seine j-te Strategie Y_j^k-mal angewendet haben. Im $(k+1)$-ten Spiel werden I bzw. II die i_{k+1}-te bzw. j_{k+1}-te Strategie so wählen, daß

$$\sum_j a_{i_{k+1},j} Y_j^k = \max_i \sum_j a_{ij} Y_j^k = U_k$$

$$\sum_i a_{i,j_{k+1}} X_i^k = \min_j \sum_i a_{ij} X_i^k = V_k$$

ist, d.h., in jedem der weiteren Spiele verhalten sich beide Spieler optimal mit Hinblick auf die gesamten bisherigen Entscheidungen des Gegners. Man zeige, daß alle Häufungspunkte der Folgen X^k/k, Y^k/k Lösungen des Spiels A sind.

a) Wir sagten, die i_0-te Zeile "paßt" in das Intervall $[k,k']$, wenn ein k_1 mit $k \leq k_1 \leq k'$ derart existiert, daß

$$\sum_j a_{i_0 j} Y_j^{k_1} = U_{k_1}$$

gilt. Entsprechend paßt die j_0-te Spalte in $[k,k']$ wenn ein k_2 mit $k \leq k_2 \leq k'$ existiert und

$$\sum_i a_{ij_0} X_i^{k_2} = V_{k_2}$$

gilt. Sind Zeilen der Matrix in diesem Sinne passend für das Intervall $[k,l]$, so gilt

$$V_1 - U_1 \leq 4a(k - 1)$$

mit

$$a = \max |a_{ij}|.$$

b) Zu jedem $\varepsilon > 0$ gibt es ein k_0 derart, daß $V_k - U_k \leq k \cdot \varepsilon$ für alle $k \geq k_0$. Man beweise dies durch Induktion bezüglich der Ordnung der Matrix. Ist A eine 1×1 Matrix, so ist nichts zu beweisen. Angenommen die Aussage gilt für alle Untermatrizen A^* von A. Dann wähle man ein k^* so, daß $V_{k^*} - U_{k^*} \leq k \cdot \varepsilon/2$ für alle A^* ist. Damit leistet $k_0 \geq 8ak^*/\varepsilon$ bereits alles. Man zeige, daß Zeilen bzw. Spalten, die in ein gegebenes Intervall passen, für dieses Intervall weggelassen werden können. Dann wird nur die übrige Untermatrix behandelt. Man betrachte Intervalle der Form $(k,k + k^*)$ mit $k + k^* < k_0$.

Kapitel III
Lineare Programme

III.1 Einführung

Ein lineares Programm besteht in dem Problem, eine lineare Funktion (Zielfunktion) unter linearen Nebenbedingungen zu maximieren bzw. zu minimieren. Gewöhnlich bestehen diese Nebenbedingungen aus Ungleichungen und die Variablen dürfen keine negativen Werte annehmen. Die gebräuchlichste Form ist die folgende:

Man bestimme $(x_1, \ldots, x_n)$ derart, daß

3.1.1 $$\sum_{i=1}^{n} c_i x_i \qquad \text{maximiert wird}$$

mit

3.1.2 $$\sum a_{ij} x_i \leq b_j \qquad j = 1, \ldots, n$$

3.1.3 $$x_i \geq 0.$$

In Matrizenschreibweise bedeutet dies:

3.1.4 $\qquad xC^t$ ist unter Berücksichtigung der Nebenbedingungen

3.1.5 $$xA \leq B$$

3.1.6 $$x \geq 0.$$

zu maximieren.

Dies ist jedoch nicht der allgemeinste Typ eines linearen Programms.

Es kommt durchaus vor, daß eine Zielfunktion nicht zu maximieren, sondern zu minimieren ist, oder einige der Nebenbedingungen können Gleichungen sein. Ebenso könnten für einige der Variablen negative Werte zugelassen sein. Die Maximierung einer Funktion ist aber äquivalent mit der Minimierung ihrer Negativen, eine Gleichung kann durch zwei entgegengesetzte Ungleichungen ersetzt werden, und eine unbeschränkte Variable läßt sich stets als Differenz zweier nicht-negativer Variablen ausdrücken. Daher sind diese Formen von linearen Programmen ebenfalls in (3.1.1)-(3.1.6) enthalten.

(3.1.1)-(3.1.3) stellt also doch die allgemeine Formulierung eines linearen Programms dar.

<u>III.1.1 Definition.</u> Die Menge aller Punkte, die die Nebenbedingungen 3.1.2 und 3.1.3 erfüllen, heißt zulässige Menge des Programms (3.1.1)-(3.1.3). Das Maximum von 3.1.1 wird Wert des Programms genannt. Es soll gezeigt werden, daß die Lösung eines Matrix-Spiels auf ein lineares Programm zurückgeführt werden kann. Wenn Spieler I die Strategie $(x_1,\ldots,x_m)$ benutzt, ist seine Erwartung mindestens gleich λ, wobei λ irgendeine Zahl mit

$$\sum a_{ij}x_i \geq \lambda \qquad \text{für} \qquad j = 1,\ldots,n$$

ist. Also kann die Suche nach einer optimalen Strategie für Spieler I durch das folgende lineare Programm ersetzt werden:

3.1.7
$$\lambda \overset{!}{=} \text{Max}$$

mit

3.1.8
$$-\sum_{i=1}^{m} a_{ij}x_i + \lambda \leq 0 \qquad j = 1,\ldots,n$$

3.1.9
$$\sum_{i=1}^{m} x_i = 1$$

3.1.10
$$x_i \geq 0 \qquad i = 1,\ldots,m.$$

Entsprechend wird das Problem für Spieler II zurückgeführt auf:

3.1.11
$$\mu \overset{!}{=} \text{Min}$$

mit

3.1.12
$$-\sum_{j=1}^{n} a_{ij}y_j + \mu \geq 0 \qquad i = 1,\ldots,m$$

$$3.1.13 \qquad \sum_{j=1}^{n} y_j = 1$$

$$y_j \geq 0 \qquad j = 1,\ldots,n.$$

III.2 Dualität

Gegeben seien zwei lineare Programme:

$$3.2.1 \qquad xC^t \overset{!}{=} Max$$

mit

$$3.2.2 \qquad xA \leq B$$

$$3.2.3 \qquad x \geq 0$$

und

$$3.2.4 \qquad By^t \overset{!}{=} Min$$

mit

$$3.2.5 \qquad yA^t \geq C$$

$$3.2.6 \qquad y \geq 0.$$

Das Programm (3.2.4)-(3.2.6) heißt <u>dual</u> zu (3.2.1)-(3.2.3). Ändert man nun die Vorzeichen von A, B und C, dann kann (3.2.4)-(3.2.6) als ein Maximierungsprogramm geschrieben werden:

$$3.2.7 \qquad y(-B)^t \overset{!}{=} Max$$

mit

$$3.2.8 \qquad y(-A^t) \leq -C$$

$$3.2.9 \qquad y \geq 0.$$

Das zu (3.2.7)-(3.2.9) duale Programm ist dann:

3.2.10
$$-Cx^t \overset{!}{=} \text{Min}$$

mit

3.2.11
$$x(-A) \geq -B$$

3.2.12
$$x \geq 0.$$

Offenbar ist (3.2.10)-(3.2.12) äquivalent zu (3.2.1)-(3.2.3). Das duale Programm zu (3.2.4)-(3.2.6) ist also (3.2.1)-(3.2.3). Dualität ist demnach eine symmetrische Relation. Die Programme (3.2.1)-(3.2.3) und (3.2.4)-(3.2.6) sind zueinander dual.

Das folgende Theorem erklärt den Zusammenhang zwischen zwei dualen linearen Programmen.

III.2.1 Theorem. Liegen x bzw. y in den zulässigen Mengen der Programme (3.2.1)-(3.2.3) bzw. (3.2.4)-(3.2.6), dann gilt

3.2.13
$$xC^t \leq By^t$$

Beweis:

$$xC^t = \sum_{i=1}^{m} x_i c_i \leq \sum_{i=1}^{m} x_i \left(\sum a_{ij} y_j \right) \qquad \text{(wegen 3.2.3 und 3.2.5)}$$

$$= \sum_{j=1}^{m} \left(\sum_{i=1}^{n} x_i a_{ij} \right) y_j \leq \sum_{j=1}^{n} b_j y_j = By^t \qquad \text{(wegen 3.2.2 und 3.2.6)}$$

III.2.2 Korollar. Angenommen, die Vektoren x^* bzw. y^* liegen in den zulässigen Mengen von (3.2.1)-(3.2.3) bzw. (3.2.4)-(3.2.6), und es gilt $x^* C^t = By^{*t}$, dann sind x^* und y^* Lösungen dieser beiden Programme.

Nicht jedes lineare Programm besitzt eine Lösung. So können die Nebenbedingungen inkonsistent sein, so daß die zulässige Menge leer ist. Dann spricht man von einem <u>nicht zulässigen</u> Programm. Es kann auch vorkommen, daß kein Maximum (Minimum) existiert, obwohl das Programm zulässig ist. Dieser Fall tritt ein, wenn die Zielfunktion im zulässigen Bereich nicht beschränkt ist. So hat z.B. das Programm

$$2x \overset{!}{=} \text{Max}$$

$$\text{mit} - x = 1$$

$$x \geq 0$$

keine Lösung, weil die Zielfunktion nicht beschränkt ist. Solche Programme heißen <u>unbeschränkt</u>. Betrachten wir nun das folgende

<u>III.2.3 Korollar.</u> Ist das lineare Programm $(3.2.1)-(3.2.3)$ unbeschränkt, so ist das zugehörige duale $(3.2.4)-(3.2.6)$ nicht zulässig. Entsprechend ist $(3.2.1)-(3.2.3)$ nicht zulässig, wenn $(3.2.4)-(3.2.6)$ unbeschränkt ist.

<u>Beweis.</u> Wenn $(3.2.4)-(3.2.6)$ zulässig ist, d.h., wenn y einen Wert in der zulässigen Menge von $(3.2.4)-(3.2.6)$ annehmen kann, dann ist die Zielfunktion xC^t nach oben beschränkt durch By^t. Daraus folgt, daß $(3.2.1)-(3.2.3)$ beschränkt ist. Das ist ein Widerspruch zur Annahme. $\Box$

Die Umkehrung von III.2.3 gilt nicht, weil aus der Annahme, daß ein Programm nicht zulässig ist, nicht notwendig folgt, daß das duale unbeschränkt ist. Es könnten nämlich beide Programme nicht zulässig sein.

<u>III.2.4 Beispiel.</u> Die dualen Programme

$$5x_1 + x_2 \overset{!}{=} \text{Max}$$

mit

$$x_1 - x_2 \leq 1$$
$$-x_1 + x_2 \leq -2$$
$$x_1, x_2 \geq 0$$

und

$$y_1 - 2y_2 \overset{!}{=} \text{Min}$$

mit

$$y_1 - y_2 \geq 5$$
$$-y_1 + y_2 \geq 1$$
$$y_1, y_2 \geq 0$$

sind beide nicht zulässig.

44

Wenn also ein Programm nicht zulässig ist, könnte das zugehörige duale entweder auch nicht zulässig oder aber unbeschränkt sein. Wir werden als nächstes zeigen, daß dies die einzigen Möglichkeiten sind.

<u>III.2.5 Theorem.</u> Das Programm $(3.2.1)-(3.2.3)$ sei zulässig, während das duale Programm $(3.2.4)-(3.2.6)$ nicht zulässig ist. Dann ist $(3.2.1)-(3.2.3)$ unbeschränkt.

<u>Beweis.</u> Angenommen $(3.2.4)-(3.2.6)$ ist nicht zulässig. Wir betrachten nun das Spiel mit der $m \times (n+1)$-Matrix

$$3.2.14 \qquad\qquad (-A \vdots c^t),$$

die durch Hinzufügen des Spaltenvektors c^t zur Matrix $-A$ entsteht. Nimmt man nun an, daß der Wert des Spiels negativ ist, so folgt für jede optimale Strategie $s = (s_1, \ldots, s_n, s_{n+1})$ von Spieler II

$$-\sum_{j=1}^{n} a_{ij} s_j + c_i s_{n+1} < 0 \qquad i = 1, \ldots, m.$$

Für $s_{n+1} = 0$ ist

$$\sum_{j=1}^{n} a_{ij} s_j > 0 \qquad i = 1, \ldots, m,$$

und damit ergibt sich für genügend große k

$$\sum_{j=1}^{n} a_{ij}(k s_j) > c_i \qquad i = 1, \ldots, m,$$

$$k s_j \geq 0$$

d.h., der Vektor $k \cdot s$ erfüllt $(3.2.5)$ und $(3.2.6)$, so daß $(3.2.4)-(3.2.6)$ ein zulässiges Programm ist. Wenn nun aber $s_{n+1} > 0$ ist, so schreibt man $y_j = s_j / s_{n+1}$, und es zeigt sich, daß y_j $(3.2.5)$ und $(3.2.6)$ erfüllt. <u>Der Wert des Spiels muß also Null oder positiv sein.</u>

Angenommen, der Wert des Spiels ist gleich Null und II besitzt die optimale Strategie s mit $s_{n+1} > 0$. Setzt man nun wieder $y_j = s_j / s_{n+1}$, so erfüllt y $(3.2.5)$ und $(3.2.6)$ im Widerspruch zu der Annahme, daß $(3.2.4)-(3.2.6)$ nicht zulässig ist.

Der Wert des Matrixspiels ist demnach nicht negativ. Wenn er gleich Null ist, so gilt für alle optimalen Strategien des Spielers II $s_{n+1} = 0$.

Aus den Theoremen II.4.3 und II.5.3 folgt, daß Spieler I eine Strategie $t = (t_1, \ldots, t_m)$ wählt für die

$$\sum_{i=1}^{m} (-a_{ij})t_i \geq 0 \qquad j = 1, \ldots, n$$

$$\sum_{i=1}^{m} c_i t_i > 0.$$

erfüllt sind. Also ist (3.2.1)-(3.2.3) zulässig. Es sei nun $x = (x_1, \ldots, x_m)$ ein Element der zulässigen Menge. Dann gehört auch der Vektor $x + \alpha z$ (α beliebig positiv) zur zulässigen Menge. Weiterhin gilt

$$(x + \alpha t)C^t = xC^t + \alpha tC^t.$$

Die rechte Seite dieser Gleichung kann durch geeignete Wahl von α beliebig groß gemacht werden. Demnach ist (3.2.1)-(3.2.3) unbeschränkt. Man sieht, daß es vier verschiedene Möglichkeiten für zwei duale Programme (3.2.1)-(3.2.3) und (3.2.4)-(3.2.6) gibt.
1. Beide Programme sind zulässig und beschränkt.
2. Ein Programm ist zulässig, das andere unbeschränkt.
3. Beide Programme sind nicht zulässig.
4. Wie 2. mit vertauschten Rollen.
Die Tatsache, daß die zulässige Menge abgeschlossen ist, garantiert die Existenz der Lösungen. Das folgende, sehr wichtige Theorem gibt Aufschluß darüber, wann für beide Programme eine Lösung existiert, und welcher Zusammenhang zwischen diesen Lösungen besteht.

<u>III.2.6 Theorem.</u> Gegeben seien zwei zulässige Programme (3.2.1)-(3.2.3) und (3.2.4)-(3.2.6). Dann besitzen beide Programme Lösungen, die mit x^* bzw. y^* bezeichnet werden, und diese erfüllen die Gleichung

$$x^* C^t = By^{*t};$$

das heißt, beide Programme haben den gleichen Wert.

<u>Beweis.</u> Man betrachte das Spiel mit der Matrix

46

$$M = \begin{pmatrix} 0 & A^t & -B^t \\ -A & 0 & C^t \\ B & -C & 0 \end{pmatrix}.$$

Die Nullen sind Matrizen von geeigneter Größe, deren Elemente sämtlich gleich Null sind. M ist schiefsymmetrisch, und der Wert des Spiels ist gleich Null. Es sei $s = (s_1,\ldots,s_{m+n+1})$ eine optimale Strategie des Spielers I, die folgendermaßen zerlegt wird:

$$y = (s_1,\ldots,s_n)$$

$$x = (s_{n+1},\ldots,s_{n+m})$$

$$w = s_{n+m+1}.$$

Da s optimal und der Wert des Spiels gleich Null ist, folgt

$$-xA + wB \geq 0$$

$$yA^t \qquad -wC \geq 0$$

$$-yB^t + xC^t \qquad \geq 0.$$

Setzen wir nun $w > 0$ voraus, dann gilt mit $x^* = x/w$ und $y^* = y/w$

$$x^*A \leq B$$

$$y^*A^t \geq C$$

$$x^*,y^* \geq 0.$$

und

$$x^*C^t \geq y^*B^t.$$

Also gehören x^* und y^* beziehungsweise zu den zulässigen Mengen von $(3.2.1)$-$(3.2.3)$ und $(3.2.4)$-$(3.2.6)$. Wegen Theorem III.2.1 und Korollar III.2.2 sind dann aber x^* und y^* die Lösungen der beiden Programme, und es gilt

$$x^*C^t = y^*B^t.$$

Ist nun s_{m+n+1} für keine der optimalen Strategien des Spielers I positiv, so hat der Spieler II nach Theorem II.5.3 eine optimale Strategie $r = (r_1, \ldots r_{n+m+1})$, dessen inneres Produkt mit der letzten Zeile von M negativ ist. Da die Mengen optimaler Strategien für beide Spieler übereinstimmen, gilt $r_{n+m+1} = 0$. Mit

$$y = (r_1, \ldots, r_n),$$

$$x = (r_{n+1}, \ldots, r_{m+n})$$

erhält man

$$-xA \geq 0$$

$$yA^t \geq 0$$

$$-yB^t + xC^t > 0$$

oder äquivalent dazu

$$xA \leq 0$$

$$yA^t \geq 0$$

3.2.15 $\qquad\qquad xC^t > yB^t.$

Nun ist entweder die linke Seite von 3.2.15 positiv oder die rechte Seite negativ. Nehmen wir an, xC^t ist positiv und x' liegt in der zulässigen Menge von $(3.2.1)-(3.2.3)$, die nach Voraussetzung nicht leer ist, dann liegt auch $x' + \alpha x$ für beliebige positive α in dieser Menge, während $(x' + \alpha x)C^T$ durch wachsendes α beliebig groß gemacht werden kann. Demnach ist $(3.2.1)-(3.2.3)$ unbeschränkt und $(3.2.4)-(3.2.6)$ nicht zulässig. Ist jedoch die rechte Seite von $(3.2.15)$ negativ, so findet man analog, daß $(3.2.4)-(3.2.6)$ unbeschränkt und $(3.2.1)-(3.2.3)$ nicht zulässig ist. Damit ist das Theorem bewiesen.

III.3 Lösung linearer Programme

Auf den ersten Blick glaubt man, ein lineares Programm durch Nullsetzen der partiellen Ableitungen lösen zu können. Dieser Weg führt jedoch nicht zum Erfolg, da die Zielfunktion linear und damit ihre partiellen Ableitungen konstant sind. Die Lösung eines linearen Programms liegt stets auf dem Rand der zulässigen Menge. Die gebräuchlichste

Lösungsmethode für lineare Programme basiert auf folgenden Überlegungen:

3.3.1 Die zulässige Menge ist ein konvexes Polyeder, da sie der Schnitt von (konvexen) Halbräumen ist.

3.3.2 Aus der Konvexität der zulässigen Menge und der Linearität der Zielfunktion folgt, daß jedes lokale Extremum gleichzeitig ein absolutes ist.

3.3.3 Wegen der Linearität der Zielfunktion wird das Extremum in einem der Extrempunkte (Eckpunkte) des Polyeders angenommen.

Geometrisch läßt sich die Simplexmethode wie folgt beschreiben. Man sucht zunächst einen Eckpunkt des Polyeders. (Dies geschieht algebraisch durch das Lösen des Gleichungssystems, das durch die Nebenbedingungen gegeben ist.) Die Kanten, die sich in diesem Eckpunkt treffen, werden nun verfolgt. Ändert (vergrößert bzw. verkleinert) sich der Wert der Zielfunktion nicht, wenn man sich auf einer dieser Kanten bewegt, so ist dieser Eckpunkt bereits ein lokales Extremum und wegen (3.3.2) sogar ein absolutes. Wenn sich jedoch der Wert der Zielfunktion ändert, d.h. im Sinne der Aufgabe verbessert, während man sich auf einer Kante bewegt, so geht man diese bis zum anderen Endpunkt und sucht dort eine neue Kante, auf der sich die Zielfunktion gegenüber der neuen Ecke verbessert. Diese Methode liefert mit Sicherheit nach endlich vielen Schritten die Lösung, da es nur eine endlich Anzahl von Eckpunkten gibt, und man bei diesem Verfahren keine der Ecken mehr als einmal durchlaufen kann. Betrachten wir dazu

III.3.1 Beispiel.

$$w = 2x + y \overset{!}{=} \text{Max}$$

mit

$$x \leq 1$$
$$y \leq 1$$
$$2x + 2y \leq 3$$
$$x, y \geq 0.$$

Die zulässige Menge ist in der Abb.III.3.1 schraffiert. Der Pfeil stellt den Gradienten der Zielfunktion dar. Geht man vom Nullpunkt aus, so wächst w auf beiden dort beginnenden Kanten. Das trifft auch bei allen anderen Ecken mit Ausnahme von $(1,1/2)$ zu. Der Eckpunkt $(1;1/2)$ ist also die Lösung des Programms, da w auf beiden Kanten, die sich hier treffen, kleinere Werte hat als an dieser Ecke.

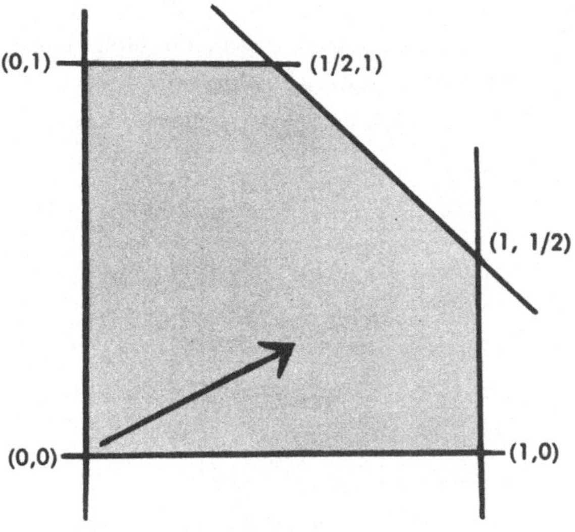

Abb. III.3.1

III.4 Der Simplex-Algorithmus

Im folgenden soll nun die oben beschriebene Methode algebraisch abgeleitet werden. Wir beginnen mit dem System von Ungleichungen

$$a_{11}x_1 + a_{21}x_2 + \ldots + a_{m1}x_m \leq b_1$$

$$a_{12}x_1 + a_{22}x_2 + \ldots + a_{m2}x_m \leq b_2$$

$$\ldots\ldots\ldots\ldots\ldots\ldots\ldots\ldots\ldots\ldots\ldots\ldots\ldots$$

$$a_{1n}x_1 + a_{2n}x_2 + \ldots + a_{mn}x_m \leq b_n \;,$$

3.4.1

das zusammen mit den üblichen Nicht-Negativitätsbedingungen den zulässigen Bereich des linearen Programms definiert. Dafür kann man schreiben

$$a_{11}x_1 + a_{21}x_2 + \ldots + a_{m1}x_m - b_1 = - u_1$$

$$a_{12}x_1 + a_{22}x_2 + \ldots + a_{m2}x_m - b_2 = - u_2$$

$$\ldots\ldots\ldots\ldots\ldots\ldots\ldots\ldots\ldots\ldots\ldots\ldots\ldots$$

$$a_{1n}x_1 + a_{2n}x_2 + \ldots + a_{mn}x_m - b_n = - u_n \;,$$

3.4.2

50

wobei die sogenannten Schlupfvariablen u_j $(j = 1,\ldots,n)$ nur nicht-negative Werte annehmen dürfen. Die Nebenbedingungen 3.4.1 verwandeln sich also in ein System von Gleichungen, denen noch die Nicht-Negativitätsbedingungen $x_i \geq 0$, $u_j \geq 0$ hinzuzufügen sind.
Wir vereinbaren nun, das System 3.4.2 durch das Schema

$$
\begin{array}{c}
\begin{array}{cccc}
x_1 & x_2 & \cdots\ x_m & 1
\end{array} \\[4pt]
3.4.3 \quad
\left.
\begin{array}{cccc}
a_{11} & a_{21} & \cdots\ a_{m1} & -b_1 \\
a_{12} & a_{22} & \cdots\ a_{m2} & -b_2 \\
\multicolumn{4}{c}{\dotfill} \\
a_{1n} & a_{2n} & \cdots\ a_{mn} & -b_n
\end{array}
\right|
\begin{array}{l}
= -u_1 \\
= -u_2 \\
\cdots \\
= -u_n \, .
\end{array}
\end{array}
$$

zu beschreiben, in dem sämtliche Koeffizienten aus 3.4.2 vorkommen. Man erhält das
Gleichungssystem 3.4.2 aus 3.4.3 dadurch, daß man jede Zeile innerhalb des Rechteckes mit der entsprechenden Variablen oberhalb des Rechteckes multipliziert und die
Summe gleich der Variablen setzt, die rechts außerhalb steht. Der Vorteil eines solchen Schemas liegt auf der Hand. Man spart sowohl Platz als auch das wiederholte Schreiben der Variablen $x_1,\ldots,x_m$. Man kann schließlich die Zielfunktion in dieses Schema
einfügen, indem man die neue Zeile

$$
3.4.4 \qquad \left| \begin{array}{cccc} c_1 & c_2 & \cdots\ c_m & 0 \end{array} \right| = w
$$

unten an 3.4.3 heranschreibt. Das durch (3.4.4) erweiterte Schema (3,4.3), das ein
lineares Programm vollständig beschreibt, kann auch zur Darstellung der dualen Aufgabe benutzt werden. Dazu verwendet man die Spalten von (3.4.3) und (3.4.4), um das
Gleichungssystem 3.2.5 zu erzeugen. Damit erhält man das folgende "Doppelschema"

$$
3.4.5 \qquad
\begin{array}{c|cccc|c|l}
 & x_1 & x_2 & \cdots\ x_m & & 1 & \\
\hline
y_1 & a_{11} & a_{21} & \cdots\ a_{m1} & & -b_1 & = -u_1 \\
y_2 & a_{12} & a_{22} & \cdots\ a_{m2} & & -b_2 & = -u_2 \\
\cdots & \multicolumn{4}{c|}{\dotfill} & -b & = \cdots \\
y_n & a_{1n} & a_{2n} & \cdots\ a_{mn} & & -b_n & = -u_n \\
\hline
-1 & c_1 & c_2 & \cdots\ c_m & & 0 & = w \\
\hline
 & \| & \| & \| & & \| & \\
 & v_1 & v_2 & \cdots\ v_m & & -w' &
\end{array}
$$

Betrachten wir nun das Maximum-Problem, das durch das Zeilenschema 3.4.5 dargestellt ist. Wir haben dann ein System von $n + 1$ Gleichungen mit den $m + 1 + n$ Variablen $x_1, \ldots, x_m, u_1, \ldots, u_n, w$. Man kann nun je $n + 1$ Variablen durch die restlichen m
ausdrücken. Das Schema liefert natürlich eine Darstellung von $u_1, \ldots, u_n$ und w durch
die x_i, aber man kann auch eine Darstellung für beliebige $n + 1$ andere Variable mit
Hilfe der restlichen m finden, ausgenommen im degenerierten Fall, wo die Inversion
einer singulären Matrix notwendig wäre.

Setzen wir nun voraus, daß wir eine Darstellung der $n + 1$ Variablen $s_1, s_2, \ldots, s_n$ w
durch $r_1, r_2, \ldots, r_n$ gefunden haben, so erhalten wir ein neues Schema

$$
3.4.6 \qquad
\begin{array}{cccc|c}
 & r_1 \quad r_2 \quad \cdots \quad r_m & & & 1 \\
\hline
a'_{11} & a'_{21} & \cdots & a'_{m1} & -b'_1 \\
a'_{12} & a'_{22} & \cdots & a'_{m2} & -b'_2 \\
\cdots & \cdots & \cdots & \cdots & \cdots \\
a'_{1n} & a'_{2n} & \cdots & a'_{mn} & -b'_n \\
\hline
c'_1 & c'_2 & \cdots & c'_m & \delta
\end{array}
\quad
\begin{array}{l}
= -s_1 \\
= -s_2 \\
\cdots \\
= -s_n \\
= w \ ,
\end{array}
$$

in dem jedes Element der letzten Zeile (ausgenommen eventuell das Element δ) und jedes Element der rechten Spalte (mit Ausnahme von δ) nicht positiv ist. Wenn dies erreicht ist, bietet das Schema 3.4.6 bereits die Lösung des Programms (3.2.1)-(3.2.3).
Setzen wir nämlich die $r_1, \ldots, r_m$ alle gleich Null, so sind alle s_j gleich den entsprechenden b'_j; aber die Größen $-b'_j$ sind alle nicht positiv. Also sind sämtliche s_j nicht
negativ. Da alle r_i gleich Null sind, liegt dieser Punkt im zulässigen Bereich von
(3.2.1)-(3.2.3). Also kann man die letzte Zeile von (3.4.6) als die Gleichung

$$
w = c'_1 r_1 + \ldots + c'_m r_m + \delta
$$

schreiben, wobei die c_i alle nicht negativ sind. Es ist leicht einzusehen, daß der maximale Wert von w dadurch erreicht wird, daß alle r_i gleich Null sind. Die Lösung von
(3.2.1)-(3.2.3) ergibt sich aus 3.4.6, wenn man

$$
3.4.7 \qquad r_i = 0 \qquad i = 1, \ldots, m
$$

$$
3.4.8 \qquad s_j = b'_j \qquad j = 1, \ldots, n
$$

$$
3.4.9 \qquad w = \delta
$$

setzt. Wir suchen nun eine Methode, die es ermöglicht, das System 3.4.5 so in die Form 3.4.6 umzuschreiben, daß alle Elemente der rechten Spalte und letzten Zeile (ausgenommen das Element δ) nicht positiv sind. Wir benötigen zunächst einige Definitionen.

<u>III.4.1 Definition.</u> Im Simplex-Tableau 3.4.6 heißen die Variablen s_j Basisvariable, während die r_i Nicht-Basisvariable genannt werden.

<u>III.4.2 Definition.</u> Ein Simplex-Tableau wird kurz <u>Basispunkt</u> genannt. Sind alle Elemente der rechten Spalte nicht positiv, so heißt der <u>Basispunkt (B.P.) zulässig</u>. Sind alle Elemente der letzten Zeile nicht positiv, abgesehen eventuell von δ, so heißt das Simplex-Tableau auch <u>zulässiger dualer Basispunkt</u>. Wie schon gesagt wurde, erhält man einen Punkt im zulässigen Bereich von (3.2.1)-(3.2.3) durch Nullsetzen der Nichtbasisvariablen, sofern alle Elemente der rechten Spalte nicht negativ sind. Das entspricht genau der Bedeutung des zulässigen Basispunktes. Ein zulässiger dualer Basispunkt liegt genau dann vor, wenn alle Elemente aus der letzten Zeile nicht positiv sind. In diesem Falle hat man einen Punkt im zulässigen Bereich des dualen Programms. Eine Lösung des Programms liegt vor, wenn der zulässige B.P. gleich dem zulässigen dualen B.P. ist.

Geometrisch entspricht ein zulässiger B.P. einem Eckpunkt des konvexen Polyeders von (3.2.1)-(3.2.3). Wie bereits erwähnt, interessieren wir uns für die durch diese Ecke gehenden Kanten bzw. die zugehörigen Nachbarecken. Einen Eckpunkt erhält man dadurch, daß man m der Variablen (die Nicht-Basisvariablen) gleich Null setzt. Für eine Kante verschwinden jedoch nur $m - 1$ Variable. Da aber eine Kante genau dann durch einen bestimmten Eckpunkt geht, wenn diese $m - 1$ Variablen unter den m gleich Null gesetzten Variablen der Ecke sind, liegen zwei Eckpunkte genau dann an einer Kante, wenn sie $(m - 1)$ ihrer Nicht-Basisvariablen gemeinsam haben. Das führt zu der folgenden Definition.

<u>III.4.3 Definition.</u> Zwei Basispunkte heißen benachbart, wenn sie verschiedene Punkte im Raum darstellen, und die Mengen ihrer Basisvariablen sich nur um ein Element unterscheiden.

Allerdings ist es möglich, daß zwei Simplex-Tableaus die gleiche Lösung darstellen, obwohl ihre Basisvariablen verschieden sind. Die Elemente in der rechten Spalte können nämlich verschwinden. Wenn einige dieser b_j verschwinden, sind die entsprechenden s_j gleich Null, sofern die Nicht-Basisvariablen verschwinden. Also kann man sie zu den Nicht-Basisvariablen rechnen, ohne daß sich der durch das Simplex-Tableau dargestellte Punkt ändert.

<u>III.4.4 Pivot-Schritte.</u> Der Pivot-Schritt ist eine Methode, eine Basisvariable einer gegebenen Mengen gegen eine Nicht-Basisvariable auszutauschen. Dabei werden $(m + 1)$ Gleichungen von 3.4.6 nach $(n - 1)$ der s_j, einem der r_i und w aufgelöst. Das soll im folgenden erkärt werden.

Nehmen wir an, die Basisvariable s_j soll zur Nicht-Basisvariablen werden, während r_i zur Basisvariablen erklärt werden soll. Dann löst man die Gleichung

$$a_{1j}r_1 + a_{2j}r_2 + \ldots + a_{mj}r_m - b_j = -s_j$$

nach $-r_i$ auf, was

$$\frac{a_{1j}}{a_{ij}}r_1 + \ldots + \frac{a_{i-1,j}}{a_{ij}}r_{i-1} + \frac{1}{a_{ij}}s_j + \ldots + \frac{a_{mj}}{a_{ij}}r_m - \frac{b_j}{a_{ij}} = -r_i$$

liefert (natürlich gilt dies nur für $a_{ij} \neq 0$). Diese neue Gleichung soll die j-te Zeile des neuen Simplex-Tableaus sein. Um die restlichen Zeilen zu bestimmen, muß dieser Wert für r_i in allen Zeilen ersetzt werden, so daß die erste Zeile folgendermaßen aussieht:

$$\left(a_{11} - \frac{a_{1j}}{a_{ij}}\right) r_1 + \ldots + \left(a_{i-1,1} - \frac{a_{i-1,j}}{a_{ij}}\right) r_{i-1}$$

$$- \frac{a_{1i}}{a_{ij}}s_j + \ldots - \left(b_1 - \frac{b_j}{a_{ij}}\right) = -s_1 .$$

Die anderen Zeilen (ausgenommen die j-te) werden ähnlich berechnet. Um ein neues Schema zu erhalten, werden also lediglich die Koeffizienten erneuert und die Variablen r_i und s_j vertauscht.

Das Element a_{ij}, das nicht gleich Null sein darf, heißt das Pivotelement der Transformation. Die Transformation selbst bezeichnet man als Pivot-Schritt. Sie kann sehr leicht durch das folgende Diagramm dargestellt werden:

$$3.4.10 \qquad \begin{bmatrix} p & q \\ r & s \end{bmatrix} \rightarrow \begin{bmatrix} \dfrac{1}{p} & \dfrac{q}{p} \\ -\dfrac{r}{p} & s - \dfrac{qr}{p} \end{bmatrix} .$$

Im Schema 3.4.10 ist p das Pivotelement, q ein anderes Element der Pivotzeile, r ein Element der Pivotspalte und s das Element in der Zeile von r und Spalte von q. Das Pivotelement ist also nur durch seinen reziproken Wert $1/p$ ersetzt worden. Die anderen Elemente in dieser Zeile werden durch p dividiert, während die Elemente in der entsprechenden Spalte außerdem noch ihr Vorzeichen wechseln. Alle anderen Elemente werden gebildet aus der Differenz zwischen den ursprünglichen Werten und dem Produkt aus den beiden Zahlen, die in der gleichen Zeile und Pivotspalte bzw. in der gleichen Spalte und Pivotzeile stehen. Diese Differenz wird schließlich durch p dividiert.

III.4.5 Beispiel. Gegeben sei ein Simplexschema:

$$
\begin{array}{c}
r_1 \quad r_2 \quad r_3 \quad 1 \\
\end{array}
$$

3.4.11

$$
\begin{array}{|cccc|l}
4 & 1 & 3 & 2 & = -s_1 \\
-1^* & 2 & -1 & 4 & = -s_2 \\
1 & 2 & 2 & 0 & = -s_3 \\
0 & 1 & 4 & 1 & = -s_4 \\
\end{array}
$$

Dieses Schema stellt die s_1, s_2, s_3, s_4 in Abhängigkeit von r_1, r_2, r_3 dar. Gesucht ist die Auflösung des Systems für s_1, r_1, s_3, s_4 in Abhängigkeit von s_2, r_2, s_3. Das Pivotelement liegt in der ersten Spalte und zweiten Zeile. Führt man die in 3.4.10 beschriebene Transformation durch und vertauscht r_1 mit s_2, so ergibt sich das Schema

$$
\begin{array}{c}
s_2 \quad r_2 \quad r_3 \quad 1 \\
\end{array}
$$

3.4.12

$$
\begin{array}{|cccc|l}
4 & 9 & -1 & 18 & = -s_1 \\
-1 & -2 & 1 & -4 & = -r_1 \\
1 & 4 & 1 & 4 & = -s_3 \\
0 & 1 & 4 & 1 & = -s_4 \; . \\
\end{array}
$$

Das Schema 3.4.12 ist dem in 3.4.11 äquivalent, was man leicht nachprüft.

Die duale Aufgabe: In III.4.4 wurde die Form der Transformation festgelegt, die notwendig ist, um das Gleichungssystem, das durch die Zeilen des neuen Schemas dargestellt wurde, in ein dem alten Schema äquivalentes zu verwandeln. Andererseits wurde aber bereits bemerkt, daß ein solches Schema gleichzeitig zwei duale Programme darstellen kann. Es bleibt also nur zu zeigen, daß die durch die Spalten des neuen Schemas dargestellten Gleichungen mit denen des alten übereinstimmen.

Die i-te Spalte des Schemas (3.4.5) entspricht der linearen Gleichung

$$
\sum a_{ij} y_j - c_i = v_i .
$$

Hier bedeuten die v_i Basisvariable, während die y_j die Nicht-Basisvariablen sind. Wir wollen also nun die Rollen von v_i und y_j vertauschen, d.h., y_j soll Basisvariable und v_i Nicht-Basisvariable werden. Wir lösen daher - wie oben - die Gleichung nach y_j auf und erhalten

$$- \frac{a_{i1}}{a_{ij}} y_1 + \ldots - \frac{a_{i,j-1}}{a_{ij}} y_{j-1} + \frac{1}{a_{ij}} v_i + \ldots + \frac{c_i}{a_{ij}} = y_j \, .$$

Setzen wir diesen Wert von y_j in die übrigen Gleichungen ein, ergibt sich für die erste Spalte (für $i \neq 1$)

$$\left(a_{11} - \frac{a_{i1} a_{1j}}{a_{ij}} \right) y_1 + \ldots + \frac{a_{1j}}{a_{ij}} v_i + \ldots - \left(c_1 - \frac{c_i a_{1j}}{a_{ij}} \right) = v_1 \, .$$

Alle anderen Spalten erhält man analog. Diesen Austausch kann man schematisch darstellen durch

$$\begin{bmatrix} p & q \\ r & s \end{bmatrix} \rightarrow \begin{bmatrix} \frac{1}{p} & \frac{q}{p} \\ -\frac{r}{p} & s - \frac{qr}{p} \end{bmatrix} \, .$$

Da dieses Schema dem in (3.4.10) äquivalent ist, gilt die angewendete Transformation sowohl für die gegebene (primale) (3.2.1)-(3.2.3) als auch für die duale Aufgabe (3.2.4)-(3.2.6). Jedes Simplex-Tableau, das durch einzelne Pivot-Schritte erzeugt wurde, stellt also ein Paar von simultanen, dualen Aufgaben dar.

III.5 Simplex-Algorithmus (Fortsetzung)

Nachdem wir den Pivot-Schritt - die wichtigste Operation des Simplex-Algorithmus - erklärt haben, benötigen wir nun eine Regel, die darüber entscheidet, welche der möglichen Pivot-Schritte bei gegebenem Simplex-Tableau tatsächlich ausgeführt werden. Das Simplex-Schema besitzt im allgemeinen eine große Anzahl von Elementen, die nicht Null sind und daher prinzipiell als Pivotelemente benutzt werden können.

Jeder der $m + n$ Variablen $x_1, \ldots, x_m, n_1, \ldots, n_n$ kann eine begrenzende Hyperebene des zulässigen Bereiches zugeordnet werden, nämlich jeweils diejenige, in der die entsprechende Variable gleich Null ist. Der Schnittpunkt dieser Hyperebenen, von denen angenommen wird, daß sie unabhängig sind, ist ein Basispunkt des zulässigen Bereiches.

Sind alle anderen Variablen ebenfalls nicht negativ, so ist der Basispunkt zulässig, d.h., er liegt in dem zulässigen Bereich.

Mit der Wahl des Pivot-Schrittes verfolgt man zwei Ziele. Erstens will man sich - ausgehend von einem beliebigen Basispunkt - in Richtung auf einen zulässigen Basispunkt bewegen. Zweitens soll der Wert der Zielfunktion "verbessert" (vergrößert oder verkleinert) werden. Dabei muß darauf geachtet werden, daß im Verlauf dieses Vorgehens stets zulässige Basislösungen betrachtet werden, bis eine Lösung (genau der Punkt, der das Extremum der Zielfunktion liefert) erreicht ist. Wir benötigen also zwei Regeln: Die erste soll uns ohne weitere Voraussetzung einen zulässigen Basispunkt liefern, während sich mit der zweiten - von diesem zulässigen Basispunkt ausgehend - die Lösung des Programms berechnen lassen soll. Wir bezeichnen dies mit Fall I bzw. Fall II.

III.5.1 Regeln für die Wahl des Pivotelements.

3.5.1 Fall I. Es sei $-b_k$ das kleinste positive Element der rechten Spalte (ausgenommen das letzte Element). Man wähle irgendein negatives Element, $a_{i_0 k}$ der k-ten Zeile. Das Pivotelement befindet sich dann in der i_0-ten Spalte. Wir betrachten nun für $j \geq k$ sämtliche Quotienten der Form $-b_j/a_{i_0 j}$ und deren Maximum $-b_{j_0}/a_{i_0 j_0}$. Dann ist $a_{i_0 j_0}$ das Pivotelement. Wenn es mehrere derartige Elemente gibt, so kann man eines beliebig auswählen.

III.5.2 Fall II. Es sei c_{i_0} irgendein positives Element der letzten Zeile (wiederum das rechte Element ausgenommen), dann liegt das Pivotelement in der i_0-ten Spalte. Für alle j mit $-b_j/a_{i_0 j}$ sei j_0 der Wert, für den der Quotient $-b_j/a_{i_0 j}$ das Maximum annimmt. Dann ist $a_{i_0 j_0}$ das Pivotelement (bei mehreren Werten j_0 verfährt man wie oben).

III.5.2 Beweis der Konvergenz.

Es soll nun gezeigt werden, daß der eben beschriebene Algorithmus in endlich vielen Schritten gegen eine Lösung konvergiert. Wir wollen annehmen, daß kein degenerierter Fall vorliegt, d.h., kein Element der letzten Zeile oder rechten Spalte soll Null sein (ausgenommen das rechts unten stehende Element).

3.5.3 Für Fall I werden wir beweisen, daß alle Elemente der rechten Spalte unterhalb des k-ten Elements negativ bleiben und das k-te selbst kleiner wird.

Wie wir wissen, werden nun alle Elemente $-b_j$ für $j \neq j_0$ durch

$$-b_j' = -b_j + \frac{a_{i_0 j} b_{j_0}}{a_{i_0 j_0}}$$

ersetzt. Weiterhin weiß man, daß $-b_{j_0}/a_{i_0 j_0}$ negativ ist. Für $a_{i_0 j} < 0$ folgt also $-b_j' < -b_j$.

Ist aber $a_{i_0 j} > 0$, so folgt (auf Grund der Regel) für alle $j \geq k$

$$-\frac{b_{j_0}}{a_{i_0 j_0}} \geq -\frac{b_j}{a_{i_0 j}} .$$

In dem Ausdruck

$$-b_j' = a_{i_0 j} \left(-\frac{b_j}{a_{i_0 j}} + \frac{b_{j_0}}{a_{i_0 j_0}} \right)$$

ist die Summe in der Klammer nicht positiv. Also gilt $-b_j' < 0$.

Schließlich wird $-b_{j_0}$ durch $-b_{j_0}/a_{i_0 j_0}$ ersetzt, das nach Voraussetzung negativ ist. Also gilt für alle $j > k$ $b_j' < 0$ und $b_k' < -b_k$. Da es nur endlich viele Simplex-Tableaus gibt, wird man bei wiederholter Anwendung der oben definierten Regel möglicherweise ein Tableau erhalten, in dem für $j \geq k$ $-b_j < 0$ ist. Dann nimmt man die nächst höhere Zeile und setzt das Verfahren solange fort, bis alle Elemente der rechten Spalte nicht-positiv sind.

3.5.4 Im Fall II kann aus dem gleichen Grund wie oben jedes $-b_j$ durch $-b_j'$ mit $-b_j' \leq 0$ ersetzt werden. Anstelle des letzten Elements der rechten Spalte δ setzt man

$$\delta' = \delta + \frac{c_{i_0} b_{j_0}}{a_{i_0 j_0}} .$$

Wegen $c_{i_0} > 0$ und $-b_{j_0}/a_{i_0 j_0} < 0$ folgt $\delta' > \delta$. Da aber δ und δ' Werte der Zielfunktion für zwei gegebene zulässige Basispunkte sind, hat man die "Lösung" offenbar verbessert. Da nur endlich viele Basispunkte existieren, erscheint es möglich, die Lösung auf diesem Wege zu erreichen.

Wir haben also gesehen, daß bei nicht-degenerierten Programmen die Anwendung endlich vieler Pivot-Schritte nach den Regeln aus III.5.2 die Lösung des linearen Programms liefert. Es könnte allerdings sein, daß die Regeln 3.5.3 und 3.5.4 versagen. Im Fall I könnte es vorkommen, daß eine Zeile, deren letztes Element positiv ist, nur nicht-negative Elemente enthält. Im Fall II ist es möglich, daß eine Spalte, deren Element in der letzten Zeile positiv ist, sonst nur nicht-positive Elemente enthält. In beiden Situationen können die Regeln aus III.5.1 nicht angewendet werden. Dies impliziert die Unlösbarkeit (entweder wegen der Nicht-Zulässigkeit oder aber wegen der Unbeschränktheit) des Programms.

Angenommen im Fall I existiert eine Zeile, deren Elemente nicht-negativ sind, und deren letztes positiv ist. Diese Zeile beschreibt die Gleichung

$$3.5.5 \qquad \sum_{i=1}^{n} a_{ij} r_i - b_j = -s_j.$$

Auf Grund der Annahme sind alle a_{ij} und r_i nicht-negativ, während $-b_j$ positiv ist. Daher muß s_j negativ sein. Also sind die Nebenbedingungen inkonsistent, d.h., das Programm ist nicht zulässig.

Existiert für Fall II eine Spalte mit nicht-positiven Größen, aber positivem Element an der letzten Stelle, so kann r_i wegen $a_{ij} \leq 0$ und 3.5.5 unbeschränkt wachsen, ohne daß s_j kleiner wird. Da alle Elemente dieser Spalte mit Ausnahme des letzten nicht positiv sind, kann r_i unbeschränkt wachsen und zwar so, daß bei Konstanz aller anderen r $(r = 0)$ der zulässige Bereich nicht verlassen wird. Da aber das letzte Element positiv ist, wächst die Zielfunktion über alle Grenzen. Also ist das Programm unbeschränkt.

<u>Degeneriertheit.</u> In den obigen Ausführungen wurde die Annahme gemacht, daß das Simplex-Tableau nicht degeneriert ist, d.h., die rechte Spalte enthält mit Ausnahme des letzten Elements keine Null. Wenn nun doch Nullen auftreten, müssen gewisse strenge Ungleichungen durch Zulassen der Gleichheit in Ungleichungen verwandelt werden. Beispielsweise schreibt man dann für die strenge Ungleichung $\delta' > \delta$, die über die Schritte des Falles II bei Nicht-Degeneriertheit entscheidet, die schwächere Form $\delta' \geq \delta$. Die Aussage $\delta' > \delta$ bedeutet, daß die Zielfunktion bei jedem Schritt wächst. Also kann man einen zulässigen Basispunkt nicht zweimal durchlaufen. Dies garantiert die Endlichkeit des Verfahrens. Die Ungleichung $\delta' \geq \delta$ läßt die Möglichkeit zu, daß man nach mehreren Pivot-Schritten wieder zum gleichen Tableau kommt.

Degeneriertheit eines Programms, d.h. Existenz von Nullen in der rechten Spalte, liegt dann vor, wenn mehr als m der Variablen gleichzeitig verschwinden, d.h., wenn mehr als m der begrenzenden Hyperebenen des zulässigen Bereiches durch einen Punkt gehen. Ein nicht-degeneriertes Programm liegt vor, wenn $m + n$ begrenzende Hyperebenen in der "üblichen" Lage im Raum liegen. Also kann man ein degeneriertes Programm durch eine beliebig kleine "Störung" der Nebenbedingungen in ein nicht-degeneriertes verwandeln. Eine oft benutzte Technik besteht in einer solch kleinen Störung der Nebenbedingungen. Hat eine Zeile als letztes Element eine Null, d.h., hat sie die Form

$$|a_{1j} \, a_{2j} \ldots a_{nj} \, 0| = -s_j,$$

so ersetzt man die Variable s_j durch $s_j' = s_j + \varepsilon$, und es ergibt sich

$$|a_{1j} \, a_{2j} \ldots a_{mj} - \varepsilon| = -s_j'.$$

Dabei sei ε positiv und hinreichend klein. Das so modifizierte Programm wird mit dem Simplex-Algorithmus gelöst. Da eine solche Änderung die Degeneriertheit beseitigt, kann das Programm durch endlich viele Schritte gelöst werden, sofern eine Lösung existiert. Diese Lösung wird eine Funktion der Änderungen sein, d.h., die Werte für $x_1, \ldots, x_m$ werden von der Wahl der ε abhängen. Im allgemeinen ist diese Abhängigkeit linear. Schließlich geht es nur noch darum, diese ε gleich Null zu setzen, um die Lösung des ursprünglichen Programms zu erhalten.

Die eingefügten Störungen, die die Nebenbedingungen $s_j \geq 0$ durch die schwächeren Ungleichungen $s_j' \geq 0$ ersetzen, werden den zulässigen Bereich in der Regel vergrößern. Wir sind wesentlich an den extremen Punkten des zulässigen Bereiches interessiert. Von diesen werden nur solche durch die Störungen abgeändert, für die $s_j = 0$ ist. Bei jedem dieser endlich vielen geänderten extremen Punkte ändert sich der Wert der Zielfunktion proportional ε. Liegt die Lösung des Programms in einem Extrempunkt P_1, dann existiert eine positive Zahl η mit $w(P_2) \leq w(P_1) - \eta$, wobei P_2 einen anderen Randpunkt (jedoch keine Lösung) darstellt, und $w(P)$ der Wert der Zielfunktion an der Stelle P ist. Offenbar kann der Wert der Zielfunktion nicht um mehr als η an einem Extrempunkt wachsen, sofern alle ε genügend klein sind. Also kann P_2 nicht die Lösung des "gestörten" Programms sein, weil es nicht die Lösung des ursprünglichen war. Mit Hilfe der Kontraposition folgt, daß die Lösung der geänderten Aufgabe immer die der ungeänderten liefert.

Im allgemeinen ist diese Änderungsmethode zwar gebräuchlich (besonders beim Beweis der Endlichkeit des Simplex-Algorithmus), aber umständlich, weil man nicht genau weiß, wie klein ε gewählt werden muß, damit die Lösung des geänderten Programms auch das ursprüngliche löst. Beim Einsatz von Computern ist man dazu übergegangen, bei der Wahl der Pivot-Schritte Zufallsmechanismen zu benutzen. Dadurch wird ein möglicher Zyklus, der den Algorithmus komplizieren würde, mit der Wahrscheinlichkeit 1 verhindert. (Nur bei der beschriebenen systematischen Wahl der Pivot-Schritte kann ein Zyklus auftreten.)

III.6 Beispiele

Es werden nun einige Beispiele zur Lösung von linearen Programmen mit der Simplex-methode betrachtet.

<u>III.6.1 Beispiel</u>

$$5x_1 + 2x_2 + x_3 \overset{!}{=} Max$$

mit

$$x_1 + 3x_2 - x_3 \leq 6$$

$$x_2 + x_3 \leq 4$$

$$3x_1 + x_2 \qquad \leq 7$$

$$x_1, x_2, x_3 \leq 0 \; .$$

Wir konstruieren das Schema:

$x_1 \quad x_2 \quad x_3 \qquad 1$

1	3	-1	-6	$= -u_1$
0	1	1	-4	$= -u_2$
3^*	1	0	-7	$= -u_3$
5	2	1	0	$= w \; .$

3.6.1

Da alle Spalten der letzten Stelle positive Elemente haben, können wir das Pivot-Element aus irgendeiner Spalte wählen. Wir wählen etwa die erste Spalte. Das Pivot-Element ist dann das mit dem Stern versehene Element. Der erste Pivot-Schritt liefert das neue Tableau:

$u_3 \quad x_2 \quad x_3 \qquad 1$

$-\frac{1}{3}$	$\frac{8}{3}$	-1	$-\frac{11}{3}$	$= -u_1$
0	1	1^*	-4	$= -u_2$
$\frac{1}{3}$	$\frac{1}{3}$	0	$-\frac{7}{3}$	$= -x_1$
$-\frac{5}{3}$	$\frac{1}{3}$	1	$\frac{35}{3}$	$= w \; .$

3.6.2

Wir nehmen wiederum die mit Stern versehene Zahl als Pivot-Element. Das liefert

$$
\begin{array}{c}
\begin{array}{cccc}
u_3 & x_2 & u_2 & 1
\end{array} \\
\left[
\begin{array}{ccc|c}
-\dfrac{1}{3} & \dfrac{11}{3} & 1 & \dfrac{23}{3} \\[2mm]
0 & 1 & 1 & -4 \\[2mm]
\dfrac{1}{3} & \dfrac{1}{3} & 0 & -\dfrac{7}{3} \\[2mm]
\hline
-\dfrac{5}{3} & -\dfrac{2}{3} & -1 & \dfrac{47}{3}
\end{array}
\right]
\begin{array}{l}
= -u_1 \\[3mm]
= -x_3 \\[4mm]
= -x_1 \\[5mm]
= w \; .
\end{array}
\end{array}
$$

3.6.3

Die Lösung ist dann $(7/3, 0, 4)$ und $w = 47/3$ ist der Wert der Zielfunktion.

III.6.2. Beispiel

$$6y_1 + 4y_2 + 7y_3 \overset{!}{=} \mathrm{Min}$$

mit

$$y_1 \qquad\;\; + 3y_3 \geq 5$$

$$3y_1 + y_2 + \; y_3 \geq 2$$

$$-y_1 + y_2 \qquad\;\; \geq 1$$

$$y_1, y_2, y_3 \geq 0 \; .$$

Man sieht sofort, daß dies die duale Aufgabe von III.6.1 ist. Hätten wir das Tableau so geschrieben, daß beide Aufgaben simultan gelöst werden können, so ergäbe sich nach den oben beschriebenen Pivot-Schritten als letztes Tableau

$$
\begin{array}{c}
\qquad\begin{array}{cccc}
u_3 & x_2 & u_2 & 1
\end{array} \\
\begin{array}{c}
y_1 \\[4mm] v_3 \\[4mm] v_1 \\[6mm] -1
\end{array}
\left[
\begin{array}{ccc|c}
-\dfrac{1}{3} & \dfrac{11}{3} & 1 & -\dfrac{23}{3} \\[2mm]
0 & 1 & 1 & -4 \\[2mm]
\dfrac{1}{3} & \dfrac{1}{3} & 0 & -\dfrac{7}{3} \\[2mm]
\hline
-\dfrac{5}{3} & -\dfrac{2}{3} & -1 & \dfrac{47}{3}
\end{array}
\right]
\begin{array}{l}
= -u_1 \\[3mm]
= -x_3 \\[4mm]
= -x_1 \\[5mm]
= w \; .
\end{array} \\[2mm]
\qquad\begin{array}{cccc}
\parallel & \parallel & \parallel & \parallel \\
y_3 & v_2 & y_2 & w'
\end{array}
\end{array}
$$

3.6.4

Die Lösung des dualen Programms von III.6.1 ist $(0,1,5/3)$ und der Wert der Zielfunktion ist gleich $47/3$ wie in III.6.1.

<u>III.6.3 Beispiel.</u> Gesucht ist die Lösung des Matrixspiels

$$\begin{pmatrix} 3 & 6 & 1 & 4 \\ 5 & 2 & 4 & 2 \\ 1 & 4 & 3 & 5 \end{pmatrix}.$$

Dazu schreiben wir das Maximum-Problem in der Form:

$$\lambda \stackrel{!}{=} \text{Max}$$

mit

$$3x_1 + 5x_2 + x_3 \geq \lambda$$
$$6x_1 + 2x_2 + 4x_3 \geq \lambda$$
$$x_1 + 4x_2 + 3x_3 \geq \lambda$$
$$4x_1 + 2x_2 + 5x_3 \geq \lambda$$
$$x_1 + x_2 + x_3 = 1$$
$$x_1, x_2, x_3 \geq 0.$$

Daraus ergibt sich folgendes Tableau:

3.6.5

x_1	x_2	x_3	λ	
-3	-5	-1	1	$= -u_1$
-6	-2	-4	1	$= -u_2$
-1	-4	-3	1	$= -u_3$
-4	-2	-5	1^*	$= -u_4$
-1	-1	-1	0	$= -1.$

Wir müssen hier den Pivot-Schritt so vornehmen, daß λ zur Basisvariablen und 1 zur Nicht-Basisvariablen werden. Leider ist das Element in der Spalte von λ und der Zeile der 1 gleich Null. Aus diesem Grunde braucht man dazu einen Pivot-Schritt mehr.

In den folgenden Tableaus bezeichnen die Sternchen die jeweiligen Pivot-Elemente:

$$\begin{array}{cccc} x_1 & x_2 & x_3 & u_4 \end{array}$$

3.6.6

1	-3	4	-1	$= -u_1$
-2	0	1	-1	$= -u_2$
3	-2	2	-1	$= -u_3$
-4	-2	-5	1	$= -\lambda$
-1	-1	-1^*	0	$= -1$

$$\begin{array}{cccc} x_1 & x_2 & 1 & u_4 \end{array}$$

3.6.7

-3	-7	4	-1	$= -u_1$
-3	-1	1	-1	$= -u_2$
1	-4	2	-1	$= -u_3$
1	3	-5	1	$= -\lambda$
1	1	-1	0	$= -x_3 \,.$

Nun vertauschen wir Zeilen bzw. Spalten so, daß die rechte Spalte dem konstanten Ausdruck und die letzte Zeile der Zielfunktion λ entspricht. Außerdem werden alle Vorzeichen in der letzten Zeile umgedreht, so daß sich folgendes Schema ergibt:

$$\begin{array}{cccc} x_1 & x_2 & u_4 & 1 \end{array}$$

3.6.8

-3	-7	-1	4	$= -u_1$
-3	-1	-1	1	$= -u_2$
1	-4	-1^*	2	$= -u_3$
1	1	0	-1	$= -x_3$
-1	-3	-1	5	$= \lambda \,.$

Wir verfahren weiter nach Regel 3.5.1, bis wir einen zulässigen Basispunkt erreichen:

$$\begin{array}{cccc|c} x_1 & x_2 & u_3 & 1 & \\ \hline -4 & -3 & -1^* & 2 & = -u_1 \\ -4 & 3 & -1 & -1 & = -u_2 \\ -1 & 4 & -1 & -2 & = -u_4 \\ 1 & 1 & 0 & -1 & = -x_3 \\ \hline -2 & 1 & -1 & 3 & = \lambda \end{array}$$

3.6.9

$$\begin{array}{cccc|c} x_1 & x_2 & u_1 & 1 & \\ \hline 4 & 3 & -1 & -2 & = -u_3 \\ 0 & 6^* & -1 & -3 & = -u_2 \\ 3 & 7 & -1 & -4 & = -u_4 \\ 1 & 1 & 0 & -1 & = -x_3 \\ \hline 2 & 4 & -1 & 1 & = \lambda \; . \end{array}$$

3.6.10

Da wir nun einen zulässigen Basispunkt haben, verfahren wir weiter mit der Regel
3.5.2

$$\begin{array}{cccc|c} x_1 & u_2 & u_1 & 1 & \\ \hline 4^* & -\dfrac{1}{2} & -\dfrac{1}{2} & -\dfrac{1}{2} & = -u_3 \\[2mm] 0 & \dfrac{1}{6} & -\dfrac{1}{6} & -\dfrac{1}{2} & = -x_2 \\[2mm] 3 & -\dfrac{7}{6} & \dfrac{1}{6} & -\dfrac{1}{2} & = -u_4 \\[2mm] 1 & -\dfrac{1}{6} & \dfrac{1}{6} & -\dfrac{1}{2} & = -x_3 \\[2mm] \hline 2 & -\dfrac{2}{3} & -\dfrac{1}{3} & 3 & = \lambda \end{array}$$

3.6.11

$$
\begin{array}{c|cccc|c}
 & u_3 & u_2 & u_1 & 1 & \\
\hline
v_1 & \frac{1}{4} & -\frac{1}{8} & -\frac{1}{8} & -\frac{1}{8} & = -x_1 \\
v_2 & 0 & \frac{1}{6} & -\frac{1}{6} & -\frac{1}{2} & = -x_2 \\
y_4 & -\frac{3}{4} & -\frac{19}{24} & \frac{13}{24} & -\frac{1}{8} & = -u_4 \\
v_3 & -\frac{1}{4} & -\frac{1}{24} & \frac{7}{24} & -\frac{3}{8} & = -x_3 \\
\hline
-1 & -\frac{1}{2} & -\frac{5}{12} & -\frac{1}{12} & \frac{13}{4} & = \lambda \; . \\
\hline
 & \| & \| & \| & \| & \\
 & y_3 & y_2 & y_1 & \mu &
\end{array}
$$

3.6.12

Tableau 3.6.12 ergibt schließlich die Lösung. Die optimale Strategie von I ist also $(1/8, 1/2, 3/8)$. Die dualen Variablen, die wir im Zwischentableau weggelassen haben, ergeben als optimale Strategie von Spieler II $(1/12, 5/12, 1/2, 0)$. Der Wert des Spiels ist $13/4$.

Zu diesem Beispiel sind einige Bemerkungen notwendig. Bei den Pivot-Schritten im Tableau 3.6.8 wurden die beiden Variablen u_4 und u_3 vertauscht. Beim nächsten Schritt geschah dies mit u_3 und u_1. Wir hätten daher offenbar durch Vertauschen von u_4 und u_1 einen Schritt gespart und wären gleich vom Tableau 3.6.8 zu 3.6.10 gelangt. Also gibt die Regel von 3.5.1 nicht immer den kürzesten Weg an; sie sollte daher durch Zusatzvorschriften so modifiziert werden, daß die Zahl der Operationen möglichst klein ist.

Ferner ist zu bemerken, daß Tableau 3.6.8 keinen zulässigen Basispunkt, sondern einen zulässigen dualen ergibt. Man sollte daher nach einer Abänderung der Regel 3.5.1 suchen, die es gestattet, die Lösung nicht durch schrittweise Berechnung zulässiger Basispunkte, sondern durch zulässige duale zu finden. Mit anderen Worten, unsere Berechnung beginnt mit dem zulässigen dualen Basispunkt von 3.6.8, man macht aber keinen Gebrauch davon, daß ein zulässiger dualer Basispunkt vorliegt. Stattdessen setzt man die Suche nach dem zulässigen B.P. fort, der das Problem löst. Wenn wir bei dieser Suche nach zulässigen Basispunkten auch nach Tableaus suchen, die zugleich duale zulässige Basispunkte sind, so ist der erste zulässige Basispunkt bereits die Lösung.

Schließlich die dritte Bemerkung: Man braucht sich nicht an die dualen Variablen y_i und v_i zu halten. Denn jedes y_j liegt notwendig dem entsprechenden u_j des Maximum-

Problems gegenüber. Entsprechend verhält es sich mit den v_i und x_i. Offenbar läßt jeder Pivot-Schritt diese relativen Positionen unverändert.

III.6.4 Beispiel

$$x_1 + x_2 \overset{!}{=} \text{Max}$$

mit

$$-2x_1 + x_2 \leq -3$$

$$x_1 - 2x_2 \leq 4$$

$$x_1, x_2 \geq 0.$$

Lösung: Wir erhalten das Schema:

3.6.13

x_1	x_2	1	
-2	1	-3	$= -u_1$
1	-2^*	4	$= -u_2$
1	1	0	$= w$.

Beginnt man bei dem mit Stern versehenen Element, so erhält man:

3.6.14

x_1	u_2	1	
$-\dfrac{7^*}{4}$	$\dfrac{1}{2}$	5	$= -u_1$
$-\dfrac{1}{2}$	$-\dfrac{1}{2}$	-2	$= -x_2$
$\dfrac{3}{2}$	$\dfrac{1}{2}$	2	$= w$

$$
\begin{array}{ccc}
u_1 & u_2 & 1
\end{array}
$$

3.6.15

$$
\begin{array}{|cc|c|}
\hline
-\dfrac{4}{7} & -\dfrac{2}{7} & -\dfrac{20}{7} \\
-\dfrac{2}{7} & -\dfrac{9}{14} & -\dfrac{24}{7} \\
\hline
\dfrac{6}{7} & \dfrac{13}{14} & \dfrac{44}{7} \\
\hline
\end{array}
\begin{array}{l}
= -x_1 \\[2ex]
= -x_2 \\[3ex]
= -w \, .
\end{array}
$$

3.6.15 zeigt die Unbeschränktheit des Programms.

III.7 Spiele mit Nebenbedingungen

Die Theorie des linearen Programmierens besitzt neben der Spieltheorie noch andere Anwendungen. Obwohl viele von ihnen sehr interessant sind, ist es unmöglich, sie im Rahmen dieses Buches detailliert zu schildern. Wir beschreiben eine weitere Anwendung, die aber noch zur Spieltheorie gehört.

Betrachten wir ein Spiel, bei dem nicht alle gemischten Strategien erlaubt sind. Diese Einschränkung kommt in der Praxis häufig vor. Angenommen, die gemischten Strategien x bzw. y müssen aus einem konvexen Polyeder gewählt werden, d.h., aus einem zulässigen Bereich, der durch lineare Gleichungen und Ungleichungen definiert ist. Ist die Spielmatrix $A = (a_{ij})$ gegeben, dann besteht die Aufgabe des Spielers I darin,

3.7.1
$$
\max_{x \in X} \left\{ \min_{y \in Y} xAy^t \right\}
$$

zu bestimmen, wobei die Mengen X und Y durch

3.7.2
$$
xB \leq C
$$

3.7.3
$$
x \geq 0
$$

und

3.7.4
$$
yE^t \geq F
$$

3.7.5
$$
y \geq 0
$$

68

festgelegt sind. Die Aufgabe des Spielers II besteht darin,

$$3.7.6 \qquad\qquad \min_{y \in Y} \left\{ \max_{x \in X} xAy^t \right\}$$

zu ermitteln.

Wir betrachten nun 3.7.1. Der Ausdruck innerhalb der Klammer ist eine Funktion von x und kann als Wert des linearen Programms, dessen Zielfunktion von x abhängige Koeffizienten besitzt, gedeutet werden. Aus dem Dualitätssatz von III.2 folgt wegen der Zulässigkeit und Beschränktheit des Programms, daß die Aufgaben

$$3.7.7 \qquad\qquad (xA)y^t \overset{!}{=} \mathrm{Min}$$

mit

$$3.7.8 \qquad\qquad yE^t \geq F$$

$$3.7.9 \qquad\qquad y \geq 0$$

und

$$3.7.10 \qquad\qquad zF^t \overset{!}{=} \mathrm{Max}$$

mit

$$3.7.11 \qquad\qquad zE \leq xA$$

$$3.7.12 \qquad\qquad z \geq 0$$

den gleichen Wert besitzen. Somit reduziert sich die Aufgabe des Spielers I auf das reine Maximierungsproblem:

$$3.7.13 \qquad\qquad zF^t \overset{!}{=} \mathrm{Max}$$

mit

$$3.7.14 \qquad\qquad zE - xA \leq 0$$

$$3.7.15 \qquad\qquad xB \leq C$$

$$3.7.16 \qquad\qquad z, x \geq 0.$$

Dieses Problem kann natürlich mit Hilfe einer üblichen Lösungstechnik für lineare Programme, z.B. Simplex-Algorithmus, gelöst werden. Auf ähnliche Weise kann gezeigt werden, daß Spieler II das gewöhnliche Minimierungsproblem

$$3.7.17 \qquad Cs^t \overset{!}{=} Min$$

mit

$$3.7.18 \qquad sB^t - yA^t \geq 0$$

$$3.7.19 \qquad yE^t \geq F$$

$$3.7.20 \qquad s, y \geq 0$$

zu lösen hat. Man sieht nun, daß (3.7.17)-(3.7.20) die zu (3.7.13)-(3.7.16) duale Aufgabe ist. Sind beide Programme zulässig, so sind die Ausdrücke 3.7.1 und 3.7.6 gleich, und das Spiel mit Nebenbedingungen hat einen Sattelpunkt für die gewünschten Strategien.

Aufgaben

1. Man suche die duale Aufgabe des folgenden linearen Programms

a)
$$x_1 + 3x_2 - x_3 \overset{!}{=} Max$$

mit

$$3x_1 + x_2 \qquad \leq 5$$
$$x_1 - 3x_2 + x_3 \geq -6$$
$$x_2 + 3x_3 \leq 4$$
$$x_i \geq 0 \qquad i = 1,2,3$$

b)
$$2x_1 + 5x_2 + 6x_3 \overset{!}{=} Min$$

mit

$$x_1 + 3x_2 + x_3 \geq 5$$

$$3x_2 + 2x_3 \geq 7$$

$$x_1 \qquad + x_3 \geq 3$$

$$x_i \geq 0, \qquad i = 1,2,3.$$

2. Man zeige, daß das Programm

$$2x_1 - 3x_2 + 4x_3 \stackrel{!}{=} \text{Min}$$

mit

$$2x_2 - x_3 \geq -2$$

$$-2x_1 \qquad + 3x_3 \geq +3$$

$$x_1 - 3x_2 \qquad \geq -4$$

$$x_i \geq 0, \qquad i = 1,2,3$$

den Wert 0 hat. (Hinweis: Man zeige, daß es zulässig ist, und bestimme das duale Programm).

3. Es sei $A(x,y)$ eine bezüglich x und y stetige Funktion auf dem Einheitsquadrat $[0,1] \times [0,1]$. Die Funktionen $b(y)$ und $c(x)$ seien stetig auf $[0,1]$. Man zeige, daß für stetige, nicht-negative Funktionen $f(x)$ und $g(y)$ auf $[0,1]$ aus

$$\int_0^1 A(x,y)f(x)\,dx \leq b(y)$$

und

$$\int_0^1 A(x,y)g(y)\,dy \geq c(x)$$

$$\int_0^1 c(x)f(x)\,dx \leq \int_0^1 b(y)g(y)\,dy$$

folgt.

4. Es sei A ein Matrixspiel, B eine Matrix der gleichen Ordnung wie A, v(A) der Wert
des Spiels und

$$\frac{\partial v(A)}{\partial B} = \lim_{\alpha \to 0+} \frac{v(A + \alpha B) - v(A)}{\alpha} .$$

Man zeige, daß

$$\frac{\partial v(A)}{\partial B} = \max_{x \in X^*} \min_{y \in Y^*} xBy^t$$

wobei X^* und Y^* die Mengen der optimalen Strategien von I bzw. II in A sind.

5. Ein Flußproblem besteht aus einem System von Knoten (Eckpunkten), die durch
$0, 1, 2, \ldots, n+1$ numeriert und die durch Kanten $A_{ij}(i \neq j)$ verbunden sind. Die Knoten der Nummern 0 und $n+1$ sind ausgezeichnet und werden Ursprungsort bzw. Bestimmungsort genannt. Die Kanten seien nicht gerichtet, doch es sei $A_{ij} = A_{ji}$ für
alle i und j. Jede Kante habe eine Kapazität C_{ij}, während jeder Knoten die Kapazität
C_{ii} besitzt. (Einige der Kanten A_{ij} können fehlen, wir setzen dann für diese $C_{ij} = 0$).
Ein Fluß ist ein Vektor, $x = (x_{ij})$, dessen Komponenten x_{ij} die Menge des "Flusses" von dem Knoten i zum Knoten j angeben. Der Fluß muß natürlich die folgenden
Bedingungen erfüllen:

$$x_{ij} \leq C_{ij} \qquad i,j = 1, \ldots, n$$

$$x_{ii} = \sum_{j \neq i} x_{ij} = \sum_{j \neq i} x_{ji} \qquad i = 1, \ldots, n$$

$$x_{00} = \sum_{j=1}^{n+1} x_{0j}$$

$$x_{n+1,n+1} = \sum_{j=0}^{n} x_{j,n+1} .$$

Der Wert des Flusses ist x_{00}. Man zeige, daß $x_{00} = x_{n+1,n+1}$ ist.

Unter einem Schnitt versteht man eine Menge von Kanten und Knoten, die jede den
Ursprungsort mit dem Bestimmungsort verbindende Kette aus Kanten und Knoten
schneidet. Der Wert des Schnittes ist gleich der Summe der Kapazitäten der Kanten
und Knoten des Schnittes. Man beweise das Maximalfluß-Minimalschnitt-Theorem:
Der Wert des maximalen Flusses ist gleich dem Wert des minimalen Schnittes.

6.
$$2x_1 + 5x_2 \overset{!}{=} \text{Max}$$

mit

$$x_1 + 3x_2 \leq 7$$
$$2x_1 + x_2 \leq 6$$
$$x_1, x_2 \geq 0 \, .$$

7.
$$3x_1 + 6x_2 - x_3 \overset{!}{=} \text{Min}$$

mit

$$x_1 + 4x_2 + 5x_3 \geq 7$$
$$3x_2 + x_3 \geq 5$$
$$3x_1 \qquad - x_3 \geq 8$$
$$x_1, x_2, x_3 \geq 0 \, .$$

8.
$$x_1 + 4x_2 - 6x_3 \overset{!}{=} \text{Max}$$

mit

$$3x_1 + 2x_2 - x_3 \leq 5$$
$$x_1 \qquad + 4x_3 \leq 7$$
$$-x_1 + 4x_2 + x_3 \leq 8$$
$$x_1, x_2, x_3 \geq 0 \, .$$

9.
$$x_1 + x_2 + x_3 + x_4 \overset{!}{=} \text{Min}$$

mit

$$3x_1 + 2x_2 + x_3 + x_4 \geq 1$$
$$x_2 + x_3 - x_4 \geq 6$$
$$x_1 \qquad + x_3 + 2x_4 = 8$$
$$x_1, x_2, x_3, x_4 \geq 0 \, .$$

Gesucht ist ein Paar optimaler Strategien und der Wert der folgenden Matrixspiele

10.

$$\begin{pmatrix} 4 & 3 & 1 & 4 \\ 2 & 5 & 6 & 3 \\ 1 & 0 & 7 & 0 \end{pmatrix}$$

11.

$$\begin{pmatrix} 0 & 5 & -2 \\ -3 & 0 & 4 \\ 6 & -4 & 0 \end{pmatrix}$$

12.

$$\begin{pmatrix} 5 & 8 & 3 & 1 & 6 \\ 4 & 2 & 6 & 3 & 5 \\ 2 & 4 & 6 & 4 & 1 \\ 1 & 3 & 2 & 5 & 3 \end{pmatrix}.$$

Kapitel IV
Unendliche Spiele

IV.1 Spiele mit abzählbar vielen Strategien

Bisher haben wir uns hauptsächlich mit endlichen Spielen beschäftigt, d.h., mit Spielen,
in denen jeder Spieler endliche viele Strategien zur Verfügung hat. Wir betrachten nun
eine Verallgemeinerung auf unendliche Spiele. Zunächst untersuchen wir Spiele mit abzählbar vielen Strategien, denen wir wie üblich die natürlichen Zahlen zuordnen, d.h.,
die wir durchnumerieren. Wie bei endlichen Spielen soll a_{ij} die erwartete Auszahlung
von II an I bezeichnen; für den Fall, daß I die i-te und II die j-te reine Stragtegie
wählen. Unter einer gemischten Strategie für I verstehen wir nun eine Folge $(x_1, x_2, \ldots)$
reeller Zahlen mit

$$4.1.1 \qquad \sum_{i=1}^{\infty} x_i = 1$$

$$4.1.2 \qquad x_i \geq 0 \ .$$

Analog ist die gemischte Strategie für II als Folge $(y_1, y_2, \ldots)$ mit den entsprechenden
Eigenschaften definiert. Die Auszahlungsfunktion für die gemischten Strategien (x, y)
wird nun durch

$$4.1.3 \qquad A(x, y) = \sum_{i,j=1}^{\infty} x_i a_{ij} y_j$$

definiert, sofern diese unendliche Reihe absolut konvergiert. Spiele mit abzählbar vielen
Strategien zeigen einige unangenehme Eigenschaften, die endliche Spiele nicht besitzen.
Diese Schwierigkeiten entstehen z.B. dadurch, daß die Reihen 4.1.3 nicht konvergieren,
oder daß die Reihen

$$4.1.4 \qquad \sum_{i=1}^{\infty} \sum_{j=1}^{\infty} x_i a_{ij} y_j$$

und

$$4.1.5 \qquad \sum_{j=1}^{\infty} \sum_{i=1}^{\infty} x_i a_{ij} y_j$$

verschiedene Grenzwerte besitzen. Außerdem ist die Menge der gemischten Strategien nicht notwendig kompakt, so daß Maxima und Minima nicht notwendig existieren.

Wir geben zwei Beispiele, um diese Schwierigkeiten zu verdeutlichen, fügen jedoch hinzu, daß kein sehr großes Interesse an Spielen mit abzählbar vielen Strategien besteht.

<u>IV.1.1 Beispiel.</u> Wir betrachten das Spiel mit der Auszahlung $a_{ij} = \text{sgn}(i-j)$. (Im Wesentlichen beruht dieses Spiel darauf, daß jeder Spieler eine Zahl wählt; der mit der kleineren zahlt seinem Gegener eine Einheit.) In dieser Form ist das Spiel natürlich nicht sehr sinnvoll. Ist x eine gemischte Strategie von I und $\varepsilon > 0$ gegeben, dann existiert bekanntlich eine natürliche Zahl N mit

$$\sum_{i=1}^{N-1} x_i > 1 - \varepsilon$$

und damit

$$4.1.6 \qquad \sum_{i=N}^{\infty} x_i < \varepsilon \ .$$

Wählt nun I die gemischte Strategie x und II seine N-te reine Strategie, dann erhält man für die erwartete Auszahlung

$$\sum a_{iN} x_i < -1 + 2\varepsilon$$

und somit

$$\inf_N \sum a_{iN} x_i = -1 \ .$$

Da aber x beliebig gewählt werden kann, folgt

$$4.1.7 \qquad \sup_x \inf \sum a_{iN} x_i = -1 \ .$$

Ganz ähnlich findet man

4.1.8
$$\inf_{y} \sup_{N} \sum a_{Nj} y_j = 1 \,.$$

Also gilt das Minimax-Theorem (auch wenn man es durch Setzen von inf und sup für min und max verallgemeinert) nicht. Man beachte noch, daß sämtliche Zeilen (und Spalten) dominiert sind.

<u>IV.1.2 Beispiel</u>. Wir betrachten das Spiel mit der Auszahlung $a_{ij} = i - j$. Wie in Beispiel IV.1.1 ist es das Ziel der Spieler, eine möglichst große Zahl zu nennen. Die Auszahlungsfunktion ist hier jedoch nicht beschränkt, was eine zusätzliche Komplikation bedeutet. Nehmen wir etwa die Strategie x, die durch

4.1.9
$$x_i = \begin{cases} \dfrac{1}{2i} & \text{für } i = 2^k \text{ u. ganzes } k \\ 0 & \text{sonst} \end{cases}$$

definiert ist. Man prüft leicht nach, daß dies tatsächlich eine Strategie ist. Nun gilt für jedes j

$$\sum_{i=1}^{\infty} x_i a_{ij} = \sum_{i=1}^{\infty} i x_i - \sum_{i=1}^{\infty} j x_i$$

$$= \sum_{i=1}^{\infty} i x_i - j \,.$$

Daraus folgt

4.1.10
$$\sum_{i=1}^{\infty} x_i a_{ij} = +\infty \,.$$

Also liefert die gemischte Strategie x einen unendlichen Erwartungswert als Auszahlung für Spieler I gegen jede reine Strategie von II. Das heißt, Spieler I kann sich unabhängig von II eine unendliche Erwartung sichern. Da das Spiel aber symmetrisch ist, kann sich Spieler II ebenfalls eine unendliche Erwartung garantieren. Dieses Spiel ist also offenbar pathologisch. Während für Beispiel IV.1.1 das Minimax-Theorem nicht gilt, widerspricht dieses Beispiel offenbar dem gesunden Menschenverstand.

IV.2 Spiele über dem Einheitsquadrat

Ein wichtiger Typ unendlicher Spiele ist der, bei dem beide Spieler ein Kontinuum von reinen Strategien besitzen, die gewöhnlich als Punkte im Intervall [0, 1] dargestellt werden. Eine reine Strategie eines Spielers ist also eine reelle Zahl in diesem Intervall. Die Auszahlung ist eine auf dem Einheitsquadrat $[0,1] \times [0,1]$ definierte reellwertige Funktion $A(x,y)$. Eine gemischte Strategie ist - wie bisher - eine Wahrscheinlichkeitsverteilung auf der Menge aller reinen Strategien. In diesem Fall kann eine gemischte Strategie durch die zugehörige Verteilungsfunktion charakterisiert werden, die eine auf $[0,1]$ definierte, reelle Funktion mit den Eigenschaften

4.2.1
$$F(0) = 0$$

4.2.2
$$F(1) = 1$$

4.2.3
$$\text{Aus } x > x' \text{ folgt } F(x) \geq F(x')$$

4.2.4
$$\text{Aus } x \neq 0 \quad \text{folgt } F(x) = F(x+)$$

ist. Verwendet Spieler I die reine Strategie x, während II die gemischte Strategie G spielt, so ist die erwartete Auszahlung durch das Stieltjes-Integral

4.2.5
$$E(x,G) = \int_0^1 A(x,y)\, dG(y)$$

gegeben. Wählt umgekehrt II die reine Strategie y und I die gemischte Strategie F, so ist die erwartete Auszahlung

4.2.6
$$E(F,y) = \int_0^1 A(x,y)\, dF(x)\ .$$

Wählen schließlich I und II die gemischten Strategien F bzw. G, so liefert das

4.2.7
$$E(F,G) = \int_0^1 \int_0^1 A(x,y)\, dF(x)\, dG(y)\ ,$$

die Existenz der Integrale stets vorausgesetzt. Wenn diese existieren, so gilt natürlich

4.2.8
$$E(F,G) = \int_0^1 E(F,y)\, dG(y) = \int_0^1 E(x,G)\, dF(x)\ .$$

<u>Optimale Strategien und Werte des Spiels.</u> Wie bei endlichen Spielen können wir die beiden Zahlen

4.2.9
$$v_I = \sup_{F} \inf_{y} E(F,y)$$

und

4.2.10
$$v_{II} = \inf_{G} \sup_{x} E(x,G)$$

definieren. Zwei Fragen sind von Interesse. (1) Ist $v_I = v_{II}$? (2) Können sup inf bzw. inf sup durch max min bzw. min max ersetzt werden? Wenn beide Fragen mit "ja" beantwortet werden können, dann existieren optimale Strategien. Können diese gefunden werden, so ist das Spiel wie im endlichen Fall wohlbestimmt. Kann nur die erste Frage beantwortet werden, so besitzt das Spiel zwar einen Wert $(v = v_I = v_{II})$, aber keine optimalen Strategien. Es hat dann jedoch sogenannte ε-optimale Strategien, d.h., zu jedem vorgegebenen $\varepsilon > 0$ existieren gemischte Strategien F und G für I und II derart, daß

4.2.11
$$E(F,y) > v - \varepsilon$$

und

4.2.12
$$E(x,G) < v + \varepsilon$$

für alle x und y aus $[0,1]$. Also ist das Spiel in gewisser Weise stabil, obwohl es nicht wohlbestimmt ist wie die endlichen Spiele.

IV.3 Spiele mit stetigem Kern

Natürlich üntersucht man in der Menge der Spiele über dem Einheitsquadrat zunächst die Spiele mit stetiger Auszahlungsfunktion $A(x,y)$. $A(x,y)$ heißt auch __Kern__ des Spiels. Wir werden nun zeigen, daß für sie optimale Strategien existieren.

__IV.3.1 Theorem.__ Ist der Kern $A(x,y)$ stetig, dann können sup inf und inf sup durch max min bzw. min max ersetzt werden.

__Beweis.__ $A(x,y)$ ist stetig. Daher ist

$$E(F,y) = \int_{0}^{1} A(x,y) \, dF(x)$$

für jedes F eine stetige Funktion von y. Da das Intervall $[0,1]$ kompakt ist, nimmt

E(F,y) das Minimum in diesem Intervall an. Also kann zunächst sup inf durch sup min ersetzt werden. Nach Definition von v_I existiert zu jedem natürlichen n eine Verteilungsfunktion F_n für die

$$\min_y E(F_n,y) > v_I - \frac{1}{n}$$

gilt. Da aber die Menge aller Abbildungen von $[0,1]$ nach $[0,1]$ kompakt ist bezüglich der Topologie der punktweisen Konvergenz, enthält die Folge $(F_1,F_2,\ldots)$ eine konvergente Teilfolge. Der zugehörige Grenzwert dieser Teilfolge sei F_0. Da jede der Funktionen F_n 4.2.1, 4.2.2 und 4.2.3 genügt, erfüllt F_0 offensichtlich diese drei Bedingungen ebenso. Allerdings braucht F_0 nicht 4.2.4 zu genügen, da dies keine der Eigenschaften ist, die beim Grenzübergang erhalten bleiben. Man erhält aber durch Definition der Funktion

$$F_0^*(x) = \begin{cases} 0 & \text{für } x = 0 \\ F_0(x+) & \text{für } 0 < x < 1 \\ 1 & \text{für } x = 1 \end{cases}$$

eine Strategie, die sich höchstens an den Unstetigkeitsstellen von F_0 unterscheidet. Da F_0 und F_0^* Verteilungsfunktionen sind, ist die Menge ihrer Unstetigkeitsstellen höchstens abzählbar, so daß für alle y gilt

$$\int_0^1 A(x,y)\, dF_0^*(x) = \int_0^1 A(x,y)\, dF_0(x) \ .$$

$A(x,y)$ ist stetig und wegen der Kompaktheit des Einheitsquadrats sogar gleichmäßig stetig. Daraus folgt, da F_0 Grenzwert einer konvergenten Teilfolge der F_n ist,

$$\int_0^1 A(x,y)\, dF_0(x) = \lim_n \int_0^1 A(x,y)\, dF_n(x) \ .$$

Dieser Grenzwert ist aber für alle Werte von y mindestens gleich v_I, und damit gilt

$$4.3.2 \qquad\qquad \min_y E(F_0^*,y) \geq v_I$$

und F_0^* liefert das gewünschte Maximum. Ganz ähnlich zeigt man, daß inf sup durch min max ersetzt werden kann.

80

__IV.3.2 Theorem.__ Ist der Kern $A(x,y)$ stetig, dann gilt $v_I = v_{II}$.

__Beweis.__ Für jede natürliche Zahl n betrachten wir die $(n+1) \times (n+1)$ Matrix $A = (a_{ij}^n)$ mit

$$4.3.3 \qquad a_{ij}^n = A\left(\frac{i}{n}, \frac{j}{n}\right) \qquad i,j = 0, 1, \ldots, n \ .$$

Das Spiel mit der Matrix A_n habe den Wert w_n und die optimalen Strategien $r_n = (r_0^n, \ldots, r_n^n)$ bzw. $s_n = (s_0^n, \ldots, s_n^n)$ für I bzw. II. $A(x,y)$ ist stetig und wegen der Kompaktheit des Einheitsquadrates sogar gleichmäßig stetig. D.h., zu jedem $\varepsilon > 0$ gibt es ein $\delta > 0$ derart, daß aus

$$\sqrt{(x-x')^2 + (y-y')^2} < \delta$$

$$|A(x,y) - A(x',y')| < \varepsilon$$

folgt. Sei nun n so groß, daß $\frac{1}{n} < \delta$. Wir definieren die Strategie F_n durch

$$4.3.4 \qquad F_n(x) = \sum_{i=0}^{[nx]} r_i^n \ .$$

($[nx]$ bedeutet die größte ganze Zahl, die nicht größer ist als $n \cdot x$). Für beliebiges y setzen wir $j = [ny]$. Es gilt nun offenbar

$$4.3.5 \qquad E\left(F_n, \frac{j}{n}\right) = \sum_{i=0}^{n} a_{ij}^n r_i^n > w_n$$

und wegen

$$\left| y - \frac{j}{n} \right| < \delta \ ,$$

auch

$$\left| A(x,y) - A\left(x, \frac{j}{n}\right) \right| < \varepsilon$$

und schließlich

$$|E(F_n, y) - E\left(F_n, \frac{j}{n}\right)| < \varepsilon .$$

Also gilt für alle y

$$E(F_n, y) > w_n - \varepsilon$$

und damit

4.3.6
$$v_I > w_n - \varepsilon .$$

ganz ähnlich zeigt man

4.3.7
$$v_{II} < w_n + \varepsilon .$$

Diese beiden Ungleichungen liefern

$$v_I > v_{II} - 2\varepsilon .$$

Da aber $v_I \leq v_{II}$ und ε beliebig, folgt endlich

4.3.8
$$v_I = v_{II} . \qquad \qquad \square$$

Bemerkenswert an diesem Beweis zu Theorem IV.3.2 ist erstens

4.3.9
$$v = \lim_n w_n ,$$

und zweitens die Tatsache, daß die Strategien F_n die optimale Strategie beliebig genau approximieren. In diesem Sinne approximieren die Matrixspiele A_n das kontinuierliche Spiel $A(x, y)$.

Ist der Kern "sehr glatt", dann erreicht man eine gute Approximation schon mit sehr kleinen Werten von n. Andererseits benötigt man sehr große n für eine gute Annäherung, wenn sich der Kern nicht entsprechend <u>wohlverhält</u>. Die Techniken, die meist zur Lösung von Matrixspielen herangezogen werden (z.B. fiktives Ausspielen und Simplexmethode) sind in der Regel nicht schnell genug für die Behandlung von Spielen dieser Größe (etwa 100 × 100). Daher wäre es besser, diese Spiele mit analytischen Methoden zu lösen. Leider existiert aber kein derartiges Verfahren. Die Entwicklung einer solchen Methode ist eines der noch ausstehenden Probleme der Spieltheorie.

Außerdem wäre es von Interesse, ein Verfahren zu entwickeln, mit dem entschieden werden kann, ob die optimale Strategie F eines Spiels eine Treppenfunktion ist, d.h., ob eine endliche Zahl von reinen Strategien ausreicht, oder ob eine stetige Verteilung notwendig ist. Die folgenden Abschnitte zeigen einige Fortschritte, die in diesen Richtungen gemacht worden sind.

IV.4 Konkav-konvexe Spiele

IV.4.1 Definition. Ein Spiel auf dem Einheitsquadrat heißt konkav-konvex, wenn sein Kern $A(x,y)$ für jeden Wert von y konkav bezüglich x und für jedes x konvex bezüglich y ist.

Wesentlich ist also, daß konkav-konvexe Spiele einen sattelförmigen Kern besitzen. Wegen dieser sattelförmigen Gestalt kann man vermuten, daß das Spiel eine reine Strategie als Sattelpunkt besitzt. Unter der zusätzlichen Annahme der Stetigkeit werden wir diese Vermutung sogleich beweisen.

IV.4.2 Theorem. Das konkav-konvexe Spiel $A(x,y)$ sei stetig. Dann besitzt es optimale reine Strategien.

Beweis. Da das Spiel stetig ist, existieren optimale Strategien. Diese seien etwa F bzw. G für I bzw. II. Wir setzen nun

$$4.4.1 \qquad x_0 = \int_0^1 x \, dF(x)$$

$$4.4.2 \qquad x_0 = \int_0^1 y \, dG(y) \ .$$

Da A bei festem y konkav ist, existiert ein α derart, daß die Funktion

$$B_y(x) = A(x,y) - \alpha x$$

ihr Maximum (y fest) an der Stelle x_0 annimmt. Damit haben wir

$$E(F,y) = \int_0^1 (B_y(x) + \alpha x) \, dF(x)$$

und

$$4.4.3 \qquad E(F,y) = \int_0^1 B_y(x)\, dF(x) + \alpha \int_0^1 x\, dF(x) \ .$$

Das erste Integral in 4.4.3 ist höchstens gleich $B_y(x_0)$, da B_y in x_0 das Maximum annimmt. Daraus folgt

$$4.4.4 \qquad E(F,y) \leq B_y(x_0) + \alpha x_0 = A(x_0,y) \ .$$

Das bedeutet, x_0 ist für jedes gegebene y mindestens so gut wie F. Entsprechend ist y_0 mindestens so gut wie G bei gegebenem x. Also sind die reinen Strategien x_0 und y_0 optimal.

Der Beweis von IV.4.2 ist - in einem gewissen Sinn - unnötig kompliziert. Das Theorem IV.4.2 macht eine Aussage über reine Strategien, während der Beweis gemischte Strategien mit einbezieht. Wir geben daher einen zweiten Beweis, der sich ausschließlich auf reine Strategien stützt. Allerdings machen wir dabei die etwas schärfere Annahme der strengen Konkavität und strengen Konvexität.

<u>IV.4.3 Zweiter Beweis von IV.4.2</u> (unter der Annahme strenger Konkavität und Konvexität). Zu jedem Wert x gibt es wegen der strengen Konvexität einen eindeutig bestimmten Wert für y, der $A(x,y)$ minimiert. Diesen bezeichnen wir mit $\varphi(x)$. Dann gilt

$$4.4.5 \qquad A(x, \varphi(x)) = \min_y A(x,y) \ .$$

Angenommen, die Funktion φ ist nicht stetig. Sei etwa x_0 eine Unstetigkeitsstelle und $\varphi(x_0) = y_0$. Dann existiert eine Folge reeller Zahlen $(x_1, x_2, \ldots)$ mit dem Grenzwert x_0, während y_0 nicht gleich dem Grenzwert der $\varphi(x_n)$ ist. Wegen der Kompaktheit [1] existiert eine Teilfolge $\{x_{n_k}\}$ der Folge $\{x_n\}$ derart, daß $\varphi(x_{n_k})$ gegen ein y' mit $y' \neq y_0$ konvergiert. Wegen

$$A(x_{n_k}, \varphi(x_{n_k})) < A(x_{n_k}, y_0)$$

---

[1] des Einheitsquadrats (Anm. d. Übers.)

84

folgt durch Grenzübergang bei Ausnutzen der Stetigkeit von A

$$A(x_0, y') \leq A(x_0, y_0).$$

Da y_0 der eindeutig bestimmte Wert von y ist, für den $A(x_0, y)$ minimiert wird, zeigt dieser Widerspruch, daß φ stetig ist. Ganz analog definieren wir die Funktion $\psi(x)$ durch

4.4.6
$$A(\psi(y), y) = \max_x A(x, y) .$$

D.h., $x = \psi(y)$ maximiert $A(x, y)$ bei gegebenem y. Nun betrachten wir die zusammengesetzte Funktion $\psi \circ \varphi$, die natürlich eine stetige Abbildung von $[0, 1]$ nach $[0, 1]$ ist. Nach dem Brouwerschen Fixpunktsatz gibt es daher ein $\bar{x}$ mit

$$\bar{x} = \psi \circ \varphi(\bar{x}) .$$

Mit $\bar{y}_i = \varphi(\bar{x})$ bedeutet das

4.4.7
$$\bar{x} = \psi(\bar{y})$$

4.4.8
$$\bar{y} = \psi(\bar{x}) .$$

Diese Gleichungen besagen aber, daß $\bar{x}$ und $\bar{y}$ im Gleichgewicht sind und somit optimale Strategien darstellen.

<u>IV.4.4 Beispiel.</u> Wir betrachten das Spiel mit dem Kern

$$A(x, y) = -2x^2 + y^2 + 3xy - x - 2y .$$

Wegen $A_{xx} = -4$ und $A_{yy} = 2$ [1] ist das Spiel konkav-konvex. Setzt man nun

$$A_x = -4x + 3y - 1$$

gleich Null, so erhält man

$$x = \frac{3y - 1}{4} .$$

---

[1] Die Indices bezeichnen die partiellen Ableitungen.

Für diesen Wert von x wird A bei gegebenem y maximiert. Allerdings ist x für $y < \frac{1}{3}$ negativ und liegt also nicht im Einheitsintervall. In diesem Falle erhält man das Maximum, wenn man x = 0 setzt. Damit haben wir

$$4.4.9 \qquad \psi(y) = \begin{cases} 0 & \text{für } y \leq \frac{1}{3} \\[2ex] \dfrac{3y-1}{4} & \text{für } y \geq \frac{1}{3} \ . \end{cases}$$

Entsprechend findet man

$$A_y = 2y + 3x - 2$$

und daraus

$$4.4.10 \qquad \varphi(x) = \begin{cases} \dfrac{2-3x}{2} & \text{für } x \leq \frac{2}{3} \\[2ex] 0 & \text{für } x \geq \frac{2}{3} \ . \end{cases}$$

Schließlich ergeben sich die optimalen Strategien und der Wert zu

$$\bar{x} = \frac{4}{17}$$

$$\bar{y} = \frac{11}{17}$$

$$v = \frac{13}{17} \ .$$

IV.5 Zeitspiele

Es wurde bereits erwähnt, daß es keine analytische Methode zur Lösung stetiger Spiele gibt, obwohl diese Spiele stets optimale Strategien besitzen. Bei Spielen mit unstetigem Kern ist die Existenz optimaler Strategien nicht gesichert. Besitzt aber ein solches Spiel optimale Strategien, so ermöglichen manchmal gerade die Unstetigkeitsstellen (des Kerns) deren Berechnung mit analytischen Methoden. In diesem Abschnitt behandeln wir die sogenannten Zeitspiele, die zur Klasse der Spiele auf dem Einheitsquadrat gehören. Ein Spiel, in dem jeder Spieler innerhalb eines Zeitintervalls nur eine Entscheidung trifft, ist dafür ein typisches Beispiel. Die Reihenfolge, in der beide Spieler

dabei handeln, ist von entscheidender Bedeutung. Diese Tatsache bewirkt eine Unstetigkeit auf der Geraden $y = x$ im Einheitsquadrat. Wir betrachten nun ein Spiel mit dem
Kern $A(x,y)$ der Form

$$
4.5.1 \qquad A(x,y) = \begin{cases} K(x,y) & \text{für } x < y \\ \varphi(x) & \text{für } x = y \\ L(x,y) & \text{für } x > y \, . \end{cases}
$$

Dabei sei K auf der Menge aller Paare (x,y) mit $0 \le x \le y \le 1$ definiert und stetig.
L sei für alle (x,y) mit $0 \le y \le x \le 1$ stetig definiert, und φ sei stetig auf $[0,1]$.

Die Existenz optimaler Strategien ist nicht garantiert, wir können aber zumindest gewisse Eigenschaften optimaler Strategien ableiten. Sei F eine gemischte Strategie für
I. Dann gilt für $y \in [0,1]$

$$
4.5.2 \qquad E(F,y) = \int_0^y K(x,y)\, dF(x) + \varphi(y)[F(y) - F(y-)] + \int_y^1 L(x,y)\, dF(x) \, .
$$

Ist F eine stetige Verteilungsfunktion, so kann der mittlere Ausdruck natürlich weg-
fallen, d.h. es gilt

$$
4.5.3 \qquad E(F,y) = \int_0^y K(x,y)\, dF(x) + \int_y^1 L(x,y)\, dF(x) \, .
$$

Angenommen, F bzw. G sind stetige Verteilungsfunktionen, die optimale Strategien
für I bzw. II darstellen. Ist y_0 irgendein Punkt mit

$$
4.5.4 \qquad G'(y_0) > 0 \, ,
$$

dann folgt bekanntlich aus der Optimalität von F und G

$$
4.5.5 \qquad E(F,y_0) = v \, ,
$$

wobei v den Wert des Spiels bezeichnet. Ist G' an der Stelle y_0 positiv, so gilt auch
$G'(y) > 0$ für Werte von y, die genügend nahe bei y_0 liegen. Für diese gilt damit
$E(F,y) = v$. Das bedeutet aber

$$
4.5.6 \qquad \frac{\partial E(F,y)}{\partial y} = 0 \, ,
$$

was in der Form

4.5.7
$$[L(y,y) - K(y,y)] \, F'(y)$$

$$= \int_0^y K_2(x,y) \, F'(x) \, dx + \int_y^1 L_2(x,y) \, F'(x) \, dx$$

geschrieben werden kann (diese Integralgleichung in F' ist manchmal einfach zu lösen).
Wir betrachten nun ein Spiel mit einem Kern der Form 4.5.1. Da die Existenz optimaler Strategien nicht gesichert ist, wissen wir auch nicht, ob diese stetig, diskret
oder stückweise stetig sind [1]. Wir machen die plausible Annahme, daß die optimalen
Strategien F und G stetige Verteilungsfunktionen sind, deren Ableitungen F' und G'
in den Intervallen (a,b) und (c,d) positiv sind. In dieser Situation bestehen einige Zu-
sammenhänge zwischen den Funktionen F, G und den reellen Zahlen a, b, c, d, v.
Diese sind

4.5.8
$$E(F,y) \; = v \qquad \text{für} \quad y \in (c,d)$$

4.5.9
$$E(F,y) \; \geq v \qquad \text{für alle } y$$

4.5.10
$$E(x,G) \; = v \qquad \text{für} \quad x \in (a,b)$$

4.5.11
$$E(x,G) \; \leq x \qquad \text{für alle } x$$

4.5.12
$$[L(y,y) \; - K(y,y)] \, F'(y)$$

$$= \int_0^y K_2(x,y) \, F'(x) \, dx + \int_y^1 L_2(x,y) \, F'(x) \, dx \qquad \text{für} \quad y \in (c,d)$$

4.5.13
$$[K(x,x) \; - L(x,x)] \, G'(x)$$

$$= \int_0^x L_1(x,y) \, G'(y) \, dy + \int_x^1 K_1(x,y) \, G'(y) \, dy \qquad \text{für} \quad x \in (a,b) \; .$$

---

[1] falls sie existieren

Zu diesen sechs Beziehungen kommt natürlich noch die Nebenbedingung, die besagt, daß
F und G Strategien sind, und daß $0 \leq a < b \leq 1$ bzw. $0 \leq c < d \leq 1$ gelten.

Besitzt das somit vollständige System eine Lösung, so liefert diese sowohl optimale
Strategien als auch den Wert des Spiels. Existiert keine Lösung, so schließen wir, daß
das Spiel keine optimalen Strategien besitzt oder - wenn sie existieren - nicht von dem
oben angenommenen Typ sind.

Gelegentlich ist der Kern schiefsymmetrisch, d.h., es gilt

$$4.5.14 \qquad\qquad L(x,y) = -K(y,x)$$

und

$$4.5.15 \qquad\qquad \varphi(x) = 0 \ .$$

Ist das der Fall, so zeigt eine Untersuchung ähnlich der in II.6, daß der Wert, wenn er
existiert, gleich Null sein muß. Ferner müssen optimale Strategien, wenn sie existieren,
für beide Spiele identisch sein. Also gilt in der Formulierung von IV.5.3 F = G, a = c,
b = d und v = 0. Damit reduzieren sich die oben angeführten Bedingungen zu

$$4.5.16 \qquad E(F,y) = 0 \qquad \text{wenn} \quad y \in (a,b)$$

$$4.5.17 \qquad E(F,y) \geq 0 \qquad \text{für alle } y$$

$$4.5.18 \qquad [L(y,y) - K(y,y)]\, F'(y)$$

$$= \int_a^y K_2(x,y)\, F'(x)\, dx + \int_y^b L_2(x,y)\, F'(x)\, dx \qquad \text{für} \quad y \in (a,b) \ .$$

Dieses System bestimmt - zusammen mit den üblichen Nebenbedingungen - die Lösung
des Spiels, sofern eine solche existiert.

IV.5.1 Beispiel. Wir betrachten den folgenden Zweikampf. Zwei Männer starten
an verschiedenen Orten zum Zeitpunkt t = 0 und laufen aufeinander zu und treffen sich
zum Zeitpunkt t = 1. Beide haben je eine Pistole und genau einen Schuß und können diesen irgendwann abfeuern. Trifft einer den anderen, so ist das Duell sofort beendet,
und der Schütze ist Sieger. Trifft keiner der beiden, dann ist das Duell unentschieden.
Schießen und treffen beide gleichzeitig, so wird das Duell ebenfalls unentschieden ge-
wertet.

Wir machen folgende Annahmen. Erstens nehme die Genauigkeit eines Schusses zu, wenn sich beide Spieler einander nähern und zwar so, daß ein Spieler seinen Gegner mit der Wahrscheinlichkeit t trifft, wenn er zum Zeitpunkt t schießt. Zweitens verlaufe das Duell völlig lautlos, d.h., der Spieler weiß nicht, ob sein Gegenüber bereits geschossen hat (es sei denn, er ist bereits getroffen). Wir berechnen nun den Kern dieses Spieles. Entscheiden sich I bzw. II für die Zeitpunkte x bzw. y mit $x < y$, so hat Spieler I die Trefferwahrscheinlichkeit x (im Falle eines Treffers erhalte er die Auszahlung $+1$). Er verfehlt mit der Wahrscheinlichkeit $1-x$ und wird selbst mit der Wahrscheinlichkeit y getroffen (in diesem Falle ist seine Auszahlung -1). Also haben wir

$$4.5.19 \qquad\qquad K(x,y) = x - y + xy \; .$$

Offensichtlich ist das Spiel symmetrisch, d.h., es gilt analog

$$4.5.20 \qquad\qquad L(x,y) = x - y - xy$$

sowie

$$\varphi(x) = 0 \; .$$

Daraus folgt

$$4.5.21 \qquad\qquad K_2(x,y) = -1 + x$$

$$4.5.22 \qquad\qquad L_2(x,y) = -1 - x$$

$$4.5.23 \qquad\qquad L(y,y) - K(y,y) = -2y^2 \; .$$

Nehmen wir ferner an, daß die optimale Strategie eine stetige Verteilungsfunktion F mit positiver Ableitung im Intervall (a,b) ist, so erhalten wir

$$4.5.24 \qquad -2y^2 F'(y) = \int_a^y (-1+x) F'(x)\, dx + \int_y^b (-1-x) F'(x)\, dx \; .$$

Diese Integralgleichung kann man in eine Differentialgleichung verwandeln, indem man beide Seiten differenziert; das liefert

$$-4y F' - 2y^2 F'' = (y-1)F' + (y+1)F' \; ,$$

oder vereinfacht

$$4.5.25 \qquad\qquad yF'' = -3F' \; .$$

Die Lösung dieser Gleichung lautet

$$4.5.26 \qquad\qquad F'(y) = ky^{-3} \ .$$

Wir müssen nun a, b und k bestimmen. Untersuchen wir zunächst den Fall $b < 1$. Für alle $y \in (a,b)$ gilt

$$E(F,y) = 0 \ .$$

Da $E(F,y)$ stetig ist bezüglich y, folgt nun

$$E(F,b) = 0 \ ,$$

und daraus

$$\int_a^b (x - b + bx) \, dF(x) = 0.$$

Mit der Annahme "$b < 1$" bedeutet dies

$$\int_a^b (x - 1 + x) \, dF(x) < 0,$$

und damit $E(F,1) < 0$ im Widerspruch zu 4.5.17. Also muß

$$4.5.27 \qquad\qquad b = 1$$

gelten. Daraus folgt notwendig $E(F,1) = 0$, was die Gleichung

$$k \int_a^1 \frac{2x - 1}{x^3} \, dx = 0$$

liefert. Damit haben wir aber

$$3a^2 - 4a + 1 = 0 \ .$$

Diese Gleichung hat die beiden Lösungen $a = 1$ und $a = \frac{1}{3}$. Offenbar ist $a = 1$ unmöglich. Also gilt

$$4.5.28 \qquad\qquad a = \frac{1}{3} \ .$$

Da F eine Strategie ist, folgt

$$\int_{1/3}^{1} kx^{-3} = 1$$

was uns

4.5.29
$$k = \frac{1}{4}$$

liefert. Damit läßt sich die optimale Strategie der beiden Spieler angeben. Es ist dies eine stetige Verteilungsfunktion F mit der Eigenschaft

4.5.30
$$F'(x) = \begin{cases} 0 & \text{für } x < \frac{1}{3} \\[2ex] \dfrac{1}{4x^{3}} & \text{für } x > \frac{1}{3} \,. \end{cases}$$

Man prüft leicht nach, daß damit tatsächlich die Lösung gefunden ist.

<u>IV.5.2 Beispiel.</u> Nehmen wir wieder das Duell aus dem vorigen Beispiel, allerdings mit der Änderung, daß die Pistolen diesmal nicht lautlos sind, d.h., ein Spieler bemerkt es, wenn sein Gegenüber schießt und verfehlt. In diesem Falle wird er natürlich mit seinem Schuß bis zum Zeitpunkt $t = 1$ warten, weil er dann mit Sicherheit trifft. Daher hat jetzt I die Gewinnwahrscheinlichkeit x und die Verlustwahrscheinlichkeit $1 - x$, wenn er den Zeitpunkt x wählt und II sich zum Zeitpunkt y mit $x < y$ entschließt. Daher gilt

4.5.31
$$K(x,y) = 2x - 1$$

4.5.32
$$L(x,y) = 1 - 2y$$

4.5.33
$$\varphi(x) = 0 \,.$$

Wir könnten denselben Lösungsweg versuchen wie beim vorigen Beispiel; man sieht allerdings leicht, daß dieses Spiel einen Sattelpunkt mit zugehöriger reiner Strategie besitzt. In der Tat gilt

$$A(\tfrac{1}{2},y) = L(x,y) = 1 - 2y > 0 \qquad \text{für} \quad y < \tfrac{1}{2}$$

$$A(\tfrac{1}{2},y) = \varphi(\tfrac{1}{2}) = 0 \qquad \text{für} \quad y = \tfrac{1}{2}$$

$$A(\tfrac{1}{2},y) = K(\tfrac{1}{2},y) = 0 \qquad \text{für} \quad y > \tfrac{1}{2}$$

und damit ist $\frac{1}{2}$ eine optimale reine Strategie.

IV.6 Höhere Dimensionen

Die letzten vier Kapitel behandelten sämtliche Spiele auf dem Einheitsquadrat, d.h.,
Spiele bei denen die Menge der reinen Strategie beider Spieler ein eindimensionales
Kontinuum bildete.

Da man aber jede Menge mit der Mächtigkeit des Kontinuums bijektiv auf das Einheitsintervall abbilden kann, kann jedes Spiel, bei dem beide Spieler Strategiemengen dieser Mächtigkeit besitzen, als ein Spiel auf dem Einheitsquadrat dargestellt werden. Die
Schwierigkeit besteht jedoch darin, daß dabei Eigenschaften der Auszahlungsfunktion
verlorengehen können. Daher werden wir die am besten "passende" Struktur der Stragie-
menge zu erhalten suchen.

Als Kern des Spiels haben wir bisher eine Auszahlungsfunktion $A(x,y)$ betrachtet, die
auf dem kartesischem Produkt $X \times Y$ der beiden Mengen reiner Strategien definiert ist.
Eine gemischte Strategie für I ist dann ein Maß μ auf X mit

$$4.6.1 \qquad\qquad \mu(X) = 1 \; .$$

Ein Maß ν mit

$$4.6.2 \qquad\qquad \nu(Y)' = 1$$

ist entsprechend eine gemischte Strategie für II. Die erwartete Auszahlung wird definiert durch

$$4.6.3 \qquad\qquad E(\mu,y) = \int_X A(x,y)\, d\mu(x)$$

$$4.6.4 \qquad\qquad E(x,\nu) = \int_Y A(x,y)\, d\nu(y)$$

$$4.6.5 \qquad\qquad E(\mu,\nu) = \int_{X \times Y} A(x,y)\, d(\mu \times \nu) \; ,$$

sofern die Integrale existieren. Man beachte, daß 4.5.6 - wenn es existiert - durch
eines der mehrfachen Integrale ersetzt werden kann.

Wert und optimale Strategien werden für dieses Spiel genauso definiert wir für Spiele
auf dem Einheitsquadrat. Wir geben zwei Theoreme an, die die entsprechenden Sätze
für Spiele auf dem Einheitsquadrat verallgemeinern.

<u>IV.6.1 Theorem.</u> Sind die Mengen X und Y kompakt und der Kern stetig, dann gilt $v_I = v_{II}$, und es existieren optimale gemischte Strategien.

<u>IV.6.2 Theorem.</u> Sind X und Y konvexe und kompakte Teilmengen eines linearen Raumes und ist der Kern stetig sowie konkav in x (für jedes y) und konvex in y (für jedes x), dann besitzt das Spiel einen Sattelpunkt und eine zugehörige reine Strategie.

Die Beweise von IV.6.1 und IV.6.2 folgen durch entsprechende Verallgemeinerung der Beweise zu IV.3.1 und IV.3.2. (Man beachte, daß diese keinen Gebrauch machten von der speziellen Struktur der Mengen reiner Strategien, sondern nur deren Kompaktheit und Konvexität ausnutzten.) Wir führen die Bewiese hier nicht aus; wir müssen aber wieder erwähnen, daß es keine Methoden zur Lösung kontinuierlicher Spiele gibt, daß aber Unstetigkeiten des Kerns häufig den Schlüssel zur analytischen Lösung solcher Spiele liefern.

<u>IV.6.3 Beispiel.</u> Zwei Generäle, die über die gleiche Truppenstärke verfügen, müssen um die Einnahme dreier strategischer Punkte kämpfen. Dabei nimmt diejenige Seite einen der Punkte ein, die zuerst mehr Soldaten dort hat. Wir nehmen an, daß beide Truppen unendlich teilbar sind, und daß die Werte der Auszahlungspunkte gleich der Zahl der besetzten Punkte sind. Die Menge X ist dann gleich der Menge aller geordneten Tripel $x = (x_1, x_2, x_3)$, die die Bedingungen

$$4.6.1 \qquad x_1 + x_2 + x_3 = 1$$

$$4.6.2 \qquad x_i \geq 0 \qquad i = 1, 2, 3$$

erfüllen. Die Menge Y ist ebenso definiert. Die Auszahlungsfunktion lautet

$$4.6.3 \qquad A(x,y) = sgn(x_1 - y_1)$$

$$+ sgn(x_2 - y_2) + sgn(x_3 - y_3) \ .$$

Das bedeutet: Jeder Spieler wählt drei nicht negative Zahlen mit der Summe 1. Ein Spieler gewinnt, wenn zwei seiner Zahlen größer sind, als die beiden entsprechenden seines Gegenübers. Das Spiel endet unentschieden, wenn zwei solcher Zahlenpaare übereinstimmen.

Die Menge X kann als gleichseitiges Dreieck (Abb.IV.6.1) dargestellt werden. Man erkennt in der Abbildung, daß ein Spieler, der etwa den Punkt P wählt, die Positionen in den drei Gebieten D, E und F gewinnt und die Gebiete A, B, C verliert.

(Unentschieden endet das Spiel auf den Punkten der Strecken, die diese Gebiete trennen).
Wir nehmen an, daß optimale Strategien existieren und daß diese stetige Verteilungen
sind, die sich als Lebesgue-Integral einer passenden Funktion f schreiben lassen.
Diese Funktion f sei im Innern einer zusammenhängenden Menge M positiv und außerhalb von M gleich Null.

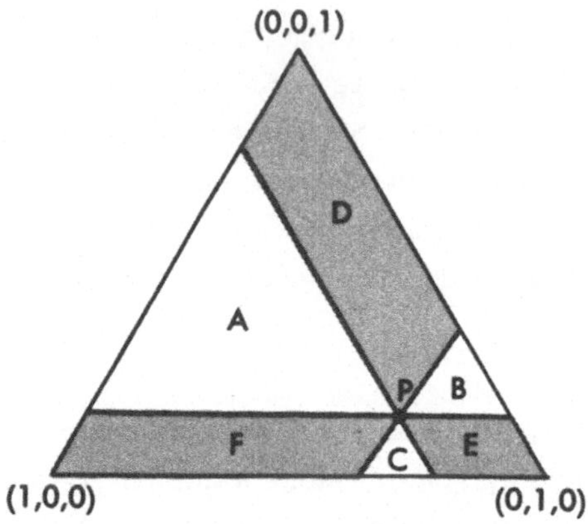

Abb. IV.6.1

Weiter setzen wir voraus, daß f in der Umgebung eines Punktes P positiv ist. Ist
P' = P + ΔP irgendein von P verschiedener Punkt in dieser Umgebung, so gilt wegen der
Symmetrie des Spiels

$$E(\mu,P) = E(\mu,P') = 0 \ .$$

Die Gleichung $E(\mu,P) = 0$ bedeutet aber

4.6.4
$$\int_{A \cup B \cup C} f \, d\sigma = \frac{1}{2}$$

mit dem zweidimensionalen Lebesgue-Maß σ . Wegen $E(\mu,P') = 0$ haben wir

4.6.5
$$\int_{A' \cup B' \cup C'} f \, d\sigma = \frac{1}{2} \ ,$$

wobei A', B', C' die zu P' gehörigen Gebiete sind. Man ersieht aus Abb.IV.6.2, daß
die Differenz der beiden Mengen A ∪ B ∪ C und A' ∪ B' ∪ C' nur aus den drei Streifen
zwischen den durch P gehenden "Achsenparallelen" und den entsprechenden zu P' ge-

hörigen Strecken besteht. Setzt man $P = (x_1, x_2, x_3)$ und $\Delta P = (\Delta x_1, \Delta x_2, \Delta x_3)$, so sieht man, daß für kleines ΔP die Differenz aus den linken Seiten von 4.6.4 und 4.6.5 näherungsweise gleich

$$4.6.6 \qquad \Delta x_1 \int_{L_1} f \, ds + \Delta x_2 \int_{L_2} f \, ds + \Delta x_3 \int_{L_3} f \, ds$$

ist (s bedeutet das eindimensionale Lebesgue-Maß).

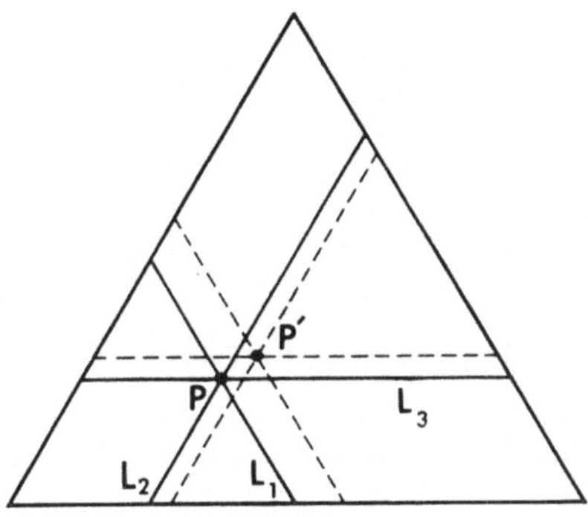

Abb. IV.6.2

Der Ausdruck 4.6.6 verschwindet für alle Werte von Δx_1, Δx_2, Δx_3, die

$$4.6.7 \qquad \Delta x_1 + \Delta x_2 + \Delta x_3 = 0$$

genügen. Diese Gleichung (und das Verschwinden von 4.6.6) impliziert

$$4.6.8 \qquad \int_{L_1} f \, ds = \int_{L_2} f \, ds = \int_{L_3} f \, ds = k \; .$$

Also müssen alle Integrale von f über Strecken, die parallel zu den Dreieckseiten sind und M schneiden, denselben Wert haben. Wir müssen nun M bestimmen. Nehmen wir zunächst an, daß die abgeschlossene Hülle von M die Gerade $x_1 = 0$ weder berührt noch schneidet. Es sei P ein Punkt der abgeschlossenen Hülle von M mit minimalem x_1. Dann ist Gleichung 4.6.4 erfüllt. Ist ferner

$$P' = (x_1 - 2\varepsilon, x_2 + \varepsilon, x_3 + \varepsilon) \; ,$$

dann folgt mit 4.6.6

$$\int\limits_{A'UB'UC'} f\, d\sigma = \frac{1}{2} + 2\varepsilon \int\limits_{L'_1} f\, ds - \varepsilon \int\limits_{L'_2} f\, ds - \varepsilon \int\limits_{L'_3} f\, ds \; .$$

Offenbar kann die Strecke L'_1 die Menge M nicht schneiden, weil die erste Koordinate kleiner ist als der minimale Wert von x. Andererseits muß mindestens eine der Strecken L'_2, L'_3 die Menge M schneiden (wenn ε genügend klein ist), weil M nach Voraussetzung zusammenhängend ist und nicht ganz zwischen L_2 und L_3 liegen kann (da die Fläche zwischen L_2 und L_3 genau die Menge F ist). Daraus folgt nun

$$\int\limits_{A'UB'UC'} f\, d\sigma < \frac{1}{2} \; ,$$

und damit $E(\mu,P') < 0$. Das heißt, μ ist nicht optimal. Also muß die abgeschlossene Hülle von M alle drei Seiten des Dreiecks berühren. Somit sind die minimalen Werte von x_1, x_2, x_3 in M gleich null. Um die Maximalwerte zu bestimmen, hat man zunächst zu beachten, daß jede Gerade $x_1 = a$ mit a zwischen 0 und $r_1 := \mathrm{Max}\, x_1$ die Menge M schneidet, weil diese zusammenhängend ist. Das bedeutet aber, daß das Integral von f über M gleich $r_1 \cdot k$ ist. Also $r_1 = 1/k$. Entsprechend sind die maximalen Werte von x_2 und x_3 (in M) gleich $r = 1/k$. Die Menge M ist somit in dem Sechseck einbeschrieben, das durch die Ungleichungen

$$0 \le x_i \le r \qquad i = 1,2,3$$

bestimmt ist (s. Abb. IV.6.3).

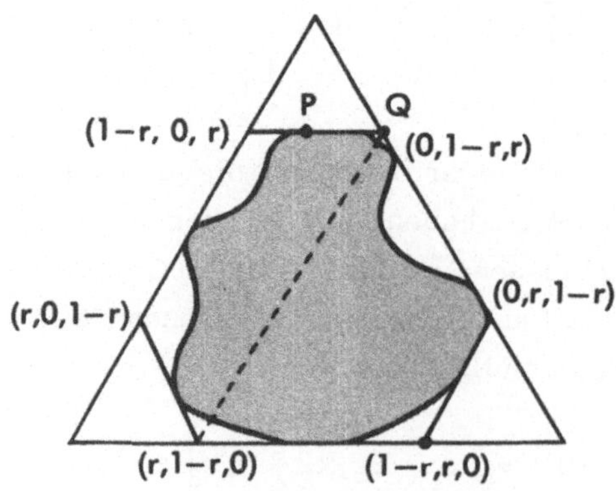

Abb. IV.6.3

Ist nun P ein Punkt in der abgeschlossenen Hülle von M und $x_3 = r$, dann gilt für $Q = (0, 1-r, r)$ die Gleichung

$$E(\mu, P) = E(\mu, Q) \ ,$$

weil dieser Ausdruck auf der Strecke PQ konstant ist.

Die punktierte Strecke durch Q zerlegt die Menge M in zwei Teile. Der oberhalb dieser Strecke liegende Teil von M besteht aus Punkten, denen Q überlegen ist. Der untere Teil ist Q überlegen. Daher muß das Integral von f über diesen Bereich gleich $\frac{1}{2}$ sein. Es gehen aber sämtliche Geraden $x_2 = a$ mit a aus dem Intervall $(0, 1-r)$ durch diesen Teil. Also nimmt f nur Werte im Integral von 0 bis $k(1-r)$ an. Daher haben wir

$$\frac{1 - r}{r} = \frac{1}{2}$$

bzw.

4.6.9
$$r = \frac{2}{3} \ .$$

Also muß die zusammenhängende Menge M im Sechseck $0 \leq x_i \leq \frac{2}{3}$ einbeschrieben sein. Die Funktion ist außerhalb von M gleich Null und innerhalb positiv derart, daß das Integral von f über jede Strecke parallel zu einer Dreieckseite durch M gleich $\frac{3}{2}$ ist.

Alle diese Feststellungen bestimmen weder f noch M eindeutig, so daß viele optimale Strategien möglich sind. Wählen wir aber M als Kreis (das Sechseck ist natürlich regelmäßig) und f so, daß ihre Werte nur vom Abstand vom Zentrum des Kreises abhängen, und das Integral von f konstant ist für alle Strecken einer bestimmten Richtung, so ist der Wert des Integrals für alle Strecken, die M schneiden, der gleiche.

Wir betrachten nun den Kreis $x^2 + y^2 \leq 1$ und suchen eine Funktion $f(R)$, für die das Integral

4.6.10
$$\int_0^{\sqrt{1 - x^2}} f(x^2 + y^2) \, dy$$

für alle $x \in (-1, 1)$ konstant ist. Die Variablentransformation

$$y = t \sqrt{1 - x^2}$$

liefert

98

$$R = x^2 + y^2 = x^2 + t^2 - t^2 x^2 \ ,$$

und das Integral lautet

$$\int_0^1 \sqrt{1 - x^2}\, f(x^2 + t^2 - t^2 x^2)\, dt \ .$$

Da dieses Integral für $x \in (-1, 1)$ nicht von x abhängt, differenzieren wir es nach x und erhalten als Ableitung die Null. Die Ableitung ist wieder ein Integral. Es genügt hier den neuen Integranden gleich Null zu setzen. Das liefert die Differentialgleichung

$$xf(R) = 2x(1 - x^2)(1 - t^2)\, f'(R) \ ,$$

die sich zu

$$f(R) = 2(1 - R)\, f'(R)$$

reduziert. Ihre Lösung lautet

$$f(R) = \frac{C}{\sqrt{1 - R}} = \frac{C}{\sqrt{1 - r^2}} \ .$$

Um das auf unser Problem anzuwenden, müssen wir beachten, daß der Radius des hier betrachteten Kreises nur ein Drittel der Einheit ist. Also haben wir

$$f(x_1, x_2, x_3) = \frac{C}{\sqrt{1 - 9r^2}}$$

mit

4.6.11
$$r^2 = (x_1 - \tfrac{1}{3})^2 + (x_2 - \tfrac{1}{3})^2 + (x_3 - \tfrac{1}{3})^2 \ .$$

Die Konstante C ist dadurch bestimmt, daß das Integral über der Strecke (die M schneidet) gleich $\frac{3}{2}$ ist. Das liefert $C = \frac{9}{2}$. Damit lautet die optimale Strategie

4.6.12
$$f = \frac{9}{2\sqrt{1 - 9r^2}}$$

für alle Punkte mit $r \le \frac{1}{3}$ und $f = 0$ sonst.

Aufgaben

1. Sei $K(x,y)$ der Kern eines Spiels über dem Einheitsquadrat. K habe stetige partielle Ableitungen bis zur n-ten Ordnung, und es gelte

$$\frac{\partial^n K}{\partial y^n} \geq 0$$

im ganzen Einheitsquadrat. Man zeige, daß Spieler II eine optimale Strategie besitzt, in die nicht mehr als $n/2$ Punkte eingehen (wir verabreden dabei, einen Endpunkt des Intervalls, falls er benötigt wird, nur als halben Punkt zu zählen).

a) Es sei zunächst $\frac{\partial^n K}{\partial y^n} > 0$. Unter der Voraussetzung, daß $F(x)$ eine optimale Strategie für I ist, zeige man, daß jede gegen F optimale Strategie höchstens $n/2$ Punkte enthalten kann.

b) Es sei nun $\frac{\partial^n K}{\partial y^n} \geq 0$ und $L_\varepsilon(x,y) = K(x,y) + \varepsilon y^n$ mit $\varepsilon > 0$. G_ε sei eine optimale Strategie von II bezüglich L_ε. Ist G_0 irgendein Häufungspunkt von Strategien G_ε, dann ist G_0 eine optimale Strategie für II bezüglich K. (Entsprechend ist ein Häufungspunkt F_0 der Menge der für I bezüglich L_ε optimalen Strategien optimal bezüglich K.)

2. Man zeige, daß jeder Spieler I eine optimale gemischte Strategie mit höchstens 2 Punkten besitzt, wenn K stetig ist und auf dem ganzen Einheitsquadrat $K_{yy} \geq 0$ gilt.

a) Man zeige, daß II ein optimale, reine Strategie y_0 besitzt.

b) Ist F eine optimale Strategie, so gilt für jeden zu F gehörigen Punkt x
$K(x,y_0) = v$.

c) Besitzt I keine optimale, reine Strategie, so hat er zwei reine Strategien x_1, x_2 mit $K_y(x_1,y_0) > 0$ und $K_y(x_2,y_0) < 0$.

d) I besitzt eine optimal gemischte Strategie, für die nur x_1 und x_2 benötigt werden.

3. Sei $P(x,y) = \sum_{i=0}^{m} \sum_{j=0}^{n} a_{ij} x^i y^j$ der Kern eines Spiels über dem Einheitsquadrat.

a) Wenn die Verteilungsfunktionen $F_1(x)$ und $F_2(x)$ die gleichen Momente besitzen, d.h. wenn für $i = 1, \ldots, m$

$$F_1^{(i)} \equiv \int_0^1 x^i \, dF_1(x) = \int_0^1 x^i \, dF_2(x) \equiv F_2^{(i)}$$

gilt, so ist F_1 genau dann optimal, wenn F_2 optimal ist.

b) Die Momente $F^{(i)}$ jeder Verteilungsfunktion liegen in der konvexen Hülle der durch die Gleichungen $r_i = r^i$ definierten Kurve im m-dimensionalen Raum.

c) Die Spieler I und II besitzen optimale Strategien für die sie höchstens m bzw. n Punkte benötigen.

d) Man stelle die Auszahlungsfunktion $E(F,G)$ durch die Momente $F^{(i)}$ und $G^{(i)}$ dar, und zeige, daß die optimalen Strategien beider Spieler durch Lösung algebraischer Gleichungen bestimmt werden können.

4. Die Tatsache, daß ein Spiel auf dem Einheitsquadrat einen stetigen oder gar rationalen Kern besitzt, garantiert den Spielern keine optimalen Strategien mit nur endlich vielen Punkten.

a) Ist $K(x,y)$ eine stetige, rationale Funktion, und besitzt I eine optimale Strategie für die er höchstens m Punkte benötigt, so kann man diese durch Auflösen eines Systems algebraischer Gleichungen erhalten.

b) Sind $K(x,y)$ rational und v transzendent, dann besitzt kein Spieler eine optimale Strategie mit nur endlich vielen Punkten.

c) Das Spiel mit dem Kern

$$K(x,y) = \frac{(1 + x)(1 + y)(1 - xy)}{(1 + xy)^2}$$

hat die optimalen Strategien

$$F(x) = \frac{4}{\pi} \arctan \sqrt{x}$$

$$G(y) = \frac{4}{\pi} \arctan \sqrt{y}$$

und den Wert $4/\pi$.

5. Auch ein Spiel mit "sehr vernünftigem" Auszahlungskern braucht keinen Wert zu besitzen. Man betrachte etwa den Kern

$$K(x,y) = \begin{cases} -1 & \text{für} \quad x < y < x + \frac{1}{2} \\ 0 & \text{für} \quad x = y \quad \text{oder} \quad y = x + \frac{1}{2} \\ +1 & \text{sonst.} \end{cases}$$

a) Für beliebige $F(x)$ existiert stets ein y mit $E(F,y) \leq \frac{1}{3}$ (Man unterscheide die beiden Fälle $F(\frac{1}{2} - 0) \leq \frac{1}{3}$ und $F(\frac{1}{2} - 0) > \frac{1}{3}$).

b) Unabhängig von der Gestalt von $G(y)$ existiert immer ein x derart, daß $E(x,G) \geq \frac{3}{7}$. (Man unterscheide die drei Fälle

(i) $\quad G(1-0) \geq \frac{3}{7}$

(ii) $\quad G(1-0) < \frac{3}{7}$ und $\quad G(\frac{1}{2}-0) < \frac{1}{7}$;

(iii) $\quad G(1-0) < \frac{3}{7}$ und $\quad G(\frac{1}{2}-0) \geq \frac{1}{7}$.)

c) Also gilt $v_I \leq \frac{1}{3}$ und $v_{II} \geq \frac{3}{7}$. Man zeige, daß die Werte $\frac{1}{3}$ und $\frac{3}{7}$ tatsächlich angenommen werden, wenn man die Strategien F^* bzw. G^* benutzt, die nur $0, 1/2,$ 1 bzw. $1/4, 1/2, 1$ verwenden. Gesucht sind die Wahrscheinlichkeiten, mit denen diese Punkte in F^* bzw. G^* eingehen.

6. Gesucht sind Werte und optimale Strategien des Spiels mit dem Kern

$$A(x,y) = \begin{cases} 2x - y + xy & \text{für} \quad x < y \\ 0 & \text{für} \quad x = y \\ x - 2y - xy & \text{für} \quad x > y \ . \end{cases}$$

7. Man entwickle eine Methode zur Lösung eines "Duell-Spiels", in dem beide Spieler nicht einen, sondern zwei Schuß haben. Man setze voraus, daß das Spiel lautlos verläuft, so daß kein Spieler weiß, ob der andere geschossen hat, es sei denn er wurde getroffen.

8. Für die positiven Zahlen c_1, c_2, c_3 gelte $c_i + c_j > c_k$. Wir betrachten folgendes Spiel: Spieler I wählt nicht negative Zahlen (x_1, x_2, x_3) mit der Summe 1. Entsprechend wählt II ein Tripel (y_1, y_2, y_3). Die Auszahlungsfunktion sei

$$A(x,y) = c_1 \, \text{sgn} \, (x_1 - y_1) + c_2 \, \text{sgn} \, (x_2 - y_2) + c_3 \, \text{sgn} \, (x_3 - y_3) \ .$$

Gesucht sind optimale Strategien für dieses Spiel.

9. Auch ein Spiel mit rationaler Auszahlungsfunktion kann eine singuläre Lösung besitzen. Wir betrachten dazu die Cantor-Funktion $C(x)$, die die folgenden Beziehungen erfüllt

$$C\left(\frac{x}{3}\right) = \frac{1}{2} C(x)$$

$$C(x) + C(1-x) = 1$$

$$x_1 \geq x_2 \Rightarrow C(x_1) \geq C(x_2) \ .$$

a) Für jede integrierbare Funktion f gilt

$$\int_0^1 f(x)\, dC(x) = \int_0^{1/3} f(x)\, dC(x) + \int_{2/3}^1 f(x)\, dC(x)\ .$$

b) Ist f stetig, dann ist

$$\int_0^1 \left[2f(x) - f\left(1 - \frac{x}{3}\right) + f\left(\frac{x}{3}\right) \right] dC(x) = 0\ .$$

c) Die Funktion

$$K(x,y) = \sum_{n=0}^{\infty} \frac{1}{2^n} \left[2x^n - \left(1 - \frac{x}{3}\right)^n - \left(\frac{x}{3}\right)^n \right] \times \left[2y^n - \left(1 - \frac{y}{3}\right)^n - \left(\frac{y}{3}\right)^n \right]$$

ist stetig und für $0 \le x \le 1$ und $0 \le y \le 1$ sogar rational. (Man zeige dies durch Ausschreiben und Neuordnen der Summanden.) Überdies sind $C(x)$ und $C(y)$ optimale Strategien für beide Spieler, die den Wert Null liefern.

d) Sei $F(x)$ eine beliebige optimale Strategie für Spieler I. Die Funktion $E(F,y)$ ist analytisch bezüglich y. Also muß sie entweder im ganzen Intervall [0,1] verschwinden, oder sie hat dort nur endlich viele Nullstellen.

e) Verschwindet $E(F,y)$ nicht im ganzen Intervall [0,1], dann kann $C(y)$ nicht optimal sein für II.

7. Für optimales F gilt $E(F,y) = 0$ im ganzen Intervall [0,1]. Diese Tatsache gestattet es, die Momente $F^{(i)}$ zu berechnen. Also haben je zwei optimale Strategien dieselben Momente. (Auf Grund eines wohlbekannten Theorems bedeutet dies, daß zwei optimale Strategien identisch sind.) Damit ist C die eindeutig bestimmt optimale Strategie.

Kapitel V
Mehrstufige Spiele

V.1 Verhaltensstrategien

Wir betrachten ein Spiel, das aus sehr vielen Zügen besteht, und zwar ein so einfaches wie etwa das tic-tac-toe [1]. Spieler I hat dabei für seinen ersten Zug neun Möglichkeiten. Für jede der möglichen acht Erwiderungen durch II hat er sieben Möglichkeiten im zweiten Zug. Wie man sieht, hat Spieler I allein für die ersten beiden Züge $9 \cdot 7^8 = 51\ 883\ 209$ reine Strategien zur Verfügung ohne Berücksichtigung von Symmetrien. Der Versuch, diese durchzunumerieren, ist natürlich sinnlos. Selbst unter Berücksichtigung von Symmetrien ist die Anzahl der reinen Strategien astronomisch. Dennoch ist das Spiel an sich vollkommen trivial (verglichen etwa mit Schach, das theoretisch trivial, aber in der praktischen Ausführung kompliziert ist). Die reinen Strategien lassen offenbar einiges zu wünschen übrig. Betrachten wir noch einmal die Definition der reinen Strategie: sie ist eine auf den Informationsmengen des Spielers definierte Funktion, die jeder Informationsmenge eine natürliche Zahl zwischen 1 und k zuordnet (k ist die Anzahl der Wahlmöglichkeiten bei gegebener Informationsmenge). Hat also ein Spieler N Informationsmengen und für jede k Wahlmöglichkeiten, so hat er insgesamt k^N reine Strategien (k^N ist möglicherweise sehr groß). Das oben erwähnte "tic-tac-toe" wird also sicher von niemandem unter Berücksichtigung aller möglichen reinen Strategien gespielt (d.h. aller möglichen Zugfolgen vom ersten bis zum letzten Zug), sondern vielmehr so, daß der Spieler bei jedem Zug alle Wahlmöglichkeiten für diesen bedenkt und danach entscheidet (aus Erfahrung usw.), welcher der beste ist. Im wesentlichen besteht die Vereinfachung also darin, daß eine Auswahl aus $k_1, k_2, \ldots, k_N$ möglichen Strategien ersetzt wird durch N Entscheidungen bei k_i möglichen Zügen jeder Informationsmenge. Das führt zu der folgenden Definition:

<u>V.1.1 Definition.</u> Eine Verhaltensstrategie ist eine Menge von N Wahrscheinlichkeitsverteilungen, von denen jede auf einer Informationsmenge definiert ist.

---

[1] Gegeben ist ein quadratisches "Schachbrett" mit 9 Feldern. Spieler I versucht, drei auf einer Geraden liegende Kreuze auf dem Brett unterzubringen, was II durch Setzen von Nullen zu verhindern sucht.

V.1.2 Beispiel. Ein Spieler erhält eine Karte eines Kartenspiels aus 52 Karten. Nachdem er die gezogene Karte angesehen hat, hat er die Wahl zu passen oder einen bestimmten Betrag zu wetten. Insgesamt gibt es dabei 2^{52} reine Strategien und die Menge aller gemischten Strategien hat die Dimension $2^{52} - 1$. Andererseits liefert die Verhaltensstrategie einfach die Wahrscheinlichkeit etwa für das Wetten (eine Zahl zwischen 0 und 1) bei jedem Zug. Also ist die Dimension der Menge aller Verhaltensstrategien nur 52. Allgemein hat die Menge der Verhaltensstrategien eine kleinere Dimension als die der gemischten. Allerdings ist zu beachten, daß unter gewissen Bedingungen nicht notwendig alle gemischten Strategien durch Verwendung von Verhaltensstrategien erzeugt werden können, wie das folgende Beispiel zeigt.

V.1.3 Beispiel. Im Spiel mit dem Baum aus Abb. V.1.3.1 können wir die reinen Strategien von Spieler II mit LL, LR, RL, RR bezeichnen. Eine gemischte Strategie ist

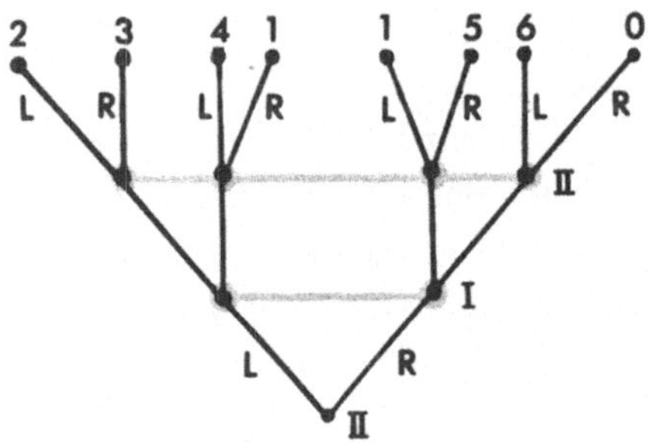

Abb. V.1.3.1

ein Vektor (x_1, x_2, x_3, x_4), der den üblichen Bedingungen genügt. Eine Verhaltensstrategie dagegen ist ein Paar reeller Zahlen (y_1, y_2), für die $0 \leq y_i \leq 1$ gilt. Die zur Verhaltensstrategie (y_1, y_2) gehörige gemischte Strategie ist

$$5.1.1 \qquad (y_1 y_2, y_1(1 - y_2), (1 - y_1)y_2, (1 - y_1)(1 - y_2)).$$

Die optimale Strategie für Spieler II (s. Beispiel II.5.9) ist der Vektor $(0, 5/7, 2/7, 0)$, der offenbar nicht von der Form 5.1.1 ist. Also läßt das Spiel keine Lösung in der Form von Verhaltensstrategien zu.

Die Schwierigkeit im Beispiel V.1.3 besteht sinngemäß darin, daß Spieler II beim zweiten Zug die Bedeutung seines ersten Zuges nicht übersehen kann oder ihn ganz vergessen hat. Ein solches Spiel heißt Spiel mit unvollkommenem Gedächtnis. Diese Schwierigkeit verkompliziert die Situation, und es ist daher nicht sicher, ob sämtliche gemischten Strategien zulässig sind. Beim Bridge können wir z.B. beide Partner als einen Spieler auffassen, der einige seiner früheren Züge "vergessen" hat. Da heimliche

Absprachen verboten sind, kann ein Partner nicht wissen, ob das Reizen seines Mit-
spielers möglicherweise nur taktisch zu verstehen ist, obwohl er die Wahrscheinlichkeit eines solchen taktischen Reizens kennen mag. Wir gehen diesen Schwierigkeiten
nicht weiter nach. Die Klasse von Spielen, die wir untersuchen wollen, ist den Spielen
mit vollständiger Information sehr verwandt. Es erhalten nämlich beide Spieler nach
einer gewissen Anzahl von Zügen gleichzeitig die volle Information (die sie auch nicht
vergessen), so daß das Spiel gewissermaßen in dieser Position neu beginnt. Das allgemeine Schema sieht so aus: Zuerst ist Spieler I am Zug, danach Spieler II (ohne
Kenntnis der ersten Entscheidung von I). Dann wird ein Zufallszug ausgeführt und anschließend erhalten beide Spieler die volle Information. (Dieses Schema kann - allerdings nur wenig - variieren.) Jeder dieser Zyklen heißt Stufe des Spiels.

V.2 Spiele bis zur Erschöpfung

Wir betrachten nun einen Typ von Spielen, bei denen jeder Spieler mit einer endlichen
Reserve beginnt. In jeder Stufe des Spiels wird die Reserve eines der Spieler um eine
Einheit vermindert. Sieger ist derjenige, der die Reserve seines Gegners ausgeschöpft
hat. Analog kann die Anzahl der gewonnenen Stufen für beide Spieler aufgezeichnet werden. Sieger wird derjenige, der zuerst eine vorgegebene Zahl von Punkten erreicht. Im
ersten Fall werden offenbar die Gesamtreserven beider Spieler pro Stufe um eine Einheit verringert. Im zweiten Fall erhöht sich entsprechend die Gesamtzahl der Punkte
um eins. Diese Spiele sind also immer nach einer gewissen Zahl von Zügen beendet.
Es erscheint ratsam, derartige Spiele dadurch zu lösen, daß man "rückwärts" vorgeht.
Die allgemeine Idee der Lösung besteht darin, daß jede Stufe des Spiels als ein Spiel
für sich behandelt werden kann. Sind die Strategien für eine bestimmte Stufe gewählt,
so ist die Auszahlung gleich der endgültigen (sofern das mehrstufige Spiel gerade endet)
oder sie besagt, daß die folgende Stufe des Spiels ausgespielt werden muß.

Da wir stets mit Erwartungswerten operieren, können wir die Anweisung, ein weiteres
mal zu spielen, auch durch den Wert dieses neuen Spiels ersetzen.

<u>V.2.1 Beispiel.</u> Wir betrachten das Matrixspiel

$$5.2.1 \qquad \begin{pmatrix} a_{11} & \Gamma_1 \\ \Gamma_2 & a_{12} \end{pmatrix}$$

in dem die Elemente Γ_1 und Γ_2 die Anweisung bedeuten, die beiden Spiele mit den Matrizen

5.2.2
$$\Gamma_1 = \begin{pmatrix} b_{11} & b_{12} \\ b_{21} & b_{22} \end{pmatrix} \qquad \Gamma_2 = \begin{pmatrix} c_{11} & c_{12} \\ c_{21} & c_{22} \end{pmatrix}.$$

zu spielen. Sind nun v_1 bzw. v_2 die Werte von Γ_1 bzw. Γ_2, dann können Γ_1 bzw. Γ_2 in 5.2.1 durch v_1 bzw. v_2 ersetzt werden, weil dies die erwarteten Auszahlungen für beide Spieler sind, sofern ihre Strategien bezüglich 5.2.1 das Ausspielen von Γ_1 bzw. Γ_2 notwendig macht. Also können wir die Matrix 5.2.1 ersetzen durch

5.2.3
$$\begin{pmatrix} a_{11} & v_1 \\ v_2 & a_{12} \end{pmatrix}.$$

5.2.3 kann man lösen. Das liefert optimale Strategien und den Wert von 5.2.1.

Bei Spielen bis zur Erschöpfung bestimmen wir zunächst die Lösungen aller Spiele, in denen beide Spieler mit einer Einheit als Reserve beginnen. Da ein solches Spiel schon nach einem Zug beendet ist, kann es direkt gelöst werden. Den Wert dieses Spiels können wir nun dazu benutzen, all die Spiele zu lösen, bei denen die Gesamtreserve beider Spieler drei Einheiten beträgt. Diese Lösungen gestatten wiederum jene Spiele mit vier, fünf ... usw. Einheiten in der Reserve zu lösen.

Allgemein kann man bei Spielen mit kleinen Reserven (d.h. bei Spielen, die nach einer kleinen Zahl von Stufen enden müssen) Werte und optimale Strategien direkt bestimmen. Bei längeren Spielen muß man eine rekursive Beziehung für den Wert jeder Stufe bestimmen. Diese rekursive Beziehung hat gewöhnlich die Form einer Differenzengleichung, die möglicherweise leicht zu lösen ist. Kann sie gelöst werden, so verwendet man die Werte der einzelnen Stufen zur Konstruktion optimaler Strategien. Ist die Differenzengleichung nicht zu lösen, so kann man eventuell doch eine vernünftige Approximation der Werte und der optimalen Strategien erhalten.

V.2.2 Beispiel. (Das "Aufsichtsspiel") Spieler I möchte eine verbotene Handlung ausführen, wofür er N Zeitperioden zur Verfügung hat. Spieler II (der Inspektor), der das verhindern will, darf nur in einer dieser Zeitperioden eine Inspektion machen. Die Auszahlung für Spieler I sei gleich 1, wenn die verbotene Handlung unbemerkt ausgeführt wird. Sie sei gleich - 1, wenn sie aufgedeckt wird (was genau dann der Fall ist, wenn der Inspektor zur selben Zeit seine Ausicht macht) und gleich 0, wenn diese Handlung gar nicht ausgeführt wird. Während der ersten Zeitperiode (Stufe) des Spiels hat jeder Spieler zwei Wahlmöglichkeiten. Spieler I kann aktiv werden oder nicht. Spieler II kann kontrollieren oder nicht. Handelt I und kontrolliert II, so ist das Spiel beendet und die Auszahlung ist gleich - 1. Handelt I, ohne daß II kontrolliert, so ist das Spiel mit der Auszahlung + 1 beendet. Wenn I nichts tut, während II kontrolliert, dann kann I in der nächsten Zeitperiode aktiv werden (es sei $N > 1$) und er erhält die Auszahlung $+1$. Wenn I nichts tut und II nicht kontrolliert, so kommen wir zur nächsten Stufe des Spiels, die sich nur darin von der vorigen Stufe unterscheidet, daß nur noch weniger Zeitperioden zum Spielen zur Verfügung stehen. Die Matrix der ersten Stufe sieht also folgendermaßen aus:

$$5.2.4 \qquad \begin{pmatrix} -1 & 1 \\ 1 & \Gamma_{N-1} \end{pmatrix}.$$

Dies liefert die rekursive Definition

$$5.2.5 \qquad v_N = \text{Wert} \begin{pmatrix} -1 & 1 \\ 1 & v_{N-1} \end{pmatrix}.$$

Da aber $v_{N-1} < 1$ ist, hat das Matrixspiel 5.2.5 keinen Sattelpunkt. Wir können daher 2.5.24 anwenden und erhalten die Differenzengleichung

$$5.2.6 \qquad v_N = \frac{v_{N-1} + 1}{-v_{N-1} + 3}$$

die zusammen mit der Anfangsbedingung

$$5.2.7 \qquad v_1 = 0$$

v_N festgelegt. Wir können diese Gleichung durch die Substitution

$$5.2.8 \qquad t_N = \frac{1}{v_N - 1}$$

lösen und erhalten zunächst die neue Differenzengleichung

$$5.2.9 \qquad t_N = t_{N-1} - \frac{1}{2}$$

mit

$$5.2.10 \qquad t_1 = -1.$$

Die zugehörige Lösung ist offensichtlich

$$t_N = -\frac{n+1}{2} \quad ,$$

woraus

5.2.11
$$v_N = \frac{N - 1}{N + 1}$$

folgt.

Mithin gibt 5.2.11 den Wert des Spiels in jeder Stufe an, und wir können für jeden Spieler und jede Stufe die optimalen Strategien berechnen. In der Tat, die Spielmatrix wird nun zu

5.2.12
$$\begin{pmatrix} -1 & 1 \\ 1 & \dfrac{N - 2}{N} \end{pmatrix}$$

und die Gleichungen 2.5.22 bzw. 2.5.23 liefern für $N \geq 2$ die optimalen Strategien

5.2.13
$$x^N = \left(\frac{1}{N + 1}, \frac{N}{N + 1} \right)$$

5.2.14
$$y^N = \left(\frac{1}{N + 1}, \frac{N}{N + 1} \right).$$

V.2.3 Beispiel. (Frauen und Katzen gegen Männer und Mäuse)

In diesem Spiel besteht Team I aus m_1 Frauen und m_2 Katzen, während Team II über n_1 Mäuse und n_2 Männer verfügt. In jeder Stufe wählen beide Teams je einen Vertreter aus. Für diese Vertreter gelten die folgenden Regeln: eine Frau besiegt einen Mann, ein Mann besiegt eine Katze, eine Katze besiegt eine Maus und eine Maus besiegt eine Frau. Das Spiel wird solange fortgesetzt, bis eine Mannschaft nur noch eine Art von Spielern hat. Kann ein Team nicht mehr auswählen, so hat das andere offensichtlich gewonnen. Die Spielmatrix wird gewöhnlich so aussehen

5.2.15
$$\begin{pmatrix} \Gamma(m_1 - 1, m_2; n_1, n_2) & \Gamma(m_1, m_2; n_1, n_2 - 1) \\ \Gamma(m_1, m_2; n_1 - 1, n_2) & \Gamma(m_1, m_2 - 1; n_1, n_2) \end{pmatrix}.$$

Ähnliche Betrachtungen wie die in Beispiel V.2.3 führen zu der rekursiven Definition

5.2.16
$$v(m_1, m_2; n_1, n_2)$$

$$= \frac{v(m_1 - 1, m_2; n_1, n_2)v(m_1, m_2 - 1; n_1, n_2) - v(m_1, m_2; n_1 - 1, n_2)v(m_1, m_2; n_1, n_2 - 1)}{v(m_1 - 1, m_2; n_1, n_2) + v(m_1, m_2 - 1; n_1, n_2) - v(m_1, m_2; n_1 - 1, n_2) - v(m_1, m_2; n_1, n_2 - 1)},$$

die zusammen mit den Randbedingungen

$$5.2.17 \qquad v(m_1, m_2; n_1, 0) = v(m_1, m_2; 0, n_2) = +1 \quad \text{für} \quad m_1, m_2 > 0$$

$$5.2.18 \qquad v(m_1, 0; n_1, n_2) = v(0, m_2; n_1, n_2) = -1 \quad \text{für} \quad n_1, n_2 > 0$$

den Wert induktiv festlegen. Leider ist dies eine nichtlineare partielle Differenzengleichung, die nicht leicht zu lösen ist. Man kann aber gewisse Resultate, z.B. für $m_2 = n_1 = n_2 = 1$ erhalten, und zwar gilt

$$5.2.19 \qquad v(m, 1, 1, 1) = \frac{v(m - 1, 1; 1, 1) + 1}{-v(m - 1, 1; 1, 1) + 3}$$

und wegen der Symmetrie

$$5.2.20 \qquad v(1, 1; 1, 1) = 0.$$

Diese Gleichungen sind genau diejenigen aus dem Beispiel V.2.2. Also ist

$$5.2.21 \qquad v(m, 1; 1, 1) = \frac{m - 1}{m + 1},$$

und die optimalen Strategien sind gerade gleich den in V.2.2 berechneten.

V.3 Stochastische Spiele

Diese Spiele sind den in Abschnitt V.2 behandelten Spielen zwar ähnlich, sie unterscheiden sich aber doch in einigen wichtigen Punkten von ihnen. Obwohl nur endlich viele verschiedene Positionen existieren, kann hier das Spiel in eine frühere Position zurückkehren und somit theoretisch unendlich lange dauern. Überdies findet gewöhnlich nach jeder Stufe des Spiels eine Auszahlung statt, so daß auch eine unendliche Auszahlung theoretisch möglich ist. Allerdings beinhaltet das Spiel einen Zufallsmechanismus, der mit der Wahrscheinlichkeit 1 die Endlichkeit der Spieldauer und der Auszahlung garantiert.

Genauer besteht ein stochastisches Spiel aus einer Menge von p "Spielelementen" bzw. Positionen P_K. Jedes Spielelement wird durch eine $m_k \times n_k$ Matrix dargestellt, deren Elemente von der Form

$$5.3.1 \qquad \alpha_{ij}^k = a_{ij}^k + \sum_{l=1}^{p} q_{ij}^{kl} \Gamma_l$$

110

mit

5.3.2
$$q_{ij}^{kl} \geq 0$$

5.3.3
$$\sum_{l=1}^{p} q_{ij}^{kl} < 1$$

sind.

Wählen nun I bzw. II ihre i-te bzw. j-te reine Strategie im k-ten Spielelement, dann ist das Element α_{ij}^{k} gleich der Summe aus a_{ij}^{k} Einheiten (Auszahlung von I und II) und der Wahrscheinlichkeit q_{ij}^{kl} ($l = 1,\ldots,p$) für das Ausspielen der l nächsten Elemente und der Wahrscheinlichkeit

5.3.4
$$q_{ij}^{k0} = 1 - \sum_{l=1}^{p} q_{ij}^{kl}$$

für die sofortige Beendigung des Spiels.

Die Bedingung 5.3.3 besagt, daß die Wahrscheinlichkeit für die Beendigung des Spiels in jeder Stufe positiv ist. Damit ist die Wahrscheinlichkeit für ein unendliches Spiel gleich Null, und alle erwarteten Auszahlungen sind endlich.

<u>V.3.1 Definition.</u> Eine Menge von m_k-Vektoren x^{kt} ($k = 1,\ldots,p$) heißt Strategie des Spielers I, wenn für alle natürlichen Zahlen

5.3.5
$$\sum_{i=1}^{m_k} x_i^{kt} = 1$$

5.3.6
$$x_i^{kt} \geq 0$$

gilt. Die Strategie heißt stationär, wenn die Vektoren x^{kt} für jedes k von t unabhängig sind. Spieler II besitzt entsprechend eine Menge von n_k-Vektoren y^{kt} als Strategie.

Die Zahl x_i^{kt} ist die Wahrscheinlichkeit dafür, daß Spieler I seine i-te Strategie anwendet, wenn er in der t-ten Stufe des Spiels das Spielelement Γ_k spielt. Da das Element Γ_k mehrmals ausgespielt werden kann, braucht er nicht jedesmal die gleichen Wahrscheinlichkeiten zu verwenden. Benutzt er aber für ein Spielelement bei wiederholtem

Spielen stets denselben Zufallsmechanismus, so heißt die Strategie stationär. Natürlich wird eine stationäre Strategie aus Gründen der Einfachheit gewöhnlich vorgezogen.

Für ein gegebenes Paar von Strategien kann die erwartete Auszahlung für alle $k = 1,\ldots,p$ unter der Annahme berechnet werden, daß sich das Spiel in dem Element Γ_k befindet. Somit können wir die erwartete Auszahlung bei gegebenem Paar von Strategien als einen p-Vektor auffassen.

Wie bei gewöhnlichen Matrixspielen führt dies zur Definition der optimalen Strategien und des Wertes, der in diesem Falle ein p-Vektor $v = (v_1,v_2,\ldots,v_p)$ ist.

Offenbar muß man das Spielelement Γ_k durch die Wertkomponente v_k ersetzen können, wenn der Wertvektor existieren soll. Folglich haben wir

5.3.7
$$v_k = \text{Wert}(B_k)$$

wobei B_k die durch

5.3.8
$$b_{ij}^k = a_{ij}^k + \sum_{l=1}^{p} q_{ij}^{kl} v_l$$

definierte $m_k \times n_k$ Matrix $\left(b_{ij}^k\right)$ ist.

Dies ist nur eine implizite Definition, und wir müssen zeigen, daß genau ein Vektor $v = (v_1,\ldots,v_p)$ existiert, der 5.3.7 und 5.3.8 befriedigt.

<u>V.3.2 Lemma.</u> Seien $A = (a_{ij})$ und $B = (b_{ij})$ $m \times n$ Matrixen mit

5.3.9
$$a_{ij} < b_{ij} + k \qquad i = 1,\ldots,m;\ j = 1,\ldots,n$$

für ein gewisses k. Dann gilt $\text{Wert}(A) < \text{Wert}(B) + k$.

<u>Beweis.</u> Es sei v der Wert von B und y eine optimale Strategie für II in B. Dann gilt für alle i

$$\sum a_{ij} y_j < \sum b_{ij} y_j + k \sum y_j \leq v + k\,,$$

d.h., y stellt einen Höchstverlust dar, der kleiner ist als $v + k$ in A.

112

<u>V.3.3 Theorem.</u> Es existiert genau ein Vektor $v = (v_1, \ldots, v_p)$, der 5.3.7 und 5.3.8 genügt.

<u>Beweis</u> (Eindeutigkeit). Angenommen, es gibt zwei derartige Vektoren v und w. Sei k die Komponente, für die $|v_k - w_k|$ maximal ist, und sei $v_k - w_k = c > 0$. Wir definieren die beiden Matrizen B_k und $\overline{B}_k$ durch

$$b_{ij}^k = a_{ij}^k + \sum q_{ij}^{kl} v_l$$

$$\overline{b}_{ij}^k = a_{ij}^k + \sum q_{ij}^{kl} w_l \, .$$

Offenbar gilt

$$\left| b_{ij}^k - \overline{b}_{ij}^k \right| \leq \sum q_{ij}^{kl} |v_l - w_l| < c \, ,$$

womit aus Lemma V.3.2 folgt, daß

$$\text{Wert}(B_k) < \text{Wert}(\overline{B}_k) + c$$

ist. Nach Voraussetzung ist aber $v_k - w_k = c$. Dieser Widerspruch beweist die Eindeutigkeit.

<u>Existenz.</u> Wir werden eine Folge von Vektoren konstruieren, die gegen den gewünschten Vektor konvergiert. Dazu definieren wir induktiv:

$$5.3.10 \qquad v^0 = (0, 0, \ldots, 0)$$

$$5.3.11 \qquad b_{ij}^{kr} = a_{ij} + \sum q_{ij}^{kl} v_l^r \qquad r = 1, 2, \ldots$$

$$5.3.12 \qquad v_k^{r+1} = \text{Wert}(B_k^r) = \text{Wert}(b_{ij}^{kr})$$

und haben zunächst die Konvergenz der Folge der Vektoren $v^r = \left(v_1^r, \ldots, v_p^r \right)$ nachzuweisen. Anschließend ist zu zeigen, daß der Grenzwert die gewünschten Eigenschaften 5.3.7 und 5.3.8 hat. Sei nun

$$5.3.13 \qquad s = \max_{k, i, j} \left\{ \sum_{l=1}^{p} q_{ij}^{kl} \right\} \, .$$

Wegen 5.3.3 ist $s < 1$. Setzen wir nun

$$t_r = \max_k \left\{ |v_k^{r+1} - v_k^r| \right\},$$

so sieht man leicht (Lemma V.3.2), daß $t_r \leq st_{r-1}$ und damit $t_r \leq s^r t_0$ gilt. Also ist die Folge der Vektoren v^r eine Cauchy-Folge und konvergiert somit notwendig gegen einen Grenzvektor v. Setzt man nun

$$w_k = \text{Wert}(B_k) = \text{Wert}(b_{ij}^k)$$

mit

$$b_{ij}^k = a_{ij}^k + \sum q_{ij}^{kl} v_l,$$

so sieht man, daß $w_k = v_k$ für alle k gilt. Man kann nämlich für jedes $\varepsilon > 0$ r so groß wählen, daß für alle k

5.3.14 $$|v_k^r - v_k| < \varepsilon/2$$

und

5.3.15 $$|v_k^{r+1} - v_k| < \varepsilon/2$$

erfüllt sind. Mit 5.3.14 und Lemma V.3.2 folgt dann $|v_k^{r+1} - w_k| < \varepsilon/2$ für alle k, was zusammen mit 5.3.15 für alle k

$$|w_k - v_k| < \varepsilon$$

impliziert. Da ε beliebig war, ist $v_k = w_k$ bewiesen.

Der zweite Teil des Beweises von Theorem V.3.3 ist konstruktiv und gestattet daher, den Wert der Spielelemente Γ_k auf einigermaßen effiziente Weise zu approximieren. Wenn wir annehmen, daß das Spiel als stochastisches Spiel bis zur r-ten Runde fortgesetzt und dann abgebrochen wird (wenn es nicht schon beendet ist), so haben wir es eher mit einem Spiel bis zur Erschöpfung zu tun als mit einem stochastischen Spiel (jedenfalls in der abgekürzten Form). Lösen wir dieses Spiel mit Erschöpfung unter Verwendung der Methoden von Abschnitt V.2, so erhalten wir sowohl die Werte v^r als auch die optimalen Strategien für die Matrixspiele B_k^r. Die durch 5.3.13 definierte Zahl s ist so gewählt, daß die Wahrscheinlichkeit für ein Fortdauern des Spiels über die r-te Stufe hinaus für alle Strategien höchstens gleich s^r ist. Für genügend große r kann s^r vernachlässigt werden, so daß wir ein stochastisches Spiel dadurch approximieren können, daß wir es nach r Stufen abbrechen. Genau das leistet unsere Vektorenfolge v^r. Außerdem konvergieren die optimalen Strategien x^{kr} und y^{kr} des verkürzten Spiels gegen optimale stationäre Strategien des stochastischen Spiels.

<u>V.3.4 Beispiel.</u> Spieler I und II besitzen zusammen fünf Einheiten. In jeder Stufe des Spiels entscheidet sich Spieler I zwischen "Kopf" und "Zahl", was auch II tut, ohne das Ergebnis von I zu kennen. Stimmen beide Ergebnisse überein, so zahlt II an I drei oder eine Einheit, je nachdem "Kopf" oder "Zahl" gewählt wurde. Stimmen sie nicht überein, so zahlt I zwei Einheiten an II. Nach jeder Stufe entscheidet ein Münzwurf darüber, ob das Spiel fortgesetzt oder beendet wird. Außerdem kann das Spiel dadurch beendet werden, daß ein Spieler bankrott ist.

Dieses Spiel kann man durch vier Spielelemente Γ_k darstellen, wobei k gleich dem Betrag (Anzahl der Einheiten) ist, den I zu Beginn der betrachteten Stufe besitzt. Und zwar gilt

$$5.3.16 \qquad \Gamma_1 = \begin{pmatrix} 3 + \frac{1}{2}\Gamma_4 & -1 \\ -1 & 1 + \frac{1}{2}\Gamma_2 \end{pmatrix}$$

$$5.3.17 \qquad \Gamma_2 = \begin{pmatrix} 3 & -2 \\ -2 & 1 + \frac{1}{2}\Gamma_3 \end{pmatrix}$$

$$5.3.18 \qquad \Gamma_3 = \begin{pmatrix} 2 & -2 + \frac{1}{2}\Gamma_1 \\ -2 + \frac{1}{2}\Gamma_1 & 1 + \frac{1}{2}\Gamma_4 \end{pmatrix}$$

$$5.3.19 \qquad \Gamma_4 = \begin{pmatrix} 1 & -2 + \frac{1}{2}\Gamma_2 \\ -2 + \frac{1}{2}\Gamma_2 & 1 \end{pmatrix}.$$

Unter Verwendung der induktiven Formeln (5.3.10)-(5.3.12) erhalten wir als erste Approximation die Wertvektoren

$$v^0 = (0, 0, 0, 0)$$
$$v^1 = (.33, -.13, -.29, -.5)$$
$$v^2 = (.26, -.19, -.29, -.53)$$
$$v^3 = (.26, -.19, -.31, -.55)$$
$$v^4 = (.26, -.19, -.32, -.55) \, ,$$

und der Wertvektor v^4 ist bereits bis zur zweiten Stelle korrekt. Wir können nun v^4 zur Bestimmung der optimalen Strategien sämtlicher Spielelemente verwenden, und zwar erhalten wir

$$B_1 = \begin{pmatrix} 2.72 & -1 \\ -1 & .91 \end{pmatrix}$$

$$B_2 = \begin{pmatrix} 3 & -2 \\ -2 & .84 \end{pmatrix}$$

$$B_3 = \begin{pmatrix} 2 & -1.87 \\ -1.87 & .72 \end{pmatrix}$$

$$B_4 = \begin{pmatrix} 1 & -2.10 \\ -2.10 & 1 \end{pmatrix}.$$

Diese Matrixspiele besitzen die optimalen Strategien

$$x^1 = (.34, .66) \qquad y^1 = (.34, .66)$$
$$x^2 = (.38, .62) \qquad y^2 = (.38, .62)$$
$$x^3 = (.40, .60) \qquad y^3 = (.40, .60)$$
$$x^4 = (.50, .50) \qquad y^4 = (.50, .50) .$$

Diese Vektoren liefern die optimalen (stationären) Strategien des stochastischen Spiels.

$\square$

V.4 Rekursive Spiele

Rekursive Spiele bieten, trotz Ähnlichkeiten mit den Spielen bis zur Erschöpfung und den stochastischen Spielen, einige besondere Schwierigkeiten, die dort nicht auftreten. Wie bei den stochastischen Spielen können auch hier Spielelemente (Positionen, Stufen) wiederholt gespielt werden. Die Wahrscheinlichkeiten für die Beendigung des Spiels in einer Stufe kann - wie bei den Spielen mit Erschöpfung - gleich Null sein. Dadurch kann eine unendlich lange Spieldauer eine positive Wahrscheinlichkeit besitzen. Um endliche Auszahlungswerte zu sichern, wird gewöhnlich vereinbart, daß nur bei Beendigung ausgezahlt wird. Außerdem kann auch eine Auszahlung a für den Fall eines niemals endenden Spiels vereinbart werden.

116

Im Gegensatz zu den stochastischen Spielen liegt die prinzipielle Schwierigkeit dieser
Spiele darin, daß eine Approximation durch Abkürzung gewöhnlich nicht zulässig ist.
Da hier unendliche Spiele eine positive Wahrscheinlichkeit besitzen, gibt es keine natürliche Zahl r derart, daß die durch die Abkürzungen nach r Schritten entstehenden
Auswirkungen vernachlässigt werden können. Darüber hinaus hat das 5.3.7 und 5.3.8
entsprechende Gleichungssystem keine eindeutige Lösung mehr, weil die Ungleichung
5.3.3 durch die schwächere Bedingung

5.4.1
$$\sum_{l=1}^{p} q_{ij}^{kl} \le 1$$

ersetzt wird. Entsprechend konvergiert die Folge der Vektoren v^r aus Theorem V.3.3
nicht notwendig gegen den wahren Wert des Spiels. Wir geben ein Beispiel eines rekursiven Spiels mit dem einzigen Spielelement

5.4.2
$$\Gamma = \begin{pmatrix} \Gamma \\ -1 \end{pmatrix}.$$

In diesem Falle sind die Werte v^1, v^2 usw. sämtlich gleich v^2, wenn $v^0 \ge -1$ gesetzt
wird, und sämtlich gleich -1 für $v^0 \le -1$. Wenn also die Folge der Werte konvergiert,
so konvergiert sie doch nicht notwendig gegen den wahren Wert des Spiels, der offenbar
gleich der größeren der beiden Zahlen a_∞ und -1 ist. Um es genau zu sagen, ein rekursives Spiel besteht aus einer endlichen Menge von Spielelementen Γ_k. Diese Elemente
werden durch die Matrizen A_k dargestellt, deren Elemente die Form

5.4.3
$$\alpha_{ij}^{k} = q_{ij}^{k0} a_{ij}^{k} + \sum_{l=1}^{p} q_{ij}^{kl} \Gamma_l$$

haben mit

5.4.4
$$\sum_{l=0}^{p} q_{ij}^{kl} = 1$$

und

5.4.5
$$q_{ij}^{kl} \ge 0.$$

Betrachten wir die Relationen

5.4.6
$$v_k = \text{Wert}(B_k),$$

mit $B_k = \left(b_{ij}^k \right)$ und

5.4.7
$$b_{ij}^k = q_{ij}^{k0} a_{ij}^k + \sum_{l=1}^{p} q_{ij}^{kl} v_l$$

so besitzen diese Relationen immer eine Lösung, die aber gewöhnlich nicht eindeutig ist. Offenbar ist die Funktion

$$f(v_1, v_2, \ldots, v_p) = (\text{Wert}(B_1), \ldots, \text{Wert}(B_p))$$

stetig (und die Lipschitz-Bedingung mit 1 als Konstante ist erfüllt). Liegen ferner alle v_k im Intervall

$$\left[\min_{i,j,k} a_{ij}^k, \quad \max_{i,j,k} a_{ij}^k \right],$$

so gehören alle Elemente b_{ij}^k und damit auch die Werte der Matrizen B_k zu diesem Intervall. Nach dem Brouwerschen Fixpunktsatz existiert also ein Vektor v mit $f(v) = v$. Allerdings könnte es mehrere derartige Vektoren geben. In vielen interessanten Anwendungen ist v aber eindeutig bestimmt. Allgemein ist der Wertvektor derjenige, der der Zahl a_∞ möglichst "nahe" ist. (Vergl. EVERETT [V.6] bzw. MILNOR und SHAPLEY [V.10] wegen der genaueren Behandlung sowie der Beweise). Schließlich sei bemerkt, daß nicht notwendig optimale, sondern nur ε-optimale Strategien existieren. Nähern sich Strategien den optimalen, so kann die erwartete Länge des Spiels über alle Grenzen wachsen. Also enthält die Erwartung eine Unstetigkeit, die von v bis a_∞ variiert, wenn die Grenzstrategie approximiert wird. Wir geben das folgende Beispiel von EVERETT [V.6] an, um einige dieser Schwierigkeiten zu erläutern (das Spiel ist vom Typ der sogenannten Blotto-Spiele, deren Bezeichnung auf Oberst Blotto zurückgeht).

V.4.2 Beispiel. Oberst Blotto besitzt drei Einheiten und muß einen feindlichen Vorposten, der von zwei Einheiten verteidigt wird, einnehmen. Er muß dabei vorsichtig vorgehen, damit der Feind nicht sein eigenes Lager besetzt, während er den feindlichen Vorposten angreift. Ein Angreifer benötigt, um erfolgreich zu sein, jeweils eine Einheit mehr als die Verteidiger. Ist der Angreifer nicht stark genug, so zieht er sich einfach in sein eigenes Lager zurück, und das Spiel wiederholt sich am folgenden Tag. Die Auszahlung beträgt + 1, wenn Blotto den feindlichen Vorposten einnimmt, ohne dabei seine eigene Stellung zu verlieren. Sie ist gleich - 1, wenn der Feind Blottos Stellung einnimmt. Angenommen die Auszahlung ist bei unendlicher Wiederholung gleich Null. Dieses rekursive Spiel kann durch ein einziges Spielelement dargestellt werden. Die

118

Strategien bezüglich Γ entsprechen der Aufteilung der Kräfte in Angreifer und Verteidiger. Also hat Blotto vier Strategien, die 0, 1, 2 und 3 angreifenden Einheiten entsprechen, während sein Gegenüber entsprechend über drei Strategien verfügt. Die Matrix des Spiels hat die Form

$$
5.4.8 \qquad \begin{pmatrix} \Gamma & \Gamma & \Gamma \\ \Gamma & \Gamma & 1 \\ \Gamma & 1 & -1 \\ 1 & -1 & -1 \end{pmatrix}.
$$

Der Wert ist - wie man leicht sieht - gleich + 1. Blottos ε-optimale Strategie ist von
der Form $(0, 1 - \delta - \delta^2, \delta, \delta^2)$. Je kleiner δ ist, um so größer ist die Wahrscheinlichkeit für einen Sieg Blottos, und um so größer ist die erwartete Länge des Spiels. Also
scheint Geduld äußerst wichtig zu sein. Ist aber $\delta = 0$, so wird das Spiel unendlich oft
wiederholt. Somit besitzt Blotto keine optimale Strategie.

Verallgemeinerungen

Verallgemeinerungen rekursiver und stochastischer Spiele liegen nahe. Einmal könnte
man Auszahlungen auch dann zulassen, wenn das Spiel nicht endet. Dabei entsteht aber
die Schwierigkeit, daß eventuell kein Erwartungswert der Auszahlungsfunktion zu gegebenem Strategienpaar existiert, weil die zugehörige Reihe divergiert oder alterniert.
Im ersten Fall könnte man den Erwartungswert noch gleich unendlich setzen. Im Falle
einer alternierenden Reihe aber ist keine vernünftige Definition denkbar. Eine zweite
Möglichkeit besteht darin, daß die Spielelemente unendlich viele reine Strategien besitzen, d.h. Γ_k könnte ein Spiel über dem Einheitsquadrat oder auch von noch komplizier-
terer Form sein. EVERETT [V.6] zeigte, daß diese Spiele unter vernünftigen Bedingungen auch Werte und ε-optimale Strategien besitzen.

V.5 Differentialspiele

Eine andere mögliche Verallgemeinerung der stochastischen und rekursiven Spiele sind
die Spiele, in denen die Zeitspanne zwischen den Stufen solange abnimmt, bis im Grenz-
fall ein Spiel erreicht wird, bei dem jeder Spieler zu jedem Zeitpunkt einen Zug machen
muß. Da die Züge zu kontinuierlich sind, fordert man natürlich, daß die Spielelemente
während kleiner Zeitintervalle "nur wenig" variieren, d.h., daß die Spielelemente stetig
variieren. Stellt man nun ein Spielelement als Punkt im Euklidischen Raum passender
Dimension dar, so werden die Strategien gewöhnlich als Vorschrift für eine "kleine"
Verschiebung dieser Punkte (Spielelemente) aufgefaßt. Die genaue Definition lautet:

Das Spielelement ist ein n-tupel $(x_1, \ldots, x_n)$ reeller Zahlen, die wir Zustandvariable nennen. Spieler I wählt zu jedem Zeitpunkt ein p-tupel $\varphi = (\varphi_1, \ldots, \varphi_p)$ reeller Zahlen, die gewöhnlich einigen Nebenbedingungen der Form

$$a_i \leq \varphi_i \leq b_i$$

genügen müssen (a_i, b_i seien Konstante). Entsprechend wählt II ein q-tupel $\psi = (\psi_1, \ldots, \psi_q)$. Die Vektoren φ und ψ heißen Kontrollvariable. Die Kontrollvariablen beeinflussen die Bewegung der Zustandsvariablen über ein System von Differentialgleichungen (die sogenannten kinematischen Gleichungen).

$$5.5.1 \qquad \dot{x}_i = f_i(x; \varphi; \psi) \qquad i = 1, \ldots, n \; .$$

Darin bedeute $\dot{x}_i$ die rechtsseitige Ableitung bezüglich der Zeit. Differentialspiele dauern entsprechend den kinematischen Gleichungen solange, bis der Vektor der Zustandsvariablen eine gewisse abgeschlossene Teilmenge C des n-dimensionalen Raumes erreicht, deren Berandung Terminalfläche genannt wird. Bei praktischen Anwendungen kann das etwa bedeuten, daß Spieler I seinem Kontrahenten II so nahe ist, daß er ihn z.B. greifen kann, oder daß eine vorgegebene Zeitspanne beendet ist (wenn ein Spiel aber nach einer bestimmten Zeit enden soll, dann ist die Zeit natürlich auch eine Zustandsvariable). Die Auszahlung kann dann verschiedene Formen haben. Die gebräuchlichsten sind die terminalen und die integralen Auszahlungen, aber auch Kombinationen der beiden kommen vor. Beginnt das Spiel zum Zeitpunkt $t = 0$ und endet bei $t = T$ im Punkt $(y_1, \ldots, y_n)$, dann ist die terminale Auszahlung einfach eine Funktion $G(y_1, \ldots, y_n)$, die auf der Terminfläche des Spiels definiert ist. Eine integrale Auszahlung ist von der Form

$$5.5.2 \qquad \int_0^T K(x_1, \ldots, x_n)\, dt \; .$$

Der allgemeinste Typ der hier behandelten Auszahlungen ist von der Form G plus einem Integral der Form 5.5.2.

Die Hauptgleichung.

Wie bei diskreten mehrstufigen Spielen bestehen die Lösungstechniken von Differentialspielen darin, Spielelemente durch deren Werte zu ersetzen und die rekursiven Gleichungen für diese Werte zu lösen. (Diese Gleichungen sind hier Differentialgleichungen.) Existieren diese Werte, und beginnt ein Spiel im Punkte $x = (x_1, \ldots, x_n)$, so bezeichnen wir seinen Wert mit $V(x_1, \ldots, x_n)$. Wir nehmen an, daß I bzw. II die Kontrollvariablen φ^* bzw. ψ^* zum Zeitpunkt $t = 0$ wählen. Dann befinden sich die Zustandsvariablen nach einem kleinen Zeitintervall der Länge Δt ungefähr in der Position $x + {}^{\backprime}\Delta x$, wobei

$$5.5.3 \qquad \Delta x_i = f_i(x; \varphi^*; \psi^*)\, \Delta t$$

gilt. Hat das Spiel eine integrale Auszahlung, so ist die Gesamtauszahlung für dieses Zeitintervall approximativ gegeben durch

$$5.5.4 \qquad K(x_1, \ldots, x_n)\, \Delta t \;.$$

Das Spiel beginnt erneut im Punkte $x + \Delta x$, der durch 5.5.3 gegeben ist, mit der bereits vorgenommenen Auszahlung 5.5.4. Werden vom Zeitpunkt Δt an optimale Strategien benutzt. so ist die gesamte Auszahlung

$$K(x_1, \ldots, x_n)\, \Delta t + V(x + \Delta x)\;.$$

Wir wissen aber, daß

$$V(x + \Delta x) \cong V(x) + \sum V_i(x)\, \Delta x_i$$

beziehungsweise

$$V(x + \Delta x) \cong V(x) + \sum_{i=1}^{n} V_i(x) f_i(x; \varphi^*; \psi^*)\, \Delta t$$

gilt. Also liefert die Annahme, daß die Kontrollvariablen φ^* und ψ^* zum Zeitpunkt $t = 0$ optimal gewählt wurden, nunmehr

$$V(x) \cong K(x)\, \Delta t + V(x) + \sum V_i(x) f_i(x; \varphi^*; \psi^*)\, \Delta t$$

bzw. für $\Delta t \to 0$

$$5.5.5 \qquad K(x) + \sum V_i(x) f_i(x; \varphi^*; \psi^*) = 0,.$$

was mit

$$5.5.6 \qquad \max_{\varphi} \min_{\psi} \{K(x) + \sum V_i(x) f_i(x; \varphi; \psi)\} = 0$$

äquivalent ist. Die Gleichungen 5.5.5 bzw. 5.5.6 werden Hauptgleichungen genannt. In der Regel kann man die Reihenfolge der beiden Operatoren max und min in Gleichung 5.5.6 ändern; allerdings können in der Praxis niedrigerdimensionale Mengen (singuläre Flächen) vorkommen, wo das nicht geht. Man kommt daher gewöhnlich mit reinen Strategien aus. Randomisierungen sind nur in endlich vielen Punkten einer jeden Runde des Spiels notwendig.

Weggleichungen. Liegt die Hauptgleichung (5.5.5) vor, so kann man (wie bei den Spielen mit Erschöpfung) auf der Terminalfläche beginnend mit Hilfe von Differentialgleichungen "rückwärts" gehen (oben gingen wir mit Hilfe von Differenzengleichungen rückwärts), um zur Lösung zu gelangen. Gegeben sei also

$$K + \sum_i V_i f_i = 0.$$

Differenziert man die linke Seite nach x_j, so erhält man eine Summe aus folgenden Termen:

5.5.7 $\qquad K_j + \sum_i V_i f_{ij} \qquad$ mit $\quad K_j = \dfrac{\partial K}{\partial x_j} \quad$ und $\quad f_{ij} = \dfrac{\partial f_i}{\partial x_j}$

5.5.8 $\qquad\qquad \sum_i \dfrac{\partial V_i}{\partial x_j} f_i$

5.5.9 $\qquad\qquad \sum_{k=1}^{p} \dfrac{\partial}{\partial \varphi_k} (K + \sum_i V_i f_i) \dfrac{\partial \bar\varphi_k}{\partial x_j}$

5.5.10 $\qquad\qquad \sum_{l=1}^{q} \dfrac{\partial}{\partial \psi_l} (K + \sum_i V_i f_i) \dfrac{\partial \bar\psi_l}{\partial x_j}.$

Betrachten wir nun 5.5.9 unter der Annahme der Nebenbedingung, daß die Kontrollvariablen φ_k konstant sind. Wir wissen, daß φ_k entweder ein innerer oder ein Endpunkt des Intervalls ist, das die Nebenbedingung für φ_k ausdrückt. Ist φ_k ein innerer Punkt, dann gilt

$$\dfrac{\partial}{\partial \varphi_k} (K + \sum_i V_i f_i) = 0,$$

weil φ^* gerade so gewählt war, daß die Klammer maximiert wird. Ist dagegen φ_k^* ein Endpunkt, so bleibt es dort fest (mit Ausnahme von Sigularitäten), und es gilt

122

$$\frac{\partial \varphi_K^*}{\partial x_j} = 0 \; .$$

Also verschwindet der ganze Ausdruck 5.5.9. Ebenso verschwindet 5.5.10. Betrachten wir nun 5.5.8. Wegen

$$\frac{\partial V_i}{\partial x_j} = \frac{\partial^2 V}{\partial x_i \, \partial x_j} = \frac{\partial V_j}{\partial x_i}$$

gilt

$$5.5.11 \qquad \sum_i \frac{\partial V_i}{\partial x_j} f_i = \sum_i \frac{\partial V_j}{\partial x_i} \cdot \frac{dx_i}{dt} = \frac{dV_j}{dt} \; .$$

Wir schreiben für die rechte Seite dieser Gleichung kurz $\dot{V}_j$. Addieren wir das zu 5.5.7 und setzen das Ergebnis gleich Null, so liefert das die Gleichungen

$$5.5.12 \qquad \dot{V}_j = - \{ K_j(x; \varphi^*; \psi^*) + \sum_i V_i f_{ij}(x; \varphi^*; \psi^*) \} \; ,$$

die zusammen mit dem System

$$5.5.13 \qquad \dot{x}_j = f_j(x; \varphi^*; \psi^*)$$

Weggleichungen des Differentialspiels genannt werden. Zusammen mit dem Wert der Funktion G als terminaler Bedingung stellen diese 2n Gleichungen die formalen Lösungen des Spiels dar. Manchmal ist es einfacher, mit der rückläufigen Zeit $\tau = H - t$ an Stelle der üblichen Zeit t zu arbeiten (wir haben ja in der Tat keine Anfangs-, sondern terminale Bedingungen für das System 5.5.12 und 5.5.13).

<u>V.5.1 Beispiel.</u> Spieler I und II kontrollieren die Bewegung eines Punktes in der euklidischen Ebene. Beide verleihen ihm je eine Geschwindigkeit, deren Größe von der Position des Punktes abhängt. Auch die Bewegungsrichtung wird von den Spielern kontrolliert. Die resultierende Geschwindigkeit des Punktes ist gleich der Summe der beiden Geschwindigkeitsvektoren. Das Spiel ist beendet, wenn der Punkt die x-Achse erreicht hat. Als Auszahlung dient die Zeit, die zur Beendigung des Spiels notwendig ist, zuzüglich der Größe $x_0^2/8$, wobei x_0 die Abszisse des Punktes ist, bei dem das Spiel endet. Sind nun $u = y$ und $w = x + y$ die Beträge der von Spieler I und II kontrollierten Geschwindigkeiten, so erhalten wir die Bewegungsgleichungen

$$\dot{x} = y \cos \varphi + (x + y) \cos \psi$$

$$\dot{y} = y \sin\varphi + (x+y)\sin\psi$$

und die Auszahlung

$$\int_0^T dt + x_0^2/8 \ .$$

Also gilt $K = 1$ für alle x, y . Natürlich kann Spieler I im Falle $u > w$ das Spiel unendlich ausdehnen. Also interessieren wir uns nur für Punkte im ersten Quadranten. Für dieses Spiel hat die Hauptgleichung die Form

5.5.14 $\qquad y(V_1 \cos\varphi^* + V_2 \sin\varphi^*) + (x+y)(V_1 \cos\psi^* + V_2 \sin\psi^*) = -1$.

Der erste Ausdruck der linken Seite von 5.5.14 wird für

5.5.15 $\qquad\qquad\qquad\qquad \cos\varphi^* = \dfrac{V_1}{\sqrt{V_1^2 + V_2^2}}$

5.5.16 $\qquad\qquad\qquad\qquad \sin\varphi^* = \dfrac{V_2}{\sqrt{V_1^2 + V_2^2}}$

maximiert, während für

5.5.17 $\qquad\qquad\qquad\qquad \cos\psi^* = -\cos\varphi^*$

5.5.18 $\qquad\qquad\qquad\qquad \sin\psi^* = -\sin\varphi^*$

der zweite minimiert wird. Setzen wir diese Werte in 5.5.14 ein, so ergibt sich nach einer Vereinfachung

5.5.19 $\qquad\qquad\qquad\qquad \sqrt{V_1^2 + V_2^2} = \dfrac{1}{x}$.

Damit erhalten wir

$$f_{11} = \cos\psi$$
$$f_{21} = \sin\psi$$
$$f_{12} = \cos\varphi + \cos\psi$$
$$f_{22} = \sin\varphi + \sin\psi \ .$$

124

Setzt man $(5.5.15) - (5.5.19)$ ein, so liefert das die Weggleichungen

$$\dot{V}_1 = \frac{1}{x}$$

$$\dot{V}_2 = 0$$

$$\dot{x} = -x^2 V_1$$

$$\dot{y} = -x^2 V_2 \, .$$

Verwenden wir an Stelle der üblichen die rückläufige Zeit $\tau = T - t$, so erhalten wir die rückläufigen Weggleichungen

$$\overset{\circ}{V}_1 = -\frac{1}{x}$$

$$\overset{\circ}{V}_2 = 0$$

$$\overset{\circ}{x} = x^2 V_1$$

$$\overset{\circ}{y} = x^2 V_2$$

mit $\overset{\circ}{V}_1 := \partial V_1 / \partial \tau$ usw.. Die Anfangsbedingungen lauten nun entsprechend für $\tau = 0$

$$x = x_0 \, ; \quad y = 0$$

$$V_1 = \frac{1}{4} x_0 \, ; \quad V_2 = \sqrt{\frac{1}{x_0^2} - \frac{x_0^2}{16}} \, .$$

Also folgt notwendig $x_0 \leq 2$. Das bedeutet, daß keiner der Wege in einem Punkt mit $x_0 > 2$ endet. Die Ableitung von $\overset{\circ}{V}_1$ nach τ liefert

$$\overset{\circ\circ}{V}_1 = \frac{1}{x^2} \overset{\circ}{x} = V_1$$

mit der Lösung

$$V_1 = C_1 e^{\tau} + C_2 e^{-\tau} \, .$$

Daraus folgt wiederum

$$x = \frac{1}{C_2 e^{-\tau} - C_1 e^{\tau}} \, .$$

Setzt man nun $x_0 = a$, dann kann man die Anfangsbedingungen einsetzen und erhält

5.5.20
$$x = \frac{8a}{(4+a^2)e^{-\tau} + (4-a^2)e^{\tau}}$$

$$V_1 = \frac{4+a^2}{8a} e^{-\tau} - \frac{4-a^2}{8a} e^{\tau} \ .$$

Zur Bestimmung von y bemerken wir, daß

$$\frac{\overset{\circ}{y}}{\overset{\circ}{x}} = \frac{V_2}{V_1}$$

gilt, was wegen der Konstanz von V_2 auf dem optimalen Weg

$$\frac{dy}{dx} = \frac{V_2(0)}{V_1}$$

liefert. Da aber $V_2(0)$ gegeben ist und V_1 als Funktion von x bestimmt werden kann, erhalten wir

$$\frac{dy}{dx} = \frac{x}{\sqrt{\dfrac{16a^2}{16-a^4} - x^2}}$$

mit der Lösung

$$y = C_3 - \sqrt{\frac{16a^2}{16-a^4} - x^2} \ ,$$

die für $y = 0$, $x = a$ C_3 liefert. Es folgt schließlich

$$y = \frac{a^3 \pm \sqrt{16a^2 - 16x^2 + a^4 x^2}}{\sqrt{16-a^4}}$$

und äquivalent damit

5.5.21
$$x^2 + \left(y - \frac{a^3}{\sqrt{16-a^4}} \right)^2 = \frac{16a^2}{16-a^4} \ .$$

Also ist der optimale Weg ein Kreis mit dem Mittelpunkt auf der y-Achse (Abb.V.5.1)

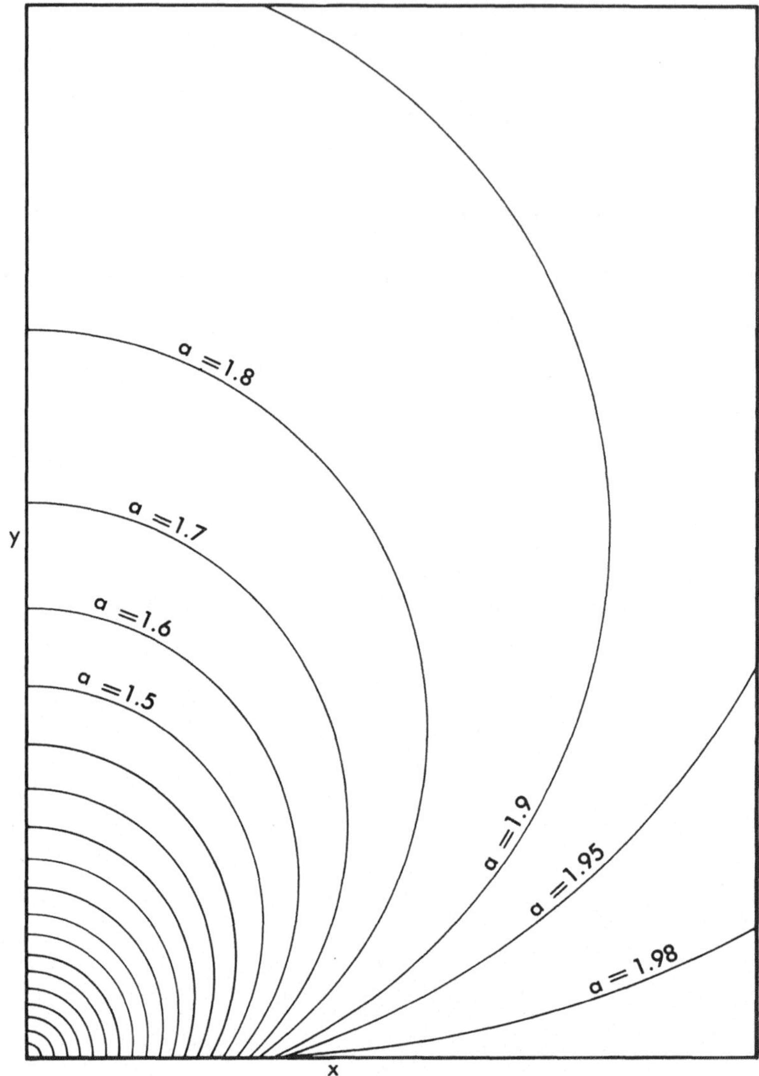

Abb. V.5.1

Der Wert $V(x, y)$ bestimmt sich durch Auflösen von 5.5.21 nach a und 5.5.20 nach τ. Man erhält $V(x, y) = \tau + a^2/8$.

Die optimalen Strategien sind ebenfalls berechenbar: beide Spieler versuchen, stets der Tangente des Kreises 5.5.21 zu folgen. Spieler I (der Maximierende) drängt immer aufwärts (von der x-Achse weg), während Spieler II nach unten (in Richtung auf die x-Achse) drückt.

Aufgaben

1. Man zeige, daß der Wertvektor rekursiver Spiele durch 5.3.7 nicht eindeutig bestimmt ist, und daß darüber hinaus die Methode der sukzessiven Approximation, die für stochastische Spiele verwendet wurde, nicht notwendig Konvergenz gegen den wahren Wertvektor erzeugt.

   Man verwende dazu das rekursive Spiel mit den beiden Elementen

$$\Gamma_1 = (-10) \qquad \Gamma_2 = \begin{pmatrix} +20 & \Gamma_1 \\ \Gamma_1 & +20 \\ \Gamma_2 & \Gamma_2 \end{pmatrix} .$$

2. Man verallgemeinere diese Resultate über rekursive Spiele auf solche Spiele, bei denen nach jeder Runde eine Auszahlung erfolgt, sofern das Spiel niemals endet.

   a) Eine "Falle" ist ein Spielelement bzw. eine Menge von Spielelementen mit folgenden Eigenschaften: Ist das Spiel einmal in eines der Elemente der Falle gelangt, so liefert das einem der Spieler die Möglichkeit, es in der Falle zu halten, Auszahlungen zu akkumulieren und unbeschränkte Erwartungswerte für die gesamte Auszahlung zu erzwingen. Man zeige, daß das Spiel mit den drei Elementen

$$\Gamma_1 = \begin{pmatrix} \Gamma_2 & 10 & \Gamma_3 \\ -10 & 0 & -10 \\ \Gamma_3 & 10 & \Gamma_2 \end{pmatrix}$$

$$\Gamma_2 = (\Gamma_2 + 1) \qquad \Gamma_3 = (\Gamma_3 - 2) ,$$

   das Fallen besitzt, keinen Fixpunkt der Wertefunktion 5.3.7 besitzt.

   b) Ein Spiel ohne Fallen mit nur nicht-negativen Auszahlungen besitzt einen Wert.

   c) Ein Spiel mit positiven und negativen Auszahlungen ohne Fallen besitzt nicht notwendig einen Wert. Man gebe dazu ein Beispiel. (Der "Wert" kann z.B. unter den "besten" Strategien oszillieren)

3. Man zeige, daß ein rekursives Spiel mit kontinuierlicher Zeit keinen Wert zu besitzen braucht, und zwar auch dann nicht, wenn die Funktionalgleichung 5.3.7 eine eindeutige Lösung besitzt. Man betrachte dazu das Spiel mit dem einzigen Spielelement

$$\Gamma = \begin{pmatrix} 0 & 1 & -1 \\ -1 & 0 & 1 \\ 1 & -1 & \Gamma \end{pmatrix},$$

das während eines gegebenen Zeitintervalls gespielt wird und dann endet. Jeder Spieler wählt einen Zeitpunkt für seine Handlung. Bis zu diesem spielt er ständig seine dritte reine Strategie.

4. Die Untersuchung der Differentialspiele beinhaltet nicht nur die Weggleichungen 5.5.12, sondern auch das Studium der sogenannten singulären Flächen. Man betrachte das Spiel in der Halbebene $y \geq 0$ mit der Terminalfläche $y = 0$ und der Auszahlung

$$G(x^*) = \frac{1}{1 + x^2}.$$

Die Bewegungsgleichungen mögen die Form

$$\dot{x} = \varphi(1 + 2\sqrt{|x|}) + \psi$$
$$\dot{y} = -1$$

haben. Die Kontrollvariablen φ und ψ mögen nur Werte aus dem Intervall $[0,1]$ annehmen. Man zeige, daß die y-Achse eine singuläre Fläche ist in dem Sinne, daß optimale Wege eine Familie von Kurven bilden, die auf der y-Achse beginnen. (Wo treffen sich zwei optimale Wege?) Was kann man über die Punkte auf der y-Achse aussagen?

5. Es erscheint durchaus vernünftig anzunehmen, daß jedes Differentialspiel mit integraler oder kontinuierlicher Auszahlung für feste Strategien eine Lösung hat. Dabei muß man aber möglicherweise niedrigerdimensionale Mengen (singuläre Flächen) ausnehmen. Man zeige, daß diese Vermutung falsch ist.

Man betrachte dazu ein auf der Halbebene $y \geq 0$ gespieltes Spiel mit der Terminalfläche $y = 0$ und der integralen Auszahlung $\int x\,dt$, dessen Bewegungsgleichungen die Form

$$\dot{x} = (\psi - \varphi)^2$$
$$\dot{y} = -1$$

haben. Dabei seien φ, ψ wie oben auf das Intervall $[0,1]$ beschränkt. Man zeige, daß bei Verwendung reiner Strategien für beliebigen Anfangspunkt (x_0, y_0) die Ungleichungen

$$v_1 \leq x_0 y_0$$

$$v_{11} \geq x_0 y_0 + \frac{1}{8} y_0^2$$

für die Werte erfüllt sind. Also besitzt das Spiel keine Lösung in reinen Strategien, sofern $y > 0$ gilt (außerdem besitzt es überhaupt keine optimalen Wege).

6. Ein Differentialspiel habe nun zwei mögliche Ausgänge etwa "Gewinn" oder "Verlust" (für Spieler I). Also können wir uns die Terminalfläche in zwei Mengen $\mathfrak{w}$ und $\mathcal{L}$ zerlegt denken, die durch eine $(n-2)$-dimensionale Mannigfaltigkeit $\mathcal{K}$ getrennt werden. Spieler I versucht, das Spiel in $\mathfrak{w}$ enden zu lassen. Spieler II versucht dasselbe für $\mathcal{L}$. Gewöhnlich wird der Spielraum R^n in zwei Teile zerlegt, die man Gewinnzone (GZ) und Verlustzone (VZ) nennt. Diese Zerlegung hat die Eigenschaft, daß Spieler I das Ende in $\mathfrak{w}$ erzwingen kann, wenn das Spiel sich in einem Punkt von GZ befindet. Ist es aber in einem Punkt von VZ, so kann II das Ende in $\mathcal{L}$ erzwingen. Diese beiden Teile werden gewöhnlich durch eine Fläche η getrennt, die $\mathcal{C}$ entlang $\mathcal{K}$ schneidet.

a) Unter der Annahme, daß η glatt ist, zeige man daß der Normalvektor $(\nu_1, \nu_2, \ldots, \nu_n)$ auf η die Gleichung

$$\max_{\varphi} \min_{\psi} \sum \nu_i f_i(x, \varphi, \psi) = 0$$

erfüllt. (ν ist auf GZ hin gerichtet.) Man bestimme, ähnlich 5.5.12, ein System von Weggleichungen für diese Spiele (oder "rückwirkende" Weggleichungen).

b) Wir betrachten das folgende Spiel: Spieler I und II kontrollieren die Bewegung der Punkte P bzw. E in der oberen Halbebene des R^2. Beide Punkte können sich in beliebiger Richtung und zwar mit den Geschwindigkeiten 1 (für P) und $w < 1$ (für E) bewegen. Das Spiel endet mit einem Sieg für I, wenn die Strecke $\overline{PE}$ kleiner ist als ein vorgegebenes d. Es endet mit einer Niederlage für I, wenn E die Gerade $y = 0$ erreicht.

c) Seien (x_1, y_1) bzw. (x_2, y_2) die Koordinaten von P bzw. E und φ, ψ die Kontrollvariablen. Man gebe die Bewegungsgleichungen für dieses Spiel an und charakterisiere die Menge $\mathcal{K}$.

d) Man löse dieses Spiel.

Kapitel VI
Nutzentheorie

VI.1 Ordinaler Nutzen

Einführung

In den vier vorangegangenen Kapiteln wurde stillschweigend angenommen, daß zwei
Spieler entgegengesetzte Interessen haben. Diese Annahme ist jedoch nicht immer sinnvoll, da sogar in einem abgeschlossenen System, in dem der eine genau das gewinnt,
was der andere verliert, das Interesse der Spieler nicht unbedingt entgegengesetzt sein
muß. Wenn nämlich der eine Spieler ein reicher Philantrop und der andere ein armer
Mann ist, könnte es sein, daß der erste Spieler den zweiten gewinnen läßt. Man sollte
demnach in einem solchen Fall nicht das Geld, sondern den Nutzen, der allerdings manchmal durch Geld gemessen wird, als Auszahlung betrachten. Nicht-monetäre (sagen wir
ideelle) Gründe könnten ein Spiel für einen Spieler sehr wertvoll, für einen anderen
wertlos machen. Es muß also das Konzept des persönlichen Wertes, oder besser des
persönlichen Nutzens erörtert werden.

Betrachten wir die Tatsache, daß eine Person bestimmte Ereignisse anderen vorzieht
und wieder anderen gegenüber indifferent ist. Daraus leiten sich die zwei Relationen,
"p" und "i" ab, deren Definitionsbereich das Produkt der Menge der Ereignisse mit
sich ist. Die Ereignisse bezeichnen wir mit A, B, C ... .

VI.1.1 Definition. Gegeben seien zwei Ereignisse A und B. Wir schreiben $A\,p\,B$, wenn
A gegenüber B präferiert wird. Wir schreiben $A\,i\,B$, wenn $A\,\not{p}\,B$ und $B\,\not{p}\,A$ [1].

VI.1.2 Nutzenaxiome. Die Relationen "p" und "i" erfüllen die folgenden Axiome:

6.1.2.1   Gegeben seien zwei Ereignisse A und B, dann muß genau eine der folgenden
        Relationen erfüllt sein:

---

[1] $A\,\not{p}\,B$ bedeutet Negation von $A\,p\,B$

$$(\alpha) \quad A\,p\,B$$
$$(\beta) \quad B\,p\,A$$
$$(\gamma) \quad A\,i\,B$$

6.1.2.2		A i A	für alle	A			
6.1.2.3	wenn	A i B ,	dann	B i A			
6.1.2.4	wenn	A i B	und	B i C ,	dann	A i C	
6.1.2.5	wenn	A p B	und	B p C ,	dann	A p C	
6.1.2.6	wenn	A p B	und	B i C ,	dann	A p C	
6.1.2.7	wenn	A i B	und	B p C ,	dann	A p C .	

Die Axiome 2, 3 und 4 definieren i als Äquivalenzrelation. Axiom 5 (zusammen mit 1) besagt, daß p eine Ordnungsrelation ist. Axiome 6 und 7 ergeben die Transitivität von p gegenüber i .

Grundsätzlich induzieren die Axiome VI.1.2 eine schwache lineare Ordnung der Ereignisse und zwar von dem am stärksten bis zu dem am wenigsten gewünschten Ereignis. Es ist nun plausibel anzunehmen, daß das Ereignis A , das dem Ereignis B vorgezogen wird, für die betreffende Person einen größeren Nutzen als B hat.

Auf Grund der Axiome kann man von zwei Ereignissen A und B , für die nicht A i B gilt, stets das mit dem größeren Nutzen ermitteln. Die Axiome gestatten jedoch keine Aussage über den "Größenunterschied" der Nutzen von A und B . Für bestimmte Probleme bedeutet das keinen Nachteil (beispielsweise dann, wenn nur danach gefragt ist, welches Ereignis ein Individuum auswählt). Ist jedoch mit der Wahl ein Risiko eingeschlossen, interssiert man sich sehr wohl für die "Differenz der Nutzen" zweier Ereignisse und nicht nur dafür, welches der Ereignisse ein Individuum vorzieht. Wenn beispielsweise eine Person zwischen dem Ereignis B einerseits und einer Lotterie andererseits sich entscheiden muß, die die Ereignisse A oder C mit gleicher Wahrscheinlichkeit liefert, und wenn weiterhin A p B p C gilt, dann ist festzustellen, ob die Möglichkeit des Gewinns groß genug ist, das Risiko eines Verlustes (C tritt ein) aufzuwiegen.

Die Annahme, daß der Nutzen eines bestimmten Gutes liniear ist (beispielsweise die direkte Proportionalität des Nutzens zur Menge eines Gutes) würde die Schwierigkeiten beheben. Man benötigte dann also nur die Höhe der Seitenzahlung, die den Spieler veranlaßt, A zugunsten von B bzw. B zugunsten von C fallenzulassen. Leider hat kein Gut diese Eigenschaft (nicht einmal Geld).

Doch werden wir zeigen, daß man ein solches Gut als Modell so lange verwenden kann, wie man nicht versucht, es zu kaufen, zu transferieren oder zu zerstören.

VI.2 Lotterie

Wir erwähnten bereits, daß wir hauptsächlich im Falle von Risikosituationen von einer
Nutzenbetrachtung Gebrauch machen wollen.

Entscheidungen bei Risiko hängen wesentlich mit dem Konzept der Lotterie zusammen.

<u>VI.2.1 Definition.</u> Es seien A und B zwei beliebige Ereignisse und r eine relle Zahl
mit $0 \leq r \leq 1$. Dann heißt $rA + (1-r)B$ eine Lotterie mit zwei möglichen Ausgängen A
und B, deren Wahrscheinlichkeiten r bzw. $(1-r)$ sind.

Auf ähnliche Weise kann eine Lotterie mit drei oder mehr möglichen Ausgängen definiert
werden. Offenbar ist eine Lotterie selbst ein Ereignis, und kann es auch eine Lotterie
geben, die als eine ihrer Ausgänge eine weitere Lotterie liefert. Weiterhin genügen alle
Ereignisverknüpfungen, die durch eine Lotterie definiert sind, den gewöhnlichen Ge-
setzen der Arithmetik und Algebra. Es gelten folgende Axiome

$$6.2.1 \qquad rA + (1-r)B = (1-r)B + rA$$

$$6.2.2 \qquad rA + (1-r)\{sB + (1-s)C\}$$
$$= rA + (1-r)sB + (1-r)(1-s)C$$

$$6.2.3 \qquad rA + (1-r)A = A \ .$$

Die Bedeutung von 6.2.1 (Kommutativität) ist leicht einzusehen. Axiome 6.2.2 und
6.2.3 (Distributivgesetz) beinhalten verschiedene Möglichkeiten der Durchführung der
Lotterie. Entscheidend sind nur die Wahrscheinlichkeiten der möglichen Ausgänge. Auf
die Reihenfolge, in der Lotterien gespielt werden, kommt es nicht an.

In der Lotterie $rA + (1-r)B$ ist es ohne Bedeutung, wenn A durch C ersetzt wird, sofern $A i C$ gilt. Daraus begründen sich die weiteren Axiome

$$6.2.4 \qquad \text{Für } A i C \text{ gilt bei beliebigen r und B}$$
$$\{rA + (1-r)B\} i \{rC + (1-r)B\} \ .$$

$$6.2.5 \qquad \text{Aus } A p C \text{ folgt für beliebige } r \geq 0 \text{ und beliebiges B}$$
$$\{rA + (1-r)B\} p \{rC + (1-r)B\} \ .$$

Offenbar ist für $r = 1$ die Lotterie $rA + (1-r)B$ mit dem Ereignis A identisch, während
sie für $r = 0$ mit B zusammenfällt. Es erscheint ferner sinnvoll, daß eine sehr kleine
Änderung von r ebenfalls eine nur sehr kleine Änderung des Lotterienutzens bewirkt
(was auch immer mit "Lotterienutzen" gemeint sein mag). Dies führt - zusammen mit
dem Mittelwertsatz für stetige reellwertige Funktionen - auf das folgende

<u>VI.2.2 Axiom</u>. (Stetigkeitsaxiom) Es seien A, B und C beliebige Ereignisse mit $A\,p\,C\,p\,B$. Dann existiert ein $r \in [0,1]$ mit

$$\{rA + (1 - r)B\}iC \ .$$

Wegen $A\,p\,C\,p\,B$ sind in $\{rA + (1-r)B\}iC$ offenbar die Fälle $r = 1$ und $r = 0$ auszuschließen, weil sonst $A\,i\,C$ bzw. $B\,i\,C$ gelten würde im Widerspruch zu $A\,p\,C\,p\,B$.

<u>VI.2.3 Theorem</u>. Aus $A\,p\,C\,p\,B$ und

$$\{rA + (1-r)B\}iC$$

folgt $0 < r < 1$. Außerdem ist r eindeutig bestimmt.

<u>Beweis</u>. Es bleibt die Eindeutigkeit zu zeigen. Sei dazu $s \in [0,1]$ und $s < r$. Dann ist $0 < r - s < 1 - s$. Aus

$$B = \left\{ \frac{r-s}{1-s} B + \frac{1-r}{1-s} B \right\}$$

und $A\,p\,B$ folgt

$$\left\{ \frac{r-s}{1-s} A + \frac{1-r}{1-s} B \right\}pB \ ,$$

und damit

$$rA + (1-r)B = sA + (1-s) \left\{ \frac{r-s}{1-s} A + \frac{1-r}{1-s} B \right\} \ .$$

Mit 6.2.5 erhält man schließlich den Widerspruch

$$\{rA + (1-r)B\}p\,\{sA + (1-s)B\} \ .$$

Also ist r eindeutig bestimmt. $\quad\square$

Die Axiome, die bisher gefordert wurden, sind nun bereits hinreichend zur Konstruktion von Nutzenfunktionen. Wir betrachten zwei Fälle. Angenommen ein Individuum ist indifferent gegenüber allen Ereignissen A und B, d.h., es gilt $A\,i\,B$ für beliebige Ereignisse A und B. Ohne zu fragen, ob eine solche Person überhaupt existiert, stellen wir fest, daß dies der triviale Fall ist, bei dem alle Ereignisse für diese Person den gleichen Nutzen haben. Jede konstante Funktion könnte als Nutzenfunktion verwendet werden. Mit dem zweiten Fall beschäftigen wir uns im folgenden Theorem. (Das Theorem gilt übrigens für beide Fälle.)

__VI.2.4 Theorem.__ Es existiert eine Funktion, die die Menge aller Ereignisse in die Menge der reellen Zahlen abbildet, so daß für beliebige Ereignisse A, B und $r \in [0,1]$ gilt.

6.2.6
$$u(A) > u(B) \quad \text{dann und nur dann, wenn } A \, p \, B$$

und

6.2.7
$$u(rA + (1-r)B) = ru(A) + (1-r)u(B)$$

Ein solches u ist bis auf lineare Transformationen eindeutig; d.h., für jede Funktion v, die 6.2.2 und 6.2.7 erfüllt, gilt

6.2.8
$$v(A) = \alpha u(A) + \beta$$

mit reellen $\alpha > 0$ und β.

__Beweis.__ (Existenz) Wenn für alle A und B $A \, i \, B$ gilt, so kann $u(A) = 0$ gesetzt werden. Angenommen es existieren zwei Ereignisse E_1 und E_0 mit $E_1 \, p \, E_0$. Dann gibt es wegen Axiom VI.1.2 für ein beliebiges A die fünf Möglichkeiten

6.2.9

   (a) $A \, p \, E_1$

   (b) $A \, i \, E_1$

   (c) $E_1 \, p \, A \, p \, E_0$

   (d) $A \, i \, E_0$

   (e) $E_0 \, p \, A$.

Wir definieren zuerst $u(E_1) = 1$ und $u(E_0) = 0$ und erklären $u(A)$ für die fünf möglichen Fälle.

Im Fall (a) gilt $A \, p \, E_1 \, p \, E_0$. Wegen des Stetigkeitsaxioms existiert ein r mit $r \in (0,1)$, so daß

$$\{rA + (1-r)E_0\} \, i \, E_1 \; .$$

Also setzt man

6.2.10 (a)
$$u(A) = 1/r \; .$$

Für Fall (b) ergibt sich

6.2.10 (b) $u(A) = 1$.

Im Fall (c) existiert genau ein $s \in (0,1)$ mit

$$\{sE_1 + (1-s)E_0\}\,i\,A .$$

Also setzt man

6.2.10 (c) $u(A) = s$.

Für (d) ist leicht einzusehen, daß

6.2.10 (d) $u(A) = 0$

gesetzt werden muß. Schließlich gibt es für (e) genau ein t mit $t \in (0,1)$ mit

$$\{tA + (1-t)E_1\}\,i\,E_0 .$$

Also ist

6.2.10 (e) $u(A) = \dfrac{t-1}{t}$

zu setzen.

Wir haben also eine Funktion $u(A)$ für alle Ereignisse A definiert, und es bleibt zu zeigen, daß sie 6.2.2 und 6.2.7 erfüllt.

Dieser Beweis ist in der Tat sehr umfangreich. Wir werden die Behauptung nur für den Fall beweisen, daß beide Ereignisse A und B dem Fall (c) entsprechen. Der Beweis der restlichen 14 Fälle ist analog zu führen.

Angenommen also, sowohl A als auch B gehören zum Fall (c) und $u(A) = s_1$, $u(B) =$ $= s_2$. Wenn s_1 gleich s_2 ist, sind A und B äquivalent (in der Relation i) zu der Lotterie $s_1E_1 + (1-s_1)E_0$, und daher gilt $A\,i\,B$. Für $s_1 > s_2$ gilt wie im Beweis von VI.2.3

$$\{s_1E_1 + (1-s_1)E_0\}\,p\,\{s_2E_1 + (1-s_2)E_0\}$$

und damit auch $A\,p\,B$. Aus $s_2 > s_1$ folgt $B\,p\,A$ auf ähnliche Weise. Damit ist nachgewiesen, daß u die Bedingung 6.2.6 erfüllt.

Zum Nachweis von 6.2.7 sei $r \in (0,1)$. Dann folgt aus den Relationen

$$A i\{s_1 E_1 + (1-s_1)E_0\}$$

und

$$B i\{s_2 E_1 + (1-s_2)E_0\}$$

wegen 6.2.4

$$\{rA + (1-r)B\}i\{r[s_1 E_1 + (1-s_1)E_0] + (1-r)[s_2 E_1 + (1-s_2)E_0]\}.$$

Aus

$$\{rA + (1-r)B\}i\{[rs_1 + (1-r)s_2]E_1 + [r(1-s_1) + (1-r)(1-s_2)]E_0\}$$

folgt

$$u(rA + (1-r)B) = rs_1 + (1-r)s_2$$

und

$$u(rA + (1-r)B) = ru(A) + (1-r)u(B).$$

Also ist 6.2.7 erfüllt.

Jetzt muß also nur noch gezeigt werden, daß u bis auf lineare Transformationen eindeutig ist. Es sei also v eine beliebige Funktion, die 6.2.6 und 6.2.7 erfüllt. Wegen $E_1 p E_0$ gilt $v(E_1) > v(E_0)$, so daß man

$$\beta = v(E_0)$$

und

$$\alpha = v(E_1) - v(E_0) > 0 \qquad \text{schreiben kann.}$$

Angenommen, es gilt $E_1 p A p E_0$. Aus $u(A) = s$ folgt dann

$$A i\{s E_1 + (1-s)E_0\},$$

und daraus

$$v(A) = v(s E_1 + (1-s)E_0)$$
$$v(A) = s v(E_1) + (1-s)v(E_0)$$
$$v(A) = s(\alpha + \beta) + (1-s)\beta = s\alpha + \beta$$
$$v(A) = \alpha u(A) + \beta.$$

Für die anderen Fälle (a, b, c, d) beweist man 6.2.8 ähnlich.

Wir haben also die Existenz einer Nutzenfunktion nachgewiesen. Die Tatsache, daß die Funktion nicht eindeutig bestimmt ist, schränkt die Betrachtungsweise nicht allzusehr ein. Der Unterschied zwischen zwei Nutzenfunktionen besteht nur in der Wahl des Nullpunktes und der Skaleneinheit, also ein Unterschied, der etwa dem zwischen den Temperaturskalen von Celsius und Fahrenheit entpsricht. Laut Definition ist die Nutzenfunktion bei Lotterien linear (Gleichung 6.2.7). Die Tatsache, daß in einer Lotterie mit zwei Ausgängen dem einen Ausgang eine beliebige Wahrscheinlichkeit zugeordnet werden kann, bedeutet, daß der Wertevorrat der Nutzenfunktion eine konvexe Teilmenge der reellen Achse also ein Intervall ist. Es gibt 11 Typen von Intervallen. Eines davon ist die leere Menge. Andere bestehen aus einem einzigen Punkt (das ist der oben behandelte triviale Fall einer vollständig indifferenten Person). Damit bleiben noch neun andere Fälle. Die Frage, welches dieser Intervalltypen der passende Nutzenraum für eine bestimmte Person ist, bleibt offen.

VI.3 Güterbündel

Die hier behandelte Nutzenfunktion ordnet jedem Ereignis einen Nutzen zu. Dies ist auch notwendig, da die Spieler durchaus zwischen allen Arten von Ereignissen entscheiden können. Vom ökonomischen Standpunkt aus ist die Anwendung der Nutzentheorie in erster Linie eine Frage des Besitzes von Gütern.

Es seien n sogenannte Basisgüter gegeben. Diese sind im Besitz verschiedener Personen in verschiedenen Mengen. Die Mengen $q_1, q_2, \ldots, q_n$ dieser Güter, die einer Person (oder einer Gruppe von Personen) gehören, schreibt man gewöhnlich in Vektorform $q = (q_1, \ldots, q_n)$. Diesen n-dimensionalen Vektor nennt man Güterbündel. Das n-Tupel $(q_1, \ldots, q_n)$ interpretieren wir auch als Ereignis der Form "Besitz von q". Es soll nun eine Nutzenfunktion auf der Menge der Güterbündel definiert werden. Jedoch muß hier ein Vorbehalt gemacht werden. Wir müssen nämlich zwischen der Lotterie

$$rq' + (1-r)q'' ,$$

die q' und q'' als mögliche Ausgänge mit der Wahrscheinlichkeit r bzw. $(1-r)$ liefert, und dem Bündel q, das durch

$$q_j = rq_j' + (1-r)q_j'' \qquad j = 1, \ldots, n$$

definiert ist, und als festes Bündel und nicht als Lotterie aufgefaßt werden muß, unterscheiden. Beispielsweise könnte q' aus zwei Automobilen ohne Reifen und q'' aus 10 Reifen bestehen. Für $r = \frac{1}{2}$ wird das Bündel q von den meisten Leuten gegenüber der Lotterie $rq' + (1-r)q''$ präferiert.

Es ist einleuchtend, von der Nutzenfunktion Monotonie zu fordern, d.h., aus $q' \geq q$ sollte $u(q') \geq u(q)$ folgen. Oftmals verlangt man die Stetigkeit der Funktion u und die Stetigkeit ihrer ersten und zweiten partiellen Ableitung (da sie monoton ist, wird mindestens Stetigkeit und Existenz der ersten partiellen Ableitung fast überall garantiert).

Die partiellen Ableitungen $\frac{\partial u}{\partial q_j} := u_j$ sind die sogenannten Schattenpreise (sie repräsentieren die Preise der Güter in Nutzeneinheiten, die als "gerecht" für das einzelne Gut in einer bestimmten Höhe angesehen werden).

Man sagt, das j-te Gut genügt dem Gesetz vom abnehmenden Grenzertrag, wenn für alle Werte von q

$$u_{jj} = \frac{\partial^2 u}{\partial q_j^2} \leq 0$$

gilt. Die meisten Güter erfüllen dieses Gesetz.

Das i-te Gut heißt substituierbar gegenüber dem j-ten Gut, wenn

$$u_{ij} = \frac{\partial u_i}{\partial q_j} = \frac{\partial^2 u}{\partial q_j \partial q_i} \leq 0 ,$$

d.h., wenn bei einem verringerten Angebot des j-ten Gutes der Schattenpreis des i-ten Gutes wächst. Gewöhnlich gilt $u_{ji} = u_{ij}$, d.h., die Substituierbarkeit ist eine symmetrische Relation.

Die Güter i und j heißen komplementär, wenn

$$u_{ij} = u_{ji} > 0 ,$$

d.h., wenn bei steigendem Angebot eines der Güter der Wert des anderen ebenfalls wächst.

Ein Gut, etwa das n-te, heißt unabhängig, wenn sein Nutzen nicht von den anderen Gütern abhängt, d.h. wenn zwei Funktionen $w = w(q_1, \ldots, q_{n-1})$ und $\varphi = \varphi(q_n)$ existieren, so daß für alle q

$$u(q_1, \ldots, q_n) = w(q_1, \ldots, q_{n-1}) + \varphi(q_n)$$

gilt. Ein unabhängiges Gut wird als Tauschelement benutzt. In einigen Fällen ist die Funktion φ linear. Wenn dies für zwei Personen gilt, sagt man, das n-te Gut ist unter den beiden linear transferierbar. Die Bedeutung eines solchen Falles liegt darin, daß nach geeigneter Wahl der Einheit für den Nutzen zweier Personen ein Übergang dieses Gutes von einer Person zur anderen den Gesamtnutzen der beiden konstant läßt. So können die restlichen n-1 Güter zur Maximierung des Gesamtnutzens aufgeteilt werden. Eine teilweise Übertragung des n-ten Gutes (Seitenzahlung) wird schließlich durchgeführt, um eine Ungerechtigkeit auszugleichen, die möglicherweise durch den ersten Prozeß verursacht worden sein könnte.

VI.4 Absoluter Nutzen

Auf dem Gebiet der Welfare-Ökonomie interessiert man sich dafür, ob eine bestimmte Handlung "einer Person a mehr nützt als sie einer Person b schadet". Dies kann sicher nicht dadurch festgestellt werden, daß man lediglich die Zunahme bzw. Abnahme des Nutzens mißt, weil die Einheit des Nutzens beliebig ist und somit nicht für Vergleiche zwischen Personen herangezogen werden kann. Die Schwierigkeit liegt also darin, daß man keine allgemeingültige Skalierung finden kann, auf der sämtliche Nutzen dieses Problems gemessen werden können.

Nehmen wir jedoch einmal an, die Nutzenbereiche verschiedener Personen sind abgeschlossene Intervalle. Dann kann man als absolutes Maß des Nutzens die Länge dieser Intervalle nehmen. Diese Intervalle können dann mit Hilfe linearer Transformationen auf das Intervall $[0,1]$ abgebildet werden. Es wäre nun sehr einfach, die so skalierten Nutzen miteinander zu vergleichen. Das Problem reduziert sich also auf die Frage, ob der Nutzenbereich einer Person beschränkt ist oder nicht. Diese Frage ist natürlich ungeklärt. ISBELL argumentiert folgendermaßen:

1. Angenommen mein Nutzenbereich ist nach oben unbeschränkt. Es sei A das Ereignis "nichts passiert" und B das Ereignis "ich werde in Öl gekocht". Da aber der Bereich nach oben unbeschränkt ist, muß ein Ereignis C existieren mit

$$u(C) > 2u(A) - u(B) \, .$$

Das bedeutet nichts anderes als

$$\{\tfrac{1}{2}\,C + \tfrac{1}{2}\,B\}\,p\,A \, .$$

Jedoch kann ich mir kein Ereignis C vorstellen, daß mich veranlassen könnte, die Lotterie $\{C/2 + B/2\}$ meiner momentanen Situation vorzuziehen. Also ist mein Nutzenbereich nach oben beschränkt.

2. Angenommen, mein Nutzenbereich ist nach unten unbeschränkt. Es sei A das Ereignis "nichts passiert" und B das Ereignis "ich gewinne eine Million Dollar". Ist nun mein Bereich nach unten nicht beschränkt, so muß ein Ereignis C existieren mit

$$A \; p\{.999999\,B + .000001\,C\}\,.$$

Jedoch ist auch hier ein solches C nicht vorstellbar. Also ist mein Nutzenbereich auch nach unten beschränkt.

3. Nehmen wir darüberhinaus an, daß der Nutzenbereich nach oben unbeschränkt ist, dann existiert eine Folge von Ereignissen $A_1, A_2, \ldots$ mit

$$u(A_n) = 2^n\,.$$

Also hat die Lotterie

$$\sum_{n=1}^{\infty} 2^{-n} A_n$$

einen unendlichen Nutzen (Petersburger Paradoxon). Es muß der Nutzenbereich nach oben beschränkt sein, damit dieser Widerspruch aufgelöst wird. Ähnlich argumentiert man, um nachzuweisen, daß der Bereich nach unten beschränkt sein muß.

Dies sind ISBELLS Argumente für beschränkten Nutzen. Man kann natürlich einwenden, daß die Tatsache, daß eine Person sich ein einfaches Ereignis C nicht vorstellen kann, auf einen Defekt ihrer Vorstellungskraft schließen läßt, und daß weiterhin das Petersburger Paradoxon eben nicht anderes ist als ein Paradoxon. Wir können nur feststellen, daß sich einige Ableitungen bei Unterstellung beschränkter Nutzenskalen zwar vereinfachen, die hier angestrebten Aussagen aber auch ohne diese Annahmen begründet werden können.

Aufgaben

1. Vervollständigen Sie den Beweis des Theorems VI.2.2.

2. (Arrows Unmöglichkeitsbeweis)

Wenn ausschließlich ordinale Nutzen betrachtet werden (und Lotterien), so gibt es meist keine Möglichkeit, Entscheidungen von Gruppen von Personen objektiv zu bestimmen. Betrachtet man etwa eine Gruppe von m Personen, die über n Handlungsalternativen $A_1, A_2, \ldots, A_n$ verfügt. Unter einem Profil der individuellen Präferenz versteht man eine Funktion, die jedem Individuum i eine schwache Ordnung der Alternativen zuordnet. Unter einer sozialen Welfare-Funktion F versteht man eine Abbildung, die jedem Profil eine Ordnung (die "soziale" Ordnung) zuweist. Die folgenden Axiome erscheinen plausibel:

A 1: F ist für alle Profile dfiniert.

A 2: Angenommen, für ein gegebenes Profil wird A_j dem A_k vermöge der Funktion F vorgezogen. Dann gilt die Relation "A_j besser als A_k" auch bei den folgenden Profiländerungen:

    a) Alle relativen Ordnungen von Alternativen außer A_j werden nicht geändert.

    b) In jeder individuellen Ordnung wird die Stellung von A_j verbessert.

A 3: Es sei ϑ_1 eine Teilmenge von $\vartheta = \{A_1, \ldots, A_n\}$.

Es sei nun ein Profil so modifiziert, daß die relativen Ordnungen der Elemente von ϑ_1 unverändert bleiben. Dann läßt auch die soziale Ordnung I die relativen Ordnungen innerhalb ϑ_1 unverändert.

A 4: Zu jedem Paar A_j und A_k existiert ein Profil, so daß die soziale Ordnung die Handlungsalternative A_j vor A_k setzt.

A 5: Es gibt kein Individuum, durch dessen Präferenz in der Menge der Ereignisse dieselbe Ordnung erzeugt wird wie durch die soziale Ordnung F .

Arrows Axiome (A1 - A5) sind für $n \geq 3$ und $m \geq 2$ inkonsistent.

(a) In Bezug auf eine gegebene Funktion F heißt eine Koalition S entscheidend für das geordnete Paar (A_j, A_k), wenn aus der Tatsache, daß alle Mitglieder von S A_j gegenüber A_k präferieren, folgt, daß dies auch für die soziale Ordnung gilt. Eine Menge heißt entscheidend, wenn sie für wenigstens ein geordnetes Paar entscheidend ist.

(b) Ist V eine minimale Entscheidungsmenge, d.h., V ist entscheidend, aber alle echte Teilmengen von V sind nicht entscheidend, dann gilt $V \neq \emptyset$.

(c) Angenommen, V ist entscheidend für (A_j, A_k). Es sei $i \in V$ und A_l eine weitere Alternative. Dann ist $\{i\}$ entscheidend für (A_j, A_l) und wegen der Minimalität von V gilt $V = \{i\}$.

(d) Die Menge $\{i\}$ ist entscheidend für alle Paare, im Gegensatz zu A 5.

Kapitel VII
Allgemeine Zweipersonenspiele

VII.1 Bimatrixspiele (Nicht-kooperativ)

Bisher haben wir Zweipersonen-Nullsummenspiele behandelt. Für Gesellschaftsspiele oder immer dann, wenn die Einsätze kleinere Geldbeträge ausmachen, sind solche Modelle hinreichend genau. Wenn aber die Einsätze komplizierter sind, wie das zum Beispiel bei ökonomischen Auseinandersetzungen der Fall ist, dann müssen die Interessen der beiden Kontrahenten nicht immer genau entgegengesetzt sein. Häufig können beide Spieler dadurch gewinnen, daß sie miteinander kooperieren. Spiele dieser Art nennen wir allgemeine Spiele. Sie umfassen die Nullsummenspiele als Spezialfall. In der Regel kann ein endliches allgemeines Zweipersonenspiel durch zwei $m \times n$ Matrizen $A = (a_{ij})$ und $B = (b_{ij})$ bzw. durch die $m \times n$ Matrix (A, B) der Paare (a_{ij}, b_{ij}), beschrieben werden. Die Elemente a_{ij} und b_{ij} sind Auszahlungen (Nutzen) an Spieler I und Spieler II unter der Annahme, daß diese ihre i-te bzw. j-te Strategie wählen. Ein Spiel in dieser Form heißt Bimatrixspiel. Es ist klar, daß beide Spieler sich in vielen Fällen durch Kooperation Vorteile verschaffen können. Allerdings ist es möglich, daß jegliche Kooperation - obwohl für beide Spieler günstig - durch die Spielregeln verboten ist. Wir unterscheiden daher zwei Möglichkeiten für Bimatrixspiele:

1. Der nicht-kooperative Fall, bei dem jede Art heimlicher Absprache, wie etwa aufeinander abgestimmte Strategien oder Seitenzahlungen, verboten sind.

2. Der kooperative Fall, bei dem jede derartige Kooperation zulässig ist.

Wir werden zuerst den nicht-kooperativen Fall behandeln. Wie im Falle der Nullsummenspiele können wir gemischte Strategien für I und II als m- bzw. n-Vektoren mit nicht-negativen Komponenten der Summe 1 definieren. Gleichgewichtspaare werden in naheliegender Weise erklärt.

<u>VII.1.1 Definition.</u> Ein Paar (x^*, y^*) gemischter Strategien für das Bimatrixspiel (A, B) ist im Gleichgewicht, wenn für alle gemischten Strategien x und y gilt

$$xAy^{*t} \leq x^*Ay^{*t}$$
$$x^*By^t \leq x^*By^{*t}.$$

Wir fragen natürlich nach der Existenz derartiger Paare. Das folgende Theorem beantwortet diese Frage positiv.

<u>VII.1.2 Theorem.</u> Jedes Bimatrixspiel besitzt mindestens einen Gleichgewichtspunkt.

<u>Beweis.</u> (x, y) sei irgendein Paar gemischter Strategien für das Matrixspiel (A, B). Dann sei

$$c_i = \max\{A_{i.}y^t - xAy^t, 0\}$$
$$d_j = \max\{xA_{.j} - xAy^t, 0\}$$

und

$$x'_i = \frac{x_i + c_i}{1 + \sum_k c_k}$$

$$y'_j = \frac{y_j + d_j}{1 + \sum_k d_k} \, .$$

Offenbar ist die Transformation $T(x, y) = (x', y')$ stetig, und (x', y') ist wieder ein Paar gemischter Strategien. Wir zeigen nun, daß $(x', y') = (x, y)$ genau dann gilt, wenn (x, y) ein Gleichgewichtspaar darstellt. Ist nämlich (x, y) ein Gleichgewichtspaar, so gilt für alle i

$$A_{i.}y^t \le xAy^t$$

und damit $c_i = 0$ und entsprechend $d_j = 0$ für alle j. Daraus folgt $x' = x$ und $y' = y$.

Nehmen wir nun umgekehrt an, daß (x, y) kein Gleichgewichtspaar ist. Das impliziert die Existenz eines x'' mit $x''Ay^t > xAy^t$ oder die eines y'' mit $xBy''^t > xBy^t$. Nehmen wir zunächst die erste Möglichkeit (der Beweis für den zweiten Fall verläuft ebenso). Da $x''Ay^t$ das gewichtete Mittel der Ausdrücke $A_{i.}y^t$ ist, muß für mindestens einen Wert von i $A_{i.}y^t > xAy^t$ sein, woraus für diese i $c_i > 0$ folgt. Da die c_i nicht negativ sind, gilt damit $\sum_k c_k > 0$. Nun ist xAy^t ein gewichtetes Mittel (mit den Gewichten x_i) der Ausdrücke $A_{i.}y^t$. Dabei muß ein i mit $x_i > 0$ und $A_{i.}y^t \le xAy^t$ existieren. Für dieses i gilt $c_i = 0$ und

$$x'_i = \frac{x_i}{1 + \sum_k c_k} < x_i \, .$$

144

woraus $x' \neq x$ folgt. Da die Menge aller Strategienpaare abgeschlossen, beschränkt und
konvex ist, gilt der Fixpunktsatz von BROUWER, d.h., die stetige Funktion $T(x, y) =$
$= (x', y')$ besitzt einen Fixpunkt. Dieser ist ein Gleichgewichtspaar.

Dieser Beweis von Theorem VII.1.2 läßt sich leicht auf den Fall von Gleichgewichts-n-
Tupeln für endliche n-Personenspiele verallgemeinern. Ferner sei betont, daß es sich
um einen Existenzbeweis handelt, der keine Methode zur Bestimmung von Gleichgewichtspaaren liefert.

Das Problem der Bestimmung von Gleichgewichtspaaren für Bimatrixspiele wurde von
verschiedenen Seiten mit einigem Erfolg behandelt. Wegen der Details und Methoden sei
der Leser auf die Bibliographie verwiesen.

Wir beschreiben diese Methoden nicht, sondern diskutieren vielmehr die Schwierigkeiten, die im Begriff des Gleichgewichtspaares liegen. Diese werden besonders deutlich,
wenn man im Vergleich dazu die parallele Begriffsbildung der optimalen Strategie für
Nullsummenspiele heranzieht.

Es wurde besonders hervorgehoben, daß (Theorem II.1.2) bei Nullsummenspielen Gleichgewichtspaare austauschbar und äquivalent sind in dem Sinne, daß für die Gleichgewichtspaare (x, y) und (x', y') des Matrixspiels A auch die Paare (x, y') und (x', y)
im Gleichgewicht sind und sogar $xAy^t = x'Ay'^t$ erfüllen. Dies bedeutet effektiv, daß
die Zugehörigkeit eines Vektors zu einem Gleichgewichtspaar (x, y) eine Eigenschaft
dieses Vektors allein (unabhängig von y) ist, weshalb wir optimale Strategien und nicht
Gleichgewichtspaare von Strategien betrachtet haben. Wir geben nun ein Beispiel um zu
zeigen, daß das für allgemeine Zweipersonenspiele nicht zutrifft.

<u>VII.1.3 Beispiel.</u> (Der Kampf der Geschlechter)
Wir betrachten das Bimatrixspiel

$$\begin{pmatrix} (4,1) & (0,0) \\ (0,0) & (1,4) \end{pmatrix} \ .$$

Man sieht, daß die reinen Strategien $x = (1,0)$ und $y = (1,0)$ ein Gleichgewichtspaar
bilden, wie auch die Strategien $x' = (0,1)$ und $y' = (0,1)$. Dagegen sind die Paare
(x, y') und (x', y) nicht im Gleichgewicht. Darüberhinaus sind die Auszahlungen für
beide Gleichgewichtspaare (x, y) und (x', y') sogar verschieden. Spieler I wird (x, y)
vorziehen und II (x', y'). Also ist nicht klar, ob diese Gleichgewichtspaare vollständig
stabil sind. Auch wenn I weiß, daß II die reine Strategie y' spielen will, kann er auf x
beharren in der Hoffnung, dadurch II zu y zu bewegen. (Man bedenke, daß die gemisch-
ten Strategien $x'' = (\frac{4}{5}, \frac{1}{5})$ und $y'' = (\frac{1}{5}, \frac{4}{5})$ auch ein Gleichgewichtspaar bilden).

Sogar dann, wenn nur ein Gleichgewichtspaar existiert (was oft der Fall ist), ist nicht klar, ob es genau die Eigenschaften hat, die wir im Auge haben.

<u>VII.1.4 Beispiel.</u> (Das Dilemma des Gefangenen)
Wir betrachten das Spiel

$$\begin{pmatrix} (5,5) & (0,10) \\ (10,0) & (1,1) \end{pmatrix}.$$

Offenbar dominieren die zweite Zeile bzw. zweite Spalte die erste Zeile bzw. erste Spalte (sofern wir den Begriff der Dominanz für Nullsummenspiele hier sinngemäß übernehmen). Also wird das einzige Gleichgewichtspaar durch die jeweils zweiten reinen Strategien beider Spieler gebildet. Das ergibt den Auszahlungsvektor $(1,1)$. Wenn aber beide Spieler "falsch" spielen und ihre erste Strategie wählen, erhalten sie das weit bessere Resultat $(5,5)$. Die Schwierigkeit besteht darin, daß jeder dadurch gewinnen kann, der er den anderen "doppelt" täuscht.

VII.2 Das Verhandlungsproblem

Wir betrachten nun Spiele, in denen die Spieler kooperieren dürfen. Das bedeutet, sie können feste Abmachungen treffen, können ihre gemischten Strategien aufeinander abstimmen und Nutzen transferieren (allerdings nicht immer linear).

Grundlage der weiteren Konstruktion ist die Menge aller möglichen Ausgänge des Spiels, die beide Spieler durch Kooperation erreichen können.

Nehmen wir nun je eine Nutzenfunktion für beide Spieler, so können wir diese Menge aller Ausgänge in eine Teilmenge des R^2 abbilden. Die Bildmenge dieser Abbildung ist abgeschlossen und nach "oben" beschränkt (zumindest die Summe der Koordinaten ist nach oben beschränkt). Da ferner Lotterien zulässig sind (und zwar durch Abstimmung gemischter Strategien), und der Nutzen bezüglich Lotterien linear ist, ist diese Bildmenge sogar konvex. Die Aufgabe besteht nun darin, einen Punkt dieser Menge auszuwählen, der beide Spieler befriedigt.

Zu gegebenen allgemeinen Zweipersonenspiel existiert eine Teilmenge S von R^2, die zulässige Menge heißt. Sie ist zulässig in dem Sinne, daß beide Spieler für jedes gegebene Paar $(u,v) \in S$ durch Verhandlung in der Lage sind, die Nutzen u bzw. v zu erlangen. Gewöhnlich ist es jedoch so, daß ein Spieler immer weniger erhält, je mehr der andere bekommt (das muß aber nicht immer so sein). Wieviel wird also ein Spie-

ler bereit sein, dem anderen zu geben und welchen Preis ist er bereit, für die Kooperation zu akzeptieren?

Obgleich es natürlich unmöglich ist, die Handlungsweise eines Spielers festzulegen
(in der Regel werden sehr viele Unterschiede in den Persönlichkeiten eine Rolle spielen), können wir dennoch einen Minimalbetrag setzen, den jeder Spieler unbedingt erreichen will. Dies ist genau der Betrag, den er ohne zu kooperieren unabhängig vom
Verhalten des anderen Spielers erreichen könnte. Dieser Betrag ist natürlich gleich
dem Maximin-Wert des Spiels für diesen Spieler. Nennen wir diese beiden Werte u^*
bzw. v^*, so gilt

7.2.1
$$u^* = \max_x \min_y xAy^t$$

7.2.2
$$v^* = \max_y \min_x xBy^t \;,$$

wenn das Bimatrixspiel durch die Matrix (A, B) erklärt ist. Dabei durchlaufen x und y
die entsprechenden Mengen der gemischten Strategien.

Angenommen eine Menge S sowie die zugehörigen Maximin-Werte (u^*, v^*) sind gegeben. Gesucht ist ein Gesetz, das dem Tripel (S, u^*, v^*) eine "Verhandlungslösung"

$$\varphi(S, u^*, v^*) = (\bar{u}, \bar{v})$$

zuordnet. Wir fragen also danach, wie eine solche Funktion zu definieren ist. Der Ausgang eines Spiels hängt im Einzelfall natürlich von den Spielerpersönlichkeiten und ihren Fähigkeiten zum Verhandeln ab. Aber die folgenden Axiome erscheinen doch für
eine solche Funktion vernünftig. Diese Axiome stammen von JOHN NASH.

VII.2.1   N 1 (Individuelle Rationalität) $(\bar{u}, \bar{v}) \geq (u^*, v^*)$.
       N 2 (Zulässigkeit) $(\bar{u}, \bar{v}) \in S$.
       N 3 (Pareto-Optimalität). Aus $(u, v) \in S$ und $(u, v) \geq (\bar{u}, \bar{v})$ folgt $(u, v) = (\bar{u}, \bar{v})$.
       N 4 (Unabhängigkeit von irrelevanten Alternativen). Aus $(\bar{u}, \bar{v}) \in T \subset S$ und
          $(\bar{u}, \bar{v}) = \varphi(S, u^*, v^*)$ folgt $(\bar{u}, \bar{v}) = \varphi(T, u^*, v^*)$.
       N 5 (Unabhängigkeit von linearen Transformationen)

Sei T das Bild von S unter der linearen Transformation

$$u' = \alpha_1 u + \beta_1$$
$$v' = \alpha_2 v + \beta_2,$$

dann folgt aus

$$\varphi(S, u^*, v^*) = (\bar{u}, \bar{v})$$

$$\varphi(T, \alpha_1 u^* + \beta_1, \alpha_2 v^* + \beta_2) = (\alpha_1 \bar{u} + \beta_1, \alpha_2 \bar{v} + \beta_2) .$$

N 6 (Symmetrie). Die Menge S habe die Eigenschaft, daß für alle Paare (u, v) gilt $(u, v) \in S \Leftrightarrow (v, u) \in S$. Außerdem gelte $\bar{u} = \bar{v}$, wenn $u^* = v^*$ und $\varphi(S, u^*, v^*) = (\bar{u}, \bar{v})$.

Die Axiome N 1, N 2 und N 3 sind unmittelbar einsichtig und bedürfen keiner weiteren Erläuterung. N 4 besagt, daß die Verhandlungslösung (u, v) eines Spiels bei Vergrößerung der zulässigen Menge entweder unverändert bleibt oder gleich einem der neu hinzugekommenen Punkte wird. Jedenfalls nimmt sie niemals einen von $(\bar{u}, \bar{v})$ verschiedenen Punkt in der alten (kleineren) zulässigen Menge an. Aus diesem Grund (und aus anderen Gründen) wird dieses Axiom oft kritisiert. N 5 ist plausibel, wenn wir annehmen, daß alle Nutzenfunktionen gleichwertig sind. Bei Einführung des absoluten Nutzens (VI.4) bestehen natürlich Bedenken gegen N 5. N 6 ist schließlich akzeptabel, wenn die Verhandlung zwischen zwei gleichwertigen Spielern vonstatten geht. Sind die Verhandlungspartner ungleich, wie das etwa bei einer Verhandlung zwischen einer Person und einer ganzen Gruppe ist, so wird man N 6 ablehnen.

Einige andere Axiome erscheinen für die Verhandlungsfunktion naheliegend. Ein Beispiel wäre etwa

N 7 (Monotonie). Aus $T \subset S$ folgt $\varphi(T, x^*, y^*) \leq \varphi(S, x^*, y^*)$.

Leider ist N 7 mit N 2 und N 3 nicht verträglich. Da es aber schwierig ist, auf eines der beiden (N 2 bzw. N 3) zu verzichten, lassen wir lieber N 7 weg (obwohl N 7 und N 4 sich nicht stark zu unterscheiden scheinen). In der Regel benötigen wir keine weiteren Axiome, und zwar wegen der Aussage des folgenden wichtigen Theorems.

<u>VII.2.2 Theorem.</u> Es existiert eine eindeutig bestimmte auf der Menge aller Verhandlungsprobleme (S, x, y) definierte Funktion, die die Axiome N 1 bis N 6 erfüllt.

Zur Vorbereitung des Beweises zu diesem Theorem behandeln wir die folgenden Lemmata.

<u>VII.2.3 Lemma.</u> Gibt es Punkte $(u, v) \in S$ mit $u > u^*$, $v > v^*$, dann existiert ein eindeutig bestimmter Punkt (u, v), der die Funktion

$$g(u, v) = (u - u^*)(v - v^*)$$

bezüglich der Teilmenge aller Punkte aus S mit $u \geq u^*$ maximiert.

148

Beweis. Nach Voraussetzung ist diese Teilmenge von S kompakt. Da g stetig ist, muß
g in dieser Teilmenge ihr Maximum annehmen. Dieses sei mit M bezeichnet. Offenbar gilt $M > 0$. Angenommen, es gibt zwei Punkte (u', v') und (u'', v''), die $g(u, v)$
maximieren. Wegen $M > 0$ kann $u' = u''$ nicht gelten, da das $v' = v''$ implizieren würde.
Sei also etwa $u < u''$. Dann ist $v' > v''$. Da S konvex ist, gilt $(\hat{u}, \hat{v}) \in S$ mit $\hat{u} = (u' + u'')/2$
und $\hat{v} = (v' + v'')/2$. Dann folgt

$$
g(\hat{u}, \hat{v}) = \frac{(u' - u^*) + (u'' - u^*)}{2} \cdot \frac{(v' - v^*) + (v'' - v^*)}{2}
$$

$$
= \frac{(u' - u^*)(v' - v^*)}{2} + \frac{(u'' - u^*)(v'' - v^*)}{2} + \frac{(u' - u'')(v'' - v')}{4} .
$$

In diesem Ausdruck sind die beiden ersten Summanden je gleich $M/2$, der dritte ist
allerdings positiv. Das bedeutet aber $g(\hat{u}, \hat{v}) > M$, was der Maximalität von M widerspricht. Also ist $(\bar{u}, \bar{v})$ eindeutig.

VII.2.4 Lemma. Seien S, (u^*, v^*) und $(\bar{u}, \bar{v})$ wie in Lemma VII.2.3. Ferner sei

$$
h(u, v) = (\bar{v} - v^*)u + (\bar{u} - u^*)v ,
$$

Dann gilt für alle $(u, v) \in S$ die Ungleichung $h(u, v) \leq h(\bar{u}, \bar{v})$.

Beweis. Angenommen für ein $(u, v) \in S$ gilt $h(u, v) > h(\bar{u}, \bar{v})$. Sei $0 < \varepsilon < 1$. Wegen
der Konvexität von S folgt $(u', v') \in S$, wenn $u' = \bar{u} + \varepsilon(u - \bar{u})$ und $v' = \bar{v} + \varepsilon(v - \bar{v})$. Da
h linear ist, gilt $h(u - \bar{u}, v - \bar{v}) > 0$. Nun ist aber

$$
g(u', v') = g(\bar{u}, \bar{v}) + \varepsilon h(u - \bar{u}, v - \bar{v}) + \varepsilon^2 (u - \bar{u})(v - \bar{v}) .
$$

Für hinreichend kleines ε wird der letzte Summand vernachlässigbar klein, was schließlich $g(u', v') > g(\bar{u}, \bar{v})$ zur Folge hat und der Maximalität von $g(\bar{u}, \bar{v})$ widerspricht.
Lemma VII.2.4 besagt im wesentlichen, daß die Gerade (u, v), deren Steigung gleich
dem Negativen der durch $(\bar{u}, \bar{v})$ und (u^*, v^*) bestimmten Geraden ist, die Menge S
stützt, d.h. S liegt ganz auf oder ganz auf einer Seite dieser Geraden.

Nun können wir Theorem VII.2.2 beweisen. Wir werden dazu zeigen, daß der Punkt
(u, v), der g maximiert, unter den Voraussetzungen von Lemma VII.2.3 die Verhandlungslösung darstellt. Gelten diese Voraussetzungen nicht, so vereinfacht sich das Problem sogar.

Beweis von VII.2.2. Die Voraussetzungen von Lemma VII.2.3 seien erfüllt. Dann ist
der g maximierende Punkt $(\bar{u}, \bar{v})$ eindeutig bestimmt. Er erfüllt natürlich N 1 und
N 2 per constructionem. N 3 ist erfüllt, weil aus $(u, v) \geq (\bar{u}, \bar{v})$ und $(u, v) \neq (\bar{u}, \bar{v})$

folgt $g(u, v) > g(\bar{u}, \bar{v})$. Als maximierendes Element von g bezüglich S ist $(\bar{u}, \bar{v})$ ebenfalls maximierendes Element bezüglich der kleinen Menge T, d.h., N 4 ist erfüllt.
N 5 ist erfüllt, weil für $u' = \alpha_1 u + \beta_1$ und $v' = \alpha_2 v + \beta_2$

$$g'(u', v') = [u' - (\alpha_1 u^* + \beta_1)][v' - (\alpha_2 v^* + \beta_2)]$$
$$= \alpha_1 \alpha_2 g(u, v)$$

folgt, woraus man ersieht, daß $(\bar{u}', \bar{v}')$ die Funktion $g'(u', v')$ maximiert, sofern
$(\bar{u}, \bar{v})$ $g(u, v)$ maximiert. Schließlich erfüllt $(\bar{u}, \bar{v})$ auch N 6. Ist nämlich S im Sinne
von N 6 symmetrisch und $u^* = v^*$, so folgt $(\bar{u}, \bar{v}) \in S$. Wegen $g(\bar{u}, \bar{v}) = g(\bar{v}, \bar{u})$ und
wegen der Eindeutigkeit von $(\bar{u}, \bar{v})$ als maximierendes Element von g folgt $(\bar{u}, \bar{v}) =$
$= (\bar{v}, \bar{u})$ und somit $\bar{u} = \bar{v}$.

Wir wissen also, daß $(\bar{u}, \bar{v})$ die Axiome N 1 - N 6 erfüllt. Zu zeigen bleibt also, daß
$(\bar{u}, \bar{v})$ durch N 1 - N 6 eindeutig bestimmt ist. Sei dazu $(\bar{u}, \bar{v})$ definiert wie bisher und

$$U = \{(u, v) \,|\, h(u, v) \le h(\bar{u}, \bar{v})\}$$

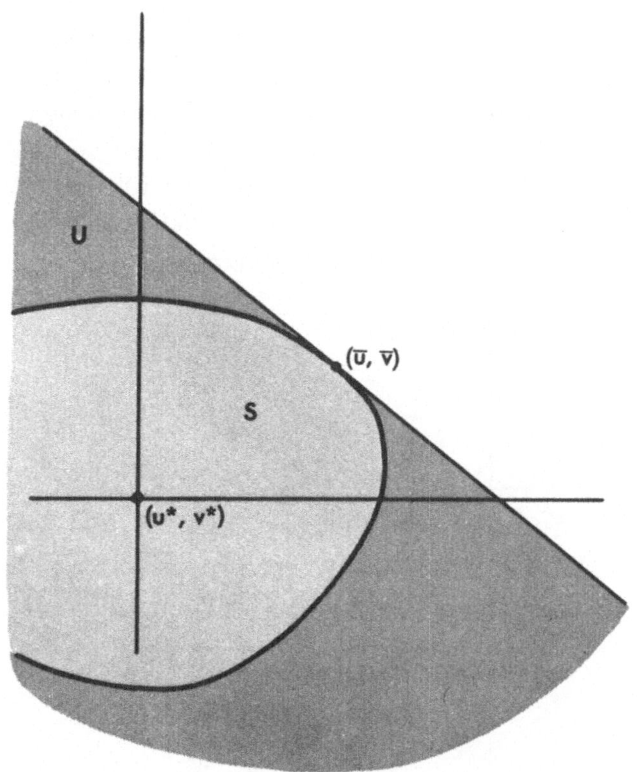

Abb. VII.2.1

150

(s.Abb.VII.2.1). Nach Lemma VII.2.4 ist $S \subset U$. Ferner sei T das Bild von U unter der linearen Transformation

7.2.3
$$\begin{cases} u' = \dfrac{u - u^*}{\bar{u} - u^*} \\[3mm] v' = \dfrac{v - v^*}{\bar{v} - v^*} \; . \end{cases}$$

Man sieht sofort, daß $T = \{(u', v') \,|\, u' + v' \leq 2\}$ und $u^{*\prime} = v^{*\prime}$ ist. Da T symmetrisch ist, muß die Lösung wegen N 6 auf der Geraden $u' = v'$ liegen. Wegen N 3 muß sie gleich $(1,1)$ sein. Kehrt man die Transformation 7.2.3 um, so folgt mit N 5, daß $(\bar{u}, \bar{v})$ die Lösung von (U, u^*, v^*) ist. Wegen $(\bar{u}, \bar{v}) \in S$ muß $(\bar{u}, \bar{v})$ notwendig Lösung von (S, u^*, v^*) sein. Nehmen wir nun an, daß die Voraussetzungen vom Lemma VII.2.3 nicht zutreffen, d.h. es gibt keinen Punkt $(u, v) \in S$ mit $u > u^*$ und $v > v^*$. Wegen der Konvexität von S folgt, daß bei Existenz eines Paares $(u, v) \in S$ mit $u > u^*$ und $v = v^*$ kein $(u, v) \in S$ mit $v > v^*$ möglich ist. Unter diesen Bedingungen sei $(\bar{u}, \bar{v})$ einfach der Punkt von S, der u unter der Nebenbedingung $v = v^*$ maximiert. Entsprechend folgt aus der Existenz eines $(u, v) \in S$ mit $u = u^*$ und $v > v^*$ die Unmöglichkeit eines Punktes $(u, v) \in S$ mit $u > u^*$, und wir betrachten analog $(\bar{u}, \bar{v})$ als den Punkt von S, der bezüglich $u = u^*$ ein maximales v aufweist. Man prüft die Gültigkeit der Axiome für diese Lösung leicht nach. Wie man sieht, lassen N 1, N 2 und N 3 keine andere Lösung zu. Also zeigt Theorem VII.2.2, daß die Axiome von Nash eine eindeutig bestimmte Lösung garantieren. Außerdem liefert der Beweis (einschließlich der Lemmata) die explizite Gestalt dieser Lösung. Hat der Rand von S im Punkte $(\bar{u}, \bar{v})$ eine Tangente, so ist dies die Gerade $h(u, v) = $ const. (wegen Lemma VII.2.3). Da nun die Steigung des Randes von S in jedem Punkt die Rate für den Nutzentransfer zwischen beiden Spielern angibt,

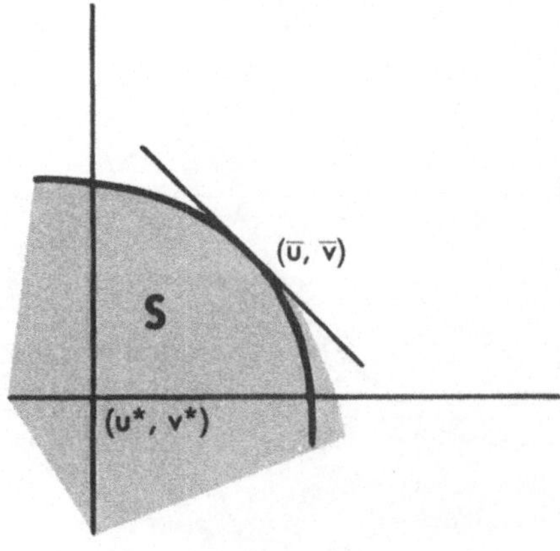

Abb. VII.2.2

besagt die Betrachtung von Nash, daß zusätzlicher Nutzen stets so zwischen beiden Spielern aufgeteilt werden muß, daß das Verhältnis gleich der Rate des Nutzentransfers ist. Da der Nutzen nicht als linear transferierbar angenommen wurde, gibt es eventuell nur einen Punkt, in dem der Nutzentransfer bei gegebener Rate vonstatten gehen kann. Abb. VII.2.2 illustriert diesen Sachverhalt.

Im Falle eines linear transferierbaren Nutzens vereinfacht sich das Problem natürlich. Wir können dann nämlich annehmen, (notfalls durch Änderung der Nutzenskalen) daß die Rate des Nutzentransfers $1 : 1$ ist, d.h., Spieler I kann den Nutzen von II um eine Einheit erhöhen, indem er eine Einheit seines Nutzens hergibt. Also enthält S alle Punkte, die auf bzw. unter der Geraden $n + v = k$ sowie oberhalb und rechts von (u^*, v^*) liegen. Dabei ist k gleich dem Maximum des möglichen Nutzens, den beide Spieler zusammen erhalten können (s. Abb.VII.2.3). Die zugehörige Nash-Lösung lautet
$\bar{u} = (u^* - v^* + k)/2$ und $\bar{v} = (v^* - u^* + k)/2$.

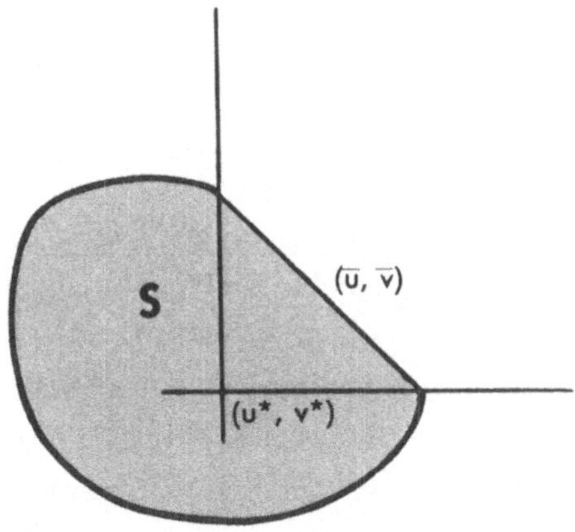

Abb. VII.2.3

Offenbar gilt $\bar{u} + \bar{v} = k$ und $\bar{u} - \bar{v} = u^* - v^*$. Also werden in diesem Fall die gegenseitigen Positionen beider Spieler beibehalten und ihre Nutzen so weit wie möglich vergrößert d.h., der Nutzenzuwachs wird zwischen beiden Spielern gleich, also je zur Hälfte verteilt.

<u>VII.2.5 Beispiel.</u> Zwei Personen bekommen $\$ 100$ angeboten, wenn sie sich gemeinsam zu einer Aufteilung des Geldes unter sich entschließen können. Die erste Person sei sehr reich, während die zweite überhaupt nur $\$ 100$ besitzt. Wir unterstellen, daß der Nutzen einer Geldsumme proportional zum Logarithmus derselben ist. Wie sollte das Geld aufgeteilt werden? Da der erste Spieler sehr reich ist, können wir annehmen, daß der Nutzen von weiteren $x \$$ für $x \leq 100$ näherungsweise proportional zu x ist. Da der zweite Spieler nur $\$ 100$ besitzt, ist der Nutzen, den er durch $x \$$ erhält

$$\log(100 + x) - \log 100 = \log \frac{100 + x}{100} \ .$$

Wir setzen natürlich $u^* = v^* = 0$. Also besteht die Menge S aus der konvexen Hülle von $(0,0)$ und der Menge der Punkte, die die Gleichung

$$v = \log \frac{200 - u}{100}$$

erfüllen. Da v als Funktion von u konvex ist, besteht S nur aus der durch diese Kurve begrenzten Fläche (s.Abb.VII.2.4). Wir sind natürlich nur am Schnitt dieser Menge mit den positiven Quadranten interessiert. Gesucht ist also der Punkt in S, der $u \cdot v$ maximiert, d.h. der Wert von u, der

$$g = u \log \frac{200 - u}{100}$$

maximiert. Setzt man die Ableitung (dg/du) gleich Null, so erhält man die Gleichung

$$\frac{u}{200 - u} = \log \frac{200 - u}{100}$$

mit der approximativen Lösung $u = 54,5$. Also sollten Spieler I und II beziehungsweise $\$54,5$ und $\$45,6$ erhalten. Das Ergebnis befremdet, denn es besagt, daß die reiche Person (I) mehr bekommt als die ärmere, obwohl letztere doch gerade mehr Geld nötig hätte. Allerdings impliziert diese Idee einen interpersonellen Nutzenvergleich, der nicht generell zulässig ist. Tatsache ist, daß der Nutzen des Geldes für II schneller steigt als für I. Folglich ist II sehr darauf aus, wenigstens etwas zu bekommen. Er kann daher von I "heruntergehandelt" werden.

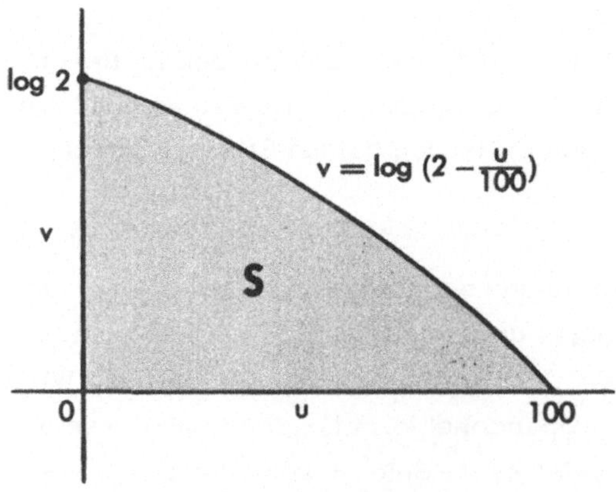

Abb. VII.2.4

VII.3 Drohstrategien

Der wesentliche Einwand gegen das Verhandlungskonzept von Nash besteht darin, daß
es keine Drohungen berücksichtigt. Das folgende Beispiel erläutert diesen Einwand genauer.

<u>VII.3.1 Beispiel.</u> Ein Arbeiter habe die Wahl zwischen Arbeit und Nichtstun. Im ersten
Fall erhält er einen Subsistenz-Lohn, während der Unternehmer einen Gewinn von $\$10$
macht. Im anderen Falle verhungert der Arbeiter und der Unternehmer gewinnt nichts.
Es erscheint vernünftig, beiden Situationen etwa die Nutzenpaare $(0,10)$ bzw. $(-500,0)$
zuzuordnen. Der Unternehmer kann aber einen Teil des Profits an den Arbeiter abgeben
(lineare Transferierbarkeit des Nutzens vorausgesetzt), so daß die Menge S alle Punkte
unterhalb der Geraden $u+v = 10$ aber keinen weiteren Punkt des positiven Quadranten
enthält. Offenbar ist $u^* = v^* = 0$, und die Nash-Lösung wäre $\bar{u} = \bar{v} = 5$. Dabei wird aber
die Tatsache außer acht gelassen, daß der zweite *Spieler* (Unternehmer) in der weitaus
stärkeren Position ist als sein Gegenüber, denn Spieler I kann II nicht am Gewinn von
$\$10$ hindern, es sei denn, er unternimmt einen sehr gewagten Schritt. Eine Drohung,
die Arbeit niederzulegen, wäre nämlich nicht sehr glaubhaft, und daher wird er wahrscheinlich seine Arbeit zum Subsistenz-Lohn fortsetzen.

Man kann nicht leugnen, daß dieses Beispiel eine gewisse Schwäche der Verhandlungslösung von Nash aufzeigt. Es sind daher einige Untersuchungen über Drohungen notwendig,
um dies zu beheben. Ganz allgemein sind Drohungen nur wirkungsvoll, wenn sie glaubhaft sind und wenn sie dazu dienen können, die Position des Drohenden gegenüber der des
Bedrohten zu verbessern. Dabei ist etwa die Drohung, jemanden zu töten, schärfer als
die Androhung einer Krankheit, denn die Position des Tötenden ist relativ zu seinem
Opfer in einer gewissen Weise "verbessert", wie das durch die Krankheit gewöhnlich
nicht geschehen würde. Andererseits ist z.B. die Drohung, die ganze Welt zu zerstören,
wodurch möglicherweise die Position des Drohenden gegenüber den anderen verbessert
wird, nicht sehr glaubhaft und daher auch nicht sehr wirkungsvoll.

NASH schlägt folgendes Verhandlungsschema vor, das aus den folgenden drei Schritten
besteht:

1. Spieler I wählt eine Drohstrategie x.

2. Spieler II wählt - ohne x zu kennen - eine Drohstrategie y.

3. Beide Spieler verhandeln. Erzielen sie dabei eine Einigung, so wird diese wirksam.
Können sie sich nicht einigen, so müssen beide ihre Drohstrategien x und y spielen,
und die Auszahlung wird auf diese Weise geregelt. Es fragt sich natürlich, welchen Zwang
die Drohungen ausüben können. Wenn z.B. ein Spieler eine wilde Drohung ausspricht,
so wird er diese später eventuell selbst nicht realisieren wollen. Irgendein Mechanismus

könnte ihn dann aber dazu zwingen. Auf jeden Fall unterstellen wir, daß ein Spieler auf diese oder jene Weise an seine Drohungen gebunden ist. Das bedeutet praktisch, daß die Maximinwerte u* und v* durch die Drohwerte xAy^t und xBy^t ersetzt werden. Wendet man nun die Axiome N 1 - N 5 an, so erhält man als Ergebnis die Lösung $(\bar{u}, \bar{v})$, denjenigen Punkt aus S , der, unter der Bedingung $u \geq xAy^t$,

$$g(u, v) = (u - xAy^t)(v - xBy^t)$$

maximiert. Abbildung VII.2.5 möge dieses Vorgehen verdeutlichen. Sie zeigt eine typische Menge S (abgeschlossen, beschränkt, konvex).

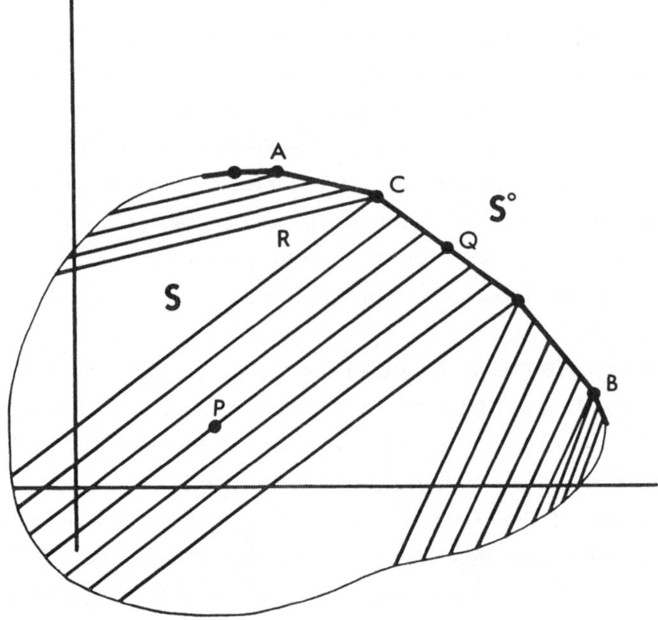

Abb. VII.2.5

Der Kurvenbogen S° ist der Pareto-optimale Rand von S und befriedigt also N 3 . Durch jeden Punkt von S° , in dem S° eine Tangente besitzt, ist eine Gerade gezeichnet, deren Steigung gleich dem Negativen der zugehörigen Tangentensteigung ist. Existieren zwei Tangenten (wie im Punkte C), so werden zwei Geraden gezeichnet, die den rechts- bzw. linksseitigen Ableitungen von S° in C entsprechen. Offenbar können sich diese Geraden wegen der Konvexität von S nicht in S schneiden. Ergeben nun die Drohstrategien x und y als Drohwerte den Punkt P auf einer dieser Geraden, so ist der Nash-Wert des Spiels durch den Punkt Q gegeben, in dem die Gerade S° schneidet. Liegt dagegen der Drohpunkt wie R (innerhalb des Winkels, der aus zwei Geraden vom selben Punkt auf S° gebildet wird), so ist der Wert im Punkte C zu finden. Also hat Spieler I das Ziel, durch

Wahl seiner Drohstrategie einen möglichst weit unten gelegenen Punkt (in S) aus dieser Familie von Geraden zu erreichen. Spieler II strebt dagegen einen möglichst hoch gelegenen Punkt dieser Geraden an.

Die Frage nach der Existenz eines Gleichgewichtspaares von Drohstrategien kann positiv beantwortet werden, was allerdings eine passende Definition dieses Begriffes bei den hier behandelten Spielen voraussetzt. Diese liegt jedoch auf der Hand.

<u>VII.3.1 Theorem.</u> Jedes Bimatrixspiel besitzt mindestens ein Gleichgewichtspaar von Drohstrategien (x, y).

Beide Spieler wählen ihre Drohstrategien jedoch mit genau entgegengesetzten Zielen. Daher ist es ebenfalls nicht schwierig, das folgende Theorem zu beweisen.

<u>VII.3.2 Theorem.</u> Sind (x', y') und (x'', y'') Gleichgewichtspaare von Drohstrategien, so sind dies auch die Paare (x', y'') und (x'', y'). Außerdem ist die nach Nash bestimmte Auszahlung für (x', y') und (x'', y'') gleich.

Wir führen die Beweise der Theoreme VII.3.1 und VII.3.2 nicht aus. Sie seien dem Leser als Aufgaben überlassen. VII.3.1 ist nur eine geringfügige Modifikation von Theorem II.1.2. Wegen Theorem VII.3.2 kann man tatsächlich von optimalen Drohstrategien sprechen (und nicht nur von Gleichgewichtspunkten).

Eine wichtige Aufgabe besteht nun darin, optimale Strategien zu zu berechnen. Normalerweise ist das sehr schwierig, weil der zu einem Paar von Drohstrategien gehörige Endwert nicht nur von den Zahlen xAy^t und By^t, sondern auch von der Form des Pareto-optimalen Randes von S abhängt. Da aber lediglich die Konvexität von S gefordert würde, existiert keine einfache Berechnungsmethode. In Sonderfällen kann sich die Aufgabe jedoch stark vereinfachen.

Ist der Nutzen insbesondere zwischen beiden Spielern linear transferierbar, so ist das Problem ganz einfach. Wir können nämlich die Nutzenskalen so einrichten, daß der Nutzen mit der Rate 1 : 1 transferierbar wird. Die Anwendung der obigen Überlegungen liefert nun für den Endwert bei Verwendung der Drohstrategien x und y

$$\bar{u} = \frac{xAy^t - xBy^t + k}{2}$$

$$\bar{v} = \frac{xBy^t - xAy^t + k}{2} \; ,$$

worin k das Maximum des Nutzens beider Spieler bei kooperativem Verhalten bedeutet.

Das bedeutet aber, daß Spieler I versuchen wird, $x(A-B)y^t$ zu maximieren, während II dieselbe Größe zu minimieren sucht.

Also sind die optimalen Drohstrategien des Bimatrixspiels (A, B) gleich den optimalen Strategien des Nullsummen-Matrixspiels $A-B$. Dieses Spiel können wir aber lösen.

VII.3.3 Beispiel. Wir betrachten das Matrixspiel

$$(AB) = \begin{pmatrix} (1,4) & (-\frac{4}{3}, -4) \\ (-3, -1) & (4,1) \end{pmatrix},$$

und unterstellen, daß kein transferierbares Gut existiert. Dann ist die Menge S gleich der konvexen Hülle der vier Punkte (a_{ij}, b_{ij}), wie man aus VII.2.6 ersieht. Die Maximin-Werte sind für beide Spieler gleich 0. Die Spieler können sich diese durch die Strategien $(3/4, 1/4)$ bzw. $(1/2, 1/2)$ sichern. Da S "fast" symmetrisch ist, muß der Wert im ersten Nash-Schema $(5/2, 5/2)$ sein. Allerdings berücksichtigt das die Drohmöglichkeit von II nicht. Spielt nämlich II seine erste reine Strategie, so kann I kaum etwas dagegen tun.

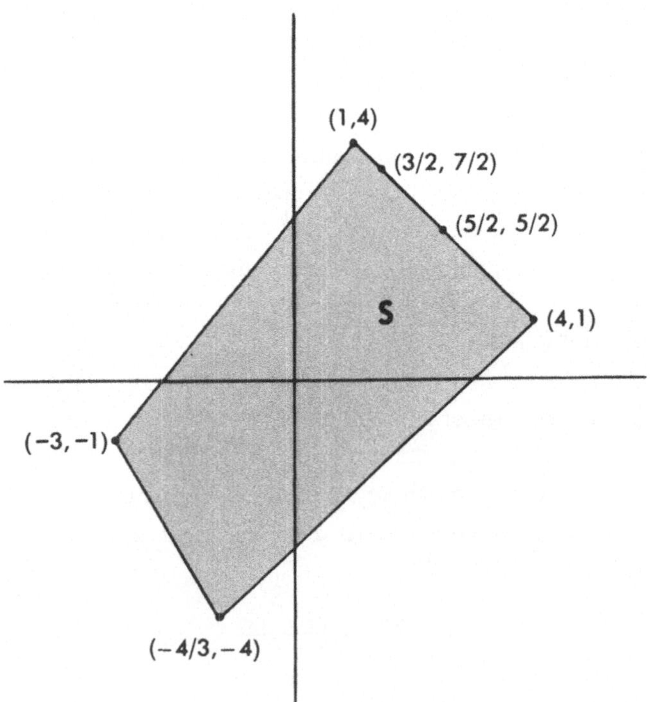

Abb. VII.2.6

Wir sollten daher die Drohmöglichkeiten berücksichtigen. In dem Pareto-optimalen
Rand ist der Nutzen (mit Hilfe von Randomisierungen) mit der Rate 1 : 1 transferierbar. Also können wir das Spiel

$$A - B = \begin{pmatrix} -3 & \dfrac{8}{3} \\ -2 & 3 \end{pmatrix}$$

betrachten, das bei -2 einen Sattelpunkt besitzt.

Da der maximale Gesamtnutzen beider Spieler gleich 5 ist, erhalten wir schließlich die
Drohlösung $(3/2, 7/2)$. Diese berücksichtigt auch die stärkere Drohmöglichkeit des Spielers II.

Aufgaben

1. Wir betrachten ein nicht-kooperatives Verhandlungsspiel, in dem die "Strategien"
beider Spieler darin bestehen, etwas zu fordern. Sind beide Forderungen (u, v) kon-
sistent (d.h. $(u, v) \in S$), so erhalten beide Spieler, was sie gefordert haben. Andernfalls bekommen sie ihre Maximin-(Droh)-Werte (u^*, v^*).

   a) Jeder Punkt auf dem Pareto-optimalen Rand ist ein Gleichgewichtspaar.

   b) Es sei $u^* = v^* = 0$ und g Indikatorfunktion von S (d.h. $g = 1$ auf S und $g = 0$ auf
   dem Komplement von S). Fordern nun die Spieler (u, v), so sind ihre Auszahlungen $(ug(u, v), vg(u, v))$.

   c) Sei h eine nicht-negative Funktion. Die Auszahlungen im Falle der Forderungen
   (u, v) seien gleich (uh, vh). Dann zeige man, daß (u_h, v_h) ein Gleichgewichtspaar ist, sofern $(\bar{u}_h, \bar{v}_h)$ die Funktion uvh maximiert.

   d) Sei $h_1, h_2, \ldots$ eine Folge nicht-negativer stetiger Funktionen, die gegen g konvergiert. Ist $(\bar{u}, \bar{v})$ die Nash-Lösung des Spiels, dann existiert eine Folge von
   Punkten $(\bar{u}_j, \bar{v}_j)$, die derart gegen $(\bar{u}, \bar{v})$ konvergiert, daß jeder dieser Punkte
   ein Gleichgewicht im Spiel mit der Auszahlung (uh_j, vh_j) darstellt.

2. Man zeige die Existenz "optimaler" Drohstrategien für das modifizierte Verhandlungs-
modell von NASH (Theoreme VII.3.1 und VII.3.2).

3. a) Wir betrachten ein "Superspiel", das aus 100 Wiederholungen des Spiels "Dilemma
   des Gefangenen" besteht. In diesem Superspiel besitzt jeder Spieler eine sehr große
   Zahl reiner Strategien, von denen jede auf Grund der "Geschichte" (d.h. der ersten

n - 1 Spiele) des Superspiels darüber entscheidet, was im n-ten Spiel zu tun ist. Man zeige, daß der Gebrauch zweier im Gleichgewicht befindlicher Strategien (doppelte Täuschung) in jedem Spiel zu verwenden.

b) Man zeige jedoch, daß für $n > 2$ die Superspiel-Strategie σ_n : "Spiele die erste (kooperative) Strategie bei den ersten n Versuchen, bis Dein Gegenüber das ebenfalls tut und spiele die letzten 100-n Spiele mit der zweiten Strategie" in dem Sinne besser ist, daß sie gegenüber dem optimalen Verhalten des Gegners eine bessere Auszahlung liefert.

c) Die Anzahl X der Versuche im Superspiel sei eine Zufallsvariable mit der Exponentialverteilung $P(n) = k e^{-\alpha n}$. Man zeige die Existenz von Gleichgewichtsstrategien, bei denen in jedem Versuch die kooperative erste Strategie verwendet wird.

4. In Aufgabe II.9 wurde erwähnt, daß ein Zwei-Personen-Konstantsummen-Spiel mit der Methode des "fiktiven Ausspielens" gelöst werden kann. Man zeige, daß diese Methode bei Bimatrixspielen keine Gleichgewichtspunkte liefert. Als Beispiel nehme man

$$A = \begin{pmatrix} 2 & 0 & 1 \\ 1 & 2 & 0 \\ 0 & 1 & 2 \end{pmatrix} \qquad B = \begin{pmatrix} 1 & 0 & 2 \\ 2 & 1 & 0 \\ 0 & 2 & 1 \end{pmatrix}.$$

a) Angenommen, die Spieler beginnen mit $(1,1)$. Dann gibt es eine Serie von $(1,1)$ und danach Serien von $(1,3)$, $(3,2)$, $(3,3)$, $(2,2)$, $(1,1)$ usw. im Zyklus.

b) Jede Serie ist mindestens doppelt so lang wie die vorangegangene.

c) Die empirischen Strategien konvergieren nicht, sondern sie bilden Zyklen. Keiner dieser Zyklen geht durch den eindeutig bestimmten Gleichgewichtspunkt $(1/3, 1/3, 1/3)$.

Kapitel VIII
n-Personen-Spiele

VIII.1 Nicht-kooperative Spiele

Bei der Betrachtung von n-Personen-Spielen muß dieselbe Unterscheidung wie bei den
Zweipersonen-Nicht-Nullsummen-Spielen gemacht werden, und zwar kann Kooperation
zwischen einigen bzw. allen Spielern verboten oder zugelassen sein, was in den jeweiligen Spielregeln festgelegt ist. Betrachten wir zunächst den ersten d.h. den nicht-kooperativen Fall.

Hier ist die Hauptfrage die nach der Existenz von Gleichgewichts-n-Tupeln. Sie wird
durch das folgende Theorem beantwortet.

<u>VIII.1.1 Theorem.</u> Jedes endliche, nicht kooperative n-Personen-Spiel hat mindestens
ein Gleichgewichts-n-Tupel gemischter Strategien.

Wir geben den Beweis nicht an. Man sieht aber leicht, daß es keine Schwierigkeiten
macht, den Beweis von Theorem VII.1.2 entsprechend zu verallgemeinern. Theorem
VIII.1.1 stellt zwar ein wertvolles Ergebnis dar, aber die Probleme, die mit den Gleichgewichtspunkten von Bimatrixspielen diskutiert wurden, bestehen auch hier. Darüber
hinaus ist die Berechnung von Gleichgewichts-n-Tupeln ($n \geq 3$) unvergleichlich komplizierter als die Bestimmung von Gleichgewichtspaaren. Generell besteht sonst kein
wesentlicher Unterschied zwischen der Theorie der nicht-kooperativen n-Personen
und der nicht-kooperativen, allgemeinen Zweipersonen-Spiele.

VIII.2 Kooperative Spiele

Betrachten wir nun den Fall, bei dem Kooperation erlaubt ist. Bei den nicht-kooperativen Spielen besteht - wie wir gerade bemerkten - kein wesentlicher Unterschied zwischen den Zwei-Personen- und n-Personen-Spielen, denn ein n-Personenspiel ist nur

eine direkte Verallgemeinerung eines Zwei-Personenspiels. Bei kooperativen Spielen jedoch taucht ein ganz neuer Aspekt auf, nämlich die Bildung von Koalitionen. Bei den Zwei-Personenspielen gibt es nur eine mögliche Koalition. Bei n-Personenspielen sind viele Koalitionen möglich und wenn eine Koalition gebildet wird und für einige Zeit zusammenhalten soll, so müssen ihre Mitglieder irgendeine Art von Gleichgewicht oder Stabilität erlangen. Genau diese Idee der Stabilität muß in jeder sinnvollen Theorie (über solche Spiele) analysiert werden.

Die Bedeutung dieser Stabilität veranschaulichen wir am besten durch das folgende Beispiel. Spieler 1,2 und 3 stehen vor dem Problem, Koalitionen zu bilden. Wenn es zwei Spielern gelingt, eine Koalition zu bilden, so muß der dritte jedem der beiden eine Einheit zahlen. Kommt keine Zweier-Koalition zustande, so findet keine Auszahlung statt. In diesem Beispiel bleibt nicht viel zu diskutieren. Unterstellt man keine persönlichen Beziehungen zwischen den drei Spielern, so kann jede der drei möglichen Zweier-Koalitionen gebildet werden, die man überdies nicht unterscheiden kann. Zu diesen Koalitionen gehören folglich die Auszahlungen $(-2, 1, 1)$, $(1, -2, 1)$ und $(1, 1, -2)$. Diese stellen gewissermaßen ein natürliches "Ergebnis" dar und können als "Lösung" des Spiels betrachtet werden. Alternativ dazu kann die Auszahlung $(0, 0, 0)$, die das Mittel der drei Auszahlungen ist, ebenfalls als eine Art Lösung des Spiels angesehen werden. (In welchem Sinne dies Lösungen sind, werden wir später sehen.) Wir verändern nun das obige Spiel, und zwar so, daß Spieler 1 bei Zustandekommen der Koalition $\{2,3\}$ gerade 1,1 Einheiten an 2 und 0,9 Einheiten an 3 zahlen muß. Das scheint die Aussichten von 2 zu verbessern, da er nun für dieselbe Aktion mehr bekommt. Allerdings zeigt eine genaue Untersuchung, daß dies nicht so ist, denn die Koalition $\{2,3\}$ wird nun fast unmöglich (wenn nicht äußere Schwierigkeiten die Kommunikation zwischen 1 und 3 behindern), weil 1 und 3 sicher auf ihrem Gewinn durch die Koalition $\{1,3\}$ bestehen. Also ist 2 in einer schlechteren Position als vorher. Tatsächlich sind die beiden Koalitionen, die er eingehen könnte, sehr instabil. Er kann sich aber helfen, indem er 3 eine Seitenzahlung von 0,1 Einheiten anbietet (derartige Seitenzahlungen seien möglich). Dadurch reduziert er das Spiel zu dem obigen.

Dieses Beispiel sollte dazu dienen, die Bedeutung von Seitenzahlungen und die Notwendigkeit einer Art von Stabilität unter den Auszahlungen einer Lösung zu demonstrieren. Diese letzte Frage wird später behandelt. Zunächst werden wir Seitenzahlungen untersuchen. Dabei taucht wiederum die Frage nach der Existenz eines linear transferierbaren Gutes auf, und wir nehmen an, daß ein solches Gut existiert. Die mit dieser Annahme entwickelte Theorie heißt Theorie der Seitenzahlungen.

In dieser Theorie können die Nutzenfunktionen der Spieler stets so gewählt werden, daß die Rate beim Nutzentransfer zwischen zwei Spielern gleich $1:1$ ist. Wie bei Zweipersonenspielen bedeutet dies, daß der von einer Teilmenge S von Spielern (Koalition) insgesamt erhaltene Nutzen v beliebig zwischen diesen Spielern aufgeteilt werden kann.

Daher sind wir nur an dem Gesamtnutzen interessiert, den die möglichen Koalitionen erhalten.

VIII.2.1 Definition. Sei $N = \{1, 2, \ldots, n\}$ die Menge aller n Spieler eines n-Personen-Spiels. Jede nicht-leere Teilmenge von N (N selbst und alle einelementigen Mengen eingeschlossen) heißt Koalition.

VIII.2.2 Definition. Eine reellwertige Funktion v , die auf der Potenzmenge von N definiert ist und jedem $S \subset N$ den Maximin-Wert des Zweipersonen-Spiels zwischen S und N-S zuordnet, heißt charakteristische Funktion des n-Personen-Spiels.

Damit ist $v(S)$ gleich dem Nutzen, den die Mitglieder der Koalition S zusammen im Spiel erhalten können, und zwar unabhängig davon, was die Spieler außerhalb von S tun. Aus dieser Definition folgt offenbar

$$8.2.1 \qquad\qquad v(\emptyset) = 0 .$$

Sind nun S und T disjunkte Koalitionen, so erhalten sie bei Vereinigung (zu der großen Koalition $S \cup T$) mindestens soviel, wie sie bekommen würden, wenn sie allein blieben. Damit haben wir die Eigenschaft der Super-Addidivität

$$8.2.2 \qquad v(S \cup T) \geqslant v(S) + v(T) \quad \text{für} \quad S \cap T = \emptyset .$$

Beim Umgang mit Zweipersonen-Spielen haben wir generell nicht die extensive, sondern die Normalform benutzt. Das lag daran, daß die Normalform ein möglichst einfaches Studium der gemischten Strategien ermöglicht, die ja das Wesen dieser Spiele ausmachen. Das Hauptanliegen der n-Personen-Spiele liegt aber nicht in der Randomisierung, sondern in der Bildung von Koalitionen. Daher werden wir nicht die Normalform sondern die charakteristische Funktion untersuchen. Sie gibt die Kapazitäten der verschiedenen Koalitionen an - optimale (Maximin) Randomisierung vorausgesetzt - und eignet sich daher zum Studium der Koalitionen bestens. Wir werden sogar ein Spiel mit seiner charakteristischen Funktion identifizieren.

VIII.2.3 Definition. Ein n-Personen-Spiel in Form der charakteristischen Funktion ist eine reellwertige auf der Potenzmenge von N definierte Funktion v , die die Bedingungen 8.2.1 und 8.2.2 erfüllt.

Einige Autoren haben 8.2.2 weggelassen und Funktionen betrachtet, die nur $v(\emptyset) = 0$ erfüllen. Solche Funktionen heißen auch uneigentliche Spiele, wogegen diejenigen, die auch 8.2.2 erfüllen, eigentliche Spiele genannt werden. Wenn nicht ausdrücklich anderes gesagt wird, werden wir in dem ganzen Buch nur eigentliche Spiele behandeln.

Wie oben erwähnt, ist $v(S)$ der Maximin-Wert des Spiels zwischen S und $N-S$. Nehmen wir an, daß die Normalform des Spiels eine konstante Summe besitzt, d.h., die Summe der Nutzenauszahlungen an alle Spieler ist konstant. Das Spiel zwischen S und $N-S$ verläuft dann unter vollständiger Konkurrenz, und damit gilt das Minimax-Theorem, sofern das Spiel endlich ist. Also haben wir

8.2.3
$$v(S) + v(N-S) = v(N) \, ,$$

was auf die folgende Definition führt.

<u>VIII.2.4 Definition.</u> Ein Spiel (in Form der charakteristischen Funktion) heißt Konstant-Summen-Spiel, wenn für alle $S \subseteq N$

$$v(S) + v(N-S) = v(N)$$

erfüllt ist.

Wir bemerken besonders, daß ein Spiel eine konstante Summe bezüglich der charakteristischen Funktion haben kann, während es in der Normalform keineswegs eine konstante Summe besitzt. Es ist sogar möglich, daß ein Spiel in Normalform eine konstante Summe besitzt, aber in Form der charakteristischen Funktion nicht. Das ist jedoch bei endlichen Spielen ausgeschlossen.

Nehmen wir nun an, daß ein n-Personenspiel gespielt wird. Ohne die resultierende spezielle Koalitionsstruktur näher zu untersuchen, möchte man doch alle möglichen Auszahlungsvektoren kennen. Angenommen, die Spieler sind zu irgendeiner Verständigung gelangt, dann ist der gesamte Nutzen $v(N)$ aufzuteilen. In einem Konstant-Summen Spiel ist dazu keine Verständigung notwendig. Dieser kann irgendwie aufgeteilt werden, aber es ist natürlich klar, daß kein Spieler weniger bekommen möchte als das Minimum dessen, was er allein ohne Koalition erzielen könnte.

<u>VIII.2.5 Definition.</u> Ein Vektor $x = (x_1, \ldots, x_n)$ heißt Imputation des n-Personen-Spiels v, wenn

(i)
$$\sum_{i \in N} x_i = v(N)$$

(ii)
$$x_i \geqslant v(\{i\}) \quad \text{für alle} \quad i \in N$$

gelten.

Die Menge aller Imputationen des Spiels v sei mit $E(v)$ bezeichnet. Abgesehen vom

Fall des Konstant-Summen-Spiels hält man unter Umständen die Bedingung (i) in dieser Definition für zu streng, da es sehr wohl möglich ist, daß die Spieler keine Verständigung erzielen, und somit weniger als den Gesamtbetrag $v(N)$ bekommen. Aber das Ziel, $v(N)$ zu erreichen, ist sinnvoll, und es wird sich zeigen, daß viele unserer "Lösungskonzepte" gerade die Vektoren eliminieren, die der Bedingung (i) nicht genügen.

Die entscheidende Frage lautet nun folgendermaßen: welche der Imputationen wird sich ergeben? Diese Frage ist äußerst kompliziert. Unter einer Bedingung wird sie allerdings trivial, und zwar dann, wenn die Menge $E(v)$ nur ein Element besitzt. In diesem Fall ist die eindeutig bestimmte Imputation offenbar schon die Lösung. Dabei ist die Koalitionsbildung gleichgültig. Diese Überlegung führt zu der Unterscheidung zwischen wesentlichen und unwesentlichen Spielen. Offenbar folgt aus der Superaddidivität

8.2.4
$$v(N) \geqslant \sum_{i \in N} v(\{i\})$$

und $E(v)$ hat nur ein Element, wenn das Gleichheitszeichen gilt.

<u>VIII.2.6 Definition.</u> Ein Spiel v heißt wesentlich, wenn

$$v(N) > \sum_{i \in N} v(\{i\})$$

gilt.

Gegenstand unseres Interesses sind nur die wesentlichen Spiele.

VIII.3 Domination, strategische Äquivalenz, Normierung

Es seien x und y Imputationen des Spiels v. Die Spieler seien vor die Aufgabe gestellt, zwischen x und y zu wählen. Können wir nun ein Kriterium dafür finden, wann eine der beiden vorgezogen wird? Abgesehen von $y = x$ wird es einige Spieler geben, die x vorziehen (und zwar diejenigen für die $x_i > y_i$). Da aber beide Vektoren Imputationen sind, wird es auch Spieler geben, die y bevorzugen. Es genügt also nicht festzustellen, daß einige Spieler x präferieren. Andererseits können nicht alle Spieler x vorziehen (da die Summe der Komponenten von x sowie von y gleich $v(N)$ ist). Wesentlich ist, ob die Spieler, die x präferieren, auch die Macht haben, die Wahl von x durchzusetzen.

164

<u>VIII.3.1 Definition.</u> Seien x und y zwei Imputationen und S eine Koalition. Wir sagen, x dominiert y durch S (Schreibweise: $x \succ_S y$), wenn

(i) $$x_i > y_i \quad \text{für alle} \quad i \in S$$

(ii) $$\sum_{i \in S} x_i \leq v(S) \quad \text{gilt.}$$

Ferner sagt man, x dominiert y, wenn es eine passende Koalition S mit $x \succ_S y$ gibt. Bedingung (i) besagt, daß alle Mitglieder der Koalition S y präferieren, während (ii) bedeutet, daß sie imstande sind, x zu realisieren. Man überlegt sich leicht, daß die Relation $\succ_S$ für gegebenes S die Menge aller Imputationen in gewissem Sinn ordnet. Andererseits ist diese Relation irreflexiv und weder transitiv noch antisymmetrisch (da die Koalition S in den verschiedenen Fällen unterschiedlich sein kann). Das impliziert erhebliche Schwierigkeiten wie sich später zeigen wird. Da wir die Spiele mit Hilfe der Dominanzrelation analysieren wollen, interessieren uns natürlich Spiele, deren Imputationsmengen die gleiche "Dominationsstruktur" aufweisen.

<u>VIII.3.2 Definition.</u> Zwei n-Personen-Spiele u und v heißen isomorph, wenn es eine bijektive Abbildung f gibt, die E(u) auf E(v) abbildet, derart, daß für $x, y \in E(u)$ und $S \subset N$ gilt $x \succ_S y \Leftrightarrow f(x) \succ_S f(y)$.

Es ist u.U. kompliziert festzustellen, ob zwei Spiele in diesem Sinne isomorph sind. Wir haben jetzt das folgende Kriterium:

<u>VIII.3.3 Definition.</u> Zwei n-Personen-Spiele u und v heißen S-äquivalent, wenn eine positive reelle Zahl r und n reelle Konstante $\alpha_1, \ldots, \alpha_n$ so existieren, daß für alle $S \subset N$

$$v(S) = ru(S) + \sum_{i \in S} \alpha_i$$

gilt.

Sind also zwei Spiele S-äquivalent, so kann man eines aus dem anderen herleiten, in dem man Nutzenräume der Spieler passend linear transformiert. Man zeigt leicht, daß die S-Äquivalenz die Isomorphie der Spiele impliziert.

<u>VIII.3.4 Theorem.</u> Sind die Spiele u und v S-äquivalent, dann sind sie isomorph.

<u>Beweis:</u> Es seien u und v S-äquivalent. Die Funktion

$$f(x) = rx + \alpha$$

mit r und $\alpha = (\alpha_1, \ldots, \alpha_j)$ wie in VIII.3.3 bildet $E(u)$ auf $E(v)$ ab. Überdies folgt aus $x \succ_s y$ wegen $r > 0$ $f(x) \succ_s f(y)$. Also ist f der gesuchte Isomorphismus. $\quad\Box$

Damit ist S-Äquivalenz hinreichend für die Isomorphie zweier Spiele. Die Umkehrung dieses Satzes gilt. Der Beweis dafür ist aber zu lang, um ihn hier zu behandeln. S. Literaturhinweis VIII.5. Offensichtlich stellt die S-Äquivalenz eine Äquivalenzrelation dar. Um das zu zeigen, braucht nur aus jeder Äquivalenzklasse ein spezielles Spiel als Vertreter herauszugreifen.

__VIII.3.5 Definition.__ Ein Spiel v heißt auf $(0,1)$ normiert, wenn gilt

(i) $$v(\{i\}) = 0 \quad \text{für alle} \quad i \in N$$

(ii) $$v(N) = 1$$

__VIII.3.6 Theorem.__ Jedes wesentliche Spiel ist genau einem Spiel in $(0,1)$-Normierung äquivalent.

Theorem VIII.3.6, dessen Beweis wir weglassen (weil er trivial ist), besagt, daß man je ein Spiel in $(0,1)$-Normierung als Repräsentant einer Klasse äquivalenter Spiele wählen kann. Der Vorteil, ein solches Spiel zu wählen, liegt darin, daß dort der Wert $v(S)$ einer Koalition direkt deren Stärke (d.h. den zusätzlichen Betrag, den die Mitglieder erhalten, wenn sie diese Koalition eingehen) angibt und zweitens darin, daß alle seine Imputationen "Wahrscheinlichkeitsvektoren" sind. In der Literatur wurden noch andere Normierungen von n-Personen-Spielen verwendet. Üblich ist z.B. die $(-1,0)$-Normierung, bei der $v(\{i\}) = -1$ und $v(N) = 0$ ist. Wir werden jedoch durchweg Spiele in $(0,1)$-Normierung behandeln. Da wir uns nur für wesentliche Spiele interessieren, bedeutet das keine Beschränkung der Allgemeinheit.

Die Menge aller n-Personen-Spiele in $(0,1)$-Normierung ist also gleich der Menge aller reellwertigen auf der Potenzmenge von N definierten Funktionen v mit den Eigenschaften

8.3.1 $$v(\emptyset) = 0$$

8.3.2 $$v(\{i\}) = 0 \quad \text{für alle} \quad i \in N$$

8.3.3 $$v(N) = 1$$

8.3.4 $$v(S \cup T) \geqslant v(S) + v(T) \quad \text{für} \quad S \cap T = \emptyset.$$

Diese vier Bedingungen definieren eine $(2^n - n - 2)$-dimensionale konvexe Menge. Beim Spiel mit konstanter Summe kommt noch die Bedingung

8.3.5 $$v(N - S) = v(N) - v(S) \quad \text{für alle} \quad S \subset N$$

hinzu. Das liefert $2^{n-1}-1$ neue Gleichungen, so daß die Menge der Konstant-Summen-Spiele die Dimension $2^{n-1}-n-1$ hat. Also ist die Dimension der Menge aller n-Personen-Konstant-Summen-Spiele gleich der Dimension der Menge aller n-Personen-Spiele, und die beiden Mengen sind in der Tat kongruent.

Ist nämlich u ein (n-1)-Personenspiel in (0,1)-Normierung, so kann es dadurch zu einem n-Personen-Konstant-Summen-Spiel v erweitert werden, daß man einen n-ten Spieler zuläßt und

$$v(S) = u(S) \qquad \text{für} \quad n \notin S$$

$$v(S) = 1-u(N-S) \quad \text{für} \quad n \in S$$

setzt. Man prüft leicht nach, daß dieses Spiel eine konstante Summe besitzt. Zwei Typen von Spielen sind von besonderem Interesse.

<u>VIII.3.7 Definition.</u> Ein Spiel v heißt symmetrisch, wenn $v(S)$ nur von der Zahl der Elemente von S abhängt.

<u>VIII.3.8 Definition.</u> Ein Spiel v in (0,1)-Normierung heißt einfach, wenn für alle $S \subset N$ $v(S) = 0$ oder $v(S) = 1$ gilt. Ein Spiel ist einfach, wenn seine (0,1)-Normierung einfach ist.

Ein einfaches Spiel liegt also dann vor, wenn jede Koalition entweder gewinnt (Wert 1) oder verliert (Wert 0), und keine andere Möglichkeit dazwischen existiert. Einfache Spiele sind z.B. in den politischen Wissenschaften anwendbar ("Wahlspiele" usw.).

VIII.4 Kern und stabile Mengen

Wir fahren nun fort, die Spiele mit Hilfe des Begriffes der Dominanz zu analysieren. Zunächst untersuchen wir natürlich die nicht dominierten Imputationen.

<u>VIII.4.1 Definition.</u> Die Menge aller nicht dominierten Imputationen eines Spieles v heißt Kern des Spiels. Er wird mit $C(v)$ bezeichnet.

<u>VIII.4.2 Theorem.</u> Der Kern eines Spiels v ist die Menge aller n-Vektoren x mit den Eigenschaften

$$\text{(a)} \qquad \sum_{i \in S} x_i \geqslant v(S) \quad \text{für alle} \quad S \subset N$$

$$\text{(b)} \qquad \sum_{i \in N} x_i = v(N) \, .$$

<u>Beweis:</u> Für $S = \{i\}$ wird die Bedingung (a) zu $x_i \geqslant v(\{i\})$. Zusammen mit (b) bedeutet das, daß alle derartige Vektoren Imputationen sind. Angenommen x genügt (a) und (b), und $y_i > x_i$ für alle $i \in S$. Dann folgt wegen (a)

$$\sum_{i \in S} y_i > v(S) \; .$$

Also ist $y \succ_S x$ falsch und somit $x \in C(v)$. Erfüllt nun y z.B. (b) nicht, so ist es nicht einmal eine Imputation und somit nicht in $C(v)$. Gibt es dann eine nicht-leere Menge $S \subseteq N$ mit

$$\sum_{i \in S} y_i = v(S) - \varepsilon$$

und $\varepsilon > 0$, dann sei

$$\alpha = v(N) - v(S) - \sum_{i \in N-S} v(\{i\}) \; .$$

Wegen der Superadditivität ist $\alpha \geqslant 0$. Ferner sei s ein Element aus S, dann definieren wir z durch

$$z_i = \begin{cases} y_i + \dfrac{\varepsilon}{s} & \text{für } \quad i \in S \\[2em] v(\{i\}) + \dfrac{\alpha}{n-s} & \text{für } \quad i \notin S. \end{cases}$$

Man erkennt, daß z eine Imputation mit $z \succ_S y$ ist. Also ist $y \notin C(v)$. $\quad\Box$

Wie Theorem VIII.4.2 zeigt, ist $C(v)$ eine abgeschlossene und konvexe Menge (durch ein System von linearen Ungleichungen charakterisiert). Das ist deshalb von Bedeutung, weil die klassische ökonomische Theorie den Kern gewöhnlich als Lösung der meisten spieltheoretischen Probleme angibt. Jede Imputation aus dem Kern ist in dem Sinn stabil, daß es keine Koalition gibt, die den Wunsch und die Macht hätte, den Ausgang des Spiels zu ändern. In der Regel hat der Kern natürlich mehr als ein Element, was aber keine wesentliche Schwierigkeit bedeutet. Es besagt nur, daß es mehrere stabile Ausgänge des Spiels gibt. Das größere Problem besteht darin, daß der Kern leer sein kann.

<u>VIII.4.3 Theorem.</u> Für jedes wesentliche Konstant-Summen-Spiel gilt $C(v) = \emptyset$

<u>Beweis:</u> Sei $x \in C(v)$, dann gilt für jedes $i \in N$

$$\sum_{j \in N-\{i\}} x_j \geq v(N-\{i\})$$

und wegen der konstanten Summe gilt

$$v(N-\{i\}) = v(N) - v(\{i\}) \, .$$

Da aber x eine Imputation ist, muß $x_i \leq v(\{i\})$ gelten. Das Spiel v ist wesentlich, also folgt

$$\sum x_i \leq \sum v(\{i\}) < v(N)$$

was $x \notin E(v)$ zeigt. Dieser Widerspruch beweist $C(v) = \emptyset$

Da der Kern oft leer ist, scheint es notwendig, nach anderen Lösungskonzepten zu suchen. Ein solches ist das der stabilen Mengen, für das wir zunächst eine heuristische Rechtfertigung geben.

In VIII.2 gaben wir ein Beispiel eines Drei-Personen-Spiels, dessen charakteristische Funktion von der Form

$$v(s) = \begin{cases} -2 & \text{sofern } S \quad \text{ein Mitglied hat} \\ 2 & \text{sofern } S \quad \text{zwei Mitglieder hat} \\ 0 & \text{sofern } S \quad \text{drei Mitglieder hat} \end{cases}$$

ist. Wir können dieses Spiel auf $(0,1)$ normieren (man setzt dazu $r = 1/6$, $\alpha_1 = \alpha_2 = \alpha_3 = 1/3$) oder auch die alte Form belassen. Die $(0,1)$-Normierung ist ein einfaches Spiel, in dem Zwei- und Drei-Personen-Koalitionen gewinnen und die Einer-Koalitionen verlieren. Für diese $(0,1)$-Normierung erhalten wir die drei Imputationen

$$\alpha_{12} = (\tfrac{1}{2}, \tfrac{1}{2}, 0)$$

$$\alpha_{13} = (\tfrac{1}{2}, 0, \tfrac{1}{2})$$

$$\alpha_{23} = (0, \tfrac{1}{2}, \tfrac{1}{2})$$

als eine "Lösung". Aber in welchem Sinne ist das eine "Lösung"? Man sieht, daß keine dieser drei Imputationen eine der anderen dominiert. (Diese Domination war der Grund für das Verbot der drei wenig geänderten Imputationen in der folgenden Variante des

Spiels.) Hinzu kommt, daß jede Menge mit nur einer Imputation diese Eigenschaft besitzt. Diese aber hat die folgende weitere Eigenschaft, daß mit Ausnahme der drei α_{ij} jede Imputation durch eine dieser drei dominiert wird.

Um das einzusehen, nehmen wir eine beliebige Imputation $x = (x_1, x_2, x_3)$ des Spiels. Für diese gilt $x_i \geq 0$ und $x_1 + x_2 + x_3 = 1$, weil das Spiel $(0,1)$-normiert ist. Es können also höchstens zwei der Komponenten gleich $1/2$ sein. Tritt dieser Fall ein, dann müssen beide Komponenten gleich $1/2$ und die letzte gleich Null sein. Das bedeutet aber, x ist gleich einem der α_{ij}. Ist x aber irgendeine andere Imputation, dann kann höchstens eine der Komponenten gleich $1/2$ sein, während mindestens zwei kleiner sein müssen als $1/2$. Es seien dies x_i und x_j mit $i < j$. Also gilt $\alpha_{ij} \not> x$ bezüglich $\{i, j\}$. Dieser Gedanke führt uns zur Definition des folgenden neuen "Lösungs-Konzepts".

<u>VIII.4.4 Definition.</u> Eine Menge $V \subset E(v)$ heißt stabil für v, wenn

(i) $\qquad\qquad\qquad x, y \in V \quad$ impliziert $\quad x \not> y$,

(ii) $\qquad\qquad\qquad x \notin V, \quad$ dann existiert $\quad y \notin V \quad$ mit $\quad y > x$.

Eine stabile Menge besitzt also sowohl innere (keine Imputation aus V dominiert eine andere aus V) als auch äußere Stabilität (jede Imputation außerhalb V wird durch eine Imputation aus V dominiert). Von Neumann und Morgenstern definieren als erste stabile Mengen. Man nennt die stabilen Mengen eines Spiels auch Lösungen des Spiels. Das werden wir nicht tun, weil bisher schon viele andere Lösungskonzepte formuliert worden sind.

Eine grundsätzliche Schwierigkeit bei der Handhabung stabiler Mengen besteht darin, daß weder deren Existenz noch Eindeutigkeit gesichert wird. Es gibt bisher kein Theorem bezüglich der Existenz stabiler Mengen. Andererseits ist auch kein -Personen-Spiel bekannt, das keine stabilen Mengen besitzt. Die meisten Spiele besitzen "sehr viele" stabile Mengen und es gibt nur wenige mit genau einer stabilen Menge. [1]

<u>VIII.4.5 Beispiel.</u> Betrachten wir noch einmal das oben behandelte 3-Personen-Konstant-Summen-Spiel in $(0,1)$-Normierung. Wie bereits erwähnt, ist die Menge

$$V = \{(\tfrac{1}{2}, \tfrac{1}{2}, 0), \ (\tfrac{1}{2}, 0, \tfrac{1}{2}), \ (0, \tfrac{1}{2}, \tfrac{1}{2})\}$$

stabil. Sie ist aber nicht die einzige stabile Menge. Ist nämlich $c \in [0, 1/2)$, so prüft man leicht nach, daß die Menge

---

[1] Ein 10-Personen-Spiel ohne stabile Mengen wurde kürlich konstruiert. S. LUCAS, W.F. "A Game with no Solution" Rand Memorandum RM-5518-PR, The Rand Corporation, Okt.67

$$V_{3,c} = \{(x_1, 1-c-x_1, c) \mid 0 \leqslant x_1 \leqslant 1-c\}$$

ebenfalls stabil ist. Gemäß $V_{3,c}$ erhält Spieler 3 die Konstante c, während 1 und 2 den Rest irgendwie unter sich aufteilen. Die innere Stabilität folgt auch der Tatsache, daß sich zwei solche Imputationen x und y nur darin unterscheiden, daß etwa $x_1 > y_1$ und $x_2 < y_2$ gilt. Allerdings ist eine Domination von Imputationen durch Einer-Koalition unmöglich.

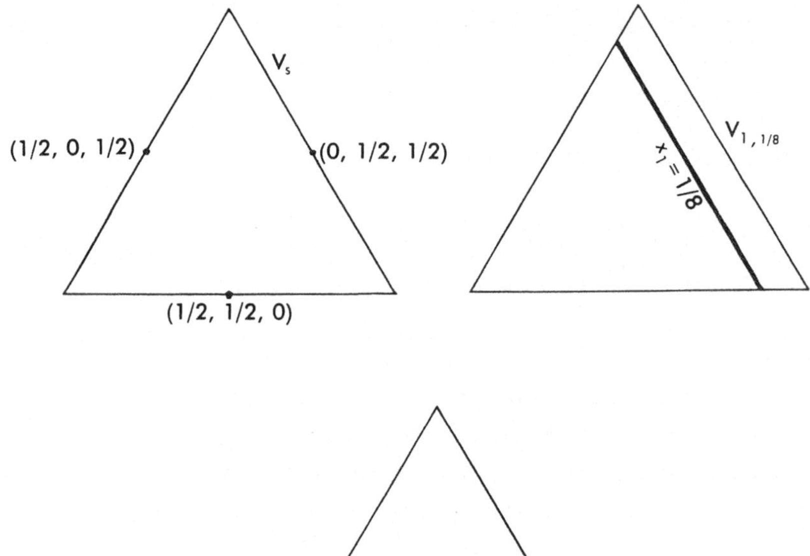

Abb. VIII.4.1

Zum Nachweis der äußeren Stabilität von $V_{3,c}$ sei y eine Imputation außerhalb dieser Menge. Das bedeutet $y_3 \neq c$, also entweder $y_3 > c$ oder $y_3 < c$. Im Falle $y_3 > c$ sei etwa $y_3 = c + \varepsilon$. Wir definieren dann x durch

$$x_1 = y_1 + \varepsilon/2$$
$$x_2 = y_2 + \varepsilon/2$$
$$x_3 = c .$$

Offenbar gilt $x \in V_{3,c}$ und $x \succ y$ vermöge $\{1,2\}$. Falls aber $y_3 < c$ ist, muß entweder $y_1 = 1/2$ oder $y_2 \leqslant 1/2$ gelten. Sei etwa $y_1 \leqslant 1/2$. Dann setze man $x = (1-c, 0, c)$.

Wegen $1-c > 1/2 \geqslant y$ ist damit $x \succ y$ vermöge $\{1,3\}$ und offenbar $x \in V_{3,c}$. Gilt aber $y_2 \leqslant 1/2$ so findet man analog $z = (0, 1-c, c)$ mit $z \succ y$. Somit ergibt sich, daß - abge- sehen von den symmetrischen stabilen Mengen - dieses Spiel eine Familie von Lösungen besitzt, in denen Spieler 3 einen festen Betrag c aus dem Intervall $[0, 1/2)$ erhält. Diese heißen die diskriminierenden stabilen Mengen, und Spieler 3 heißt diskriminiert. In der Menge $V_{3,0}$ bezeichnet man Spieler 3 als total diskriminiert oder ausgeschlossen.

Aus der Symmetrie des Spiels folgt die Existenz zweier Familien stabiler Mengen $V_{1,c}$, $V_{2,c}$, in denen Spieler 1 bzw. Spieler 2 diskriminiert sind.

Das folgende Beispiel zeigt, daß ein Spiel eine große Zahl stabiler Mengen besitzen kann. Jedoch ist unklar, nach welchen Prinzipien eine davon ausgewählt werden soll. Außerdem möchte man wissen, wie aus einer gegebenen stabilen Menge eine Imputation auszuwählen ist. Von Neumann und Morgenstern schlagen vor, die stabilen Mengen als Verhandlungsnormen aufzufassen, die von einer gegebenen sozialen Ordnung abhängig sind. Hat sich eine Gesellschaft für eine Verhaltensnorm (stabile Menge) entschieden, so setzt schließlich das individuelle Verhandlungsgeschick der Spieler die Imputation fest.

Wie schon erwähnt, gibt es noch keinen allgemeinen Beweis für die Existenz stabiler Mengen. Einige Untersuchungen beweisen die Existenz stabiler Mengen für bestimmte Typen von Spielen und andere prüfen die Existenz bestimmter Typen von stabilen Mengen. Betrachten wir die folgenden Theoreme:

<u>VIII.4.6 Theorem.</u> Es sei v ein einfaches $(0,1)$-normiertes Spiel und S eine minimale Gewinnkoalition (d.h. eine Koalition mit $v(S) = 1$, aber $v(T) = 0$ für alle $T \subset S$, $T \neq S$). Sei weiterhin V_S die Menge aller Imputationen x mit $x_i = 0$ für alle $i \notin S$, dann ist V_S eine stabile Menge.

Der Beweis dieses Theorems verläuft wie der im Beispiel VIII.4.5 (Stabilität von $V_{3,c}$).

Theorem VIII.4.6 besagt, daß jedes einfache Spiel diskriminierende stabile Mengen besitzt, in denen eine minimale Gewinnkoalition alle anderen ausschließt. In bestimmten Fällen ist es jedoch möglich, einigen der diskriminierten Spieler einen geringen Betrag auszuzahlen (siehe Beispiel VIII.4.5). Die genauen Werte, die sie erhalten können, sind oft sehr schwierig zu bestimmen, wir werden dieses Problem nicht weiter verfolgen.

<u>VIII.4.7 Beispiel.</u> (Symmetrische Lösungen für Drei-Personenspiele)

In Beispiel VIII.4.6 wurden alle stabilen Mengen für Drei-Personenspiele angegeben. Wir werden nun versuchen, diese symmetrische, stabile Drei-Punkt-Menge zur symmetrischen, stabilen Menge anderer symmetrischer Drei-Personenspiele mit beliebiger Summe zu verallgemeinern.

172

Für ein auf $(0,1)$ normiertes Drei-Personenspiel sind die Werte der Ein- und Drei-
Personen-Koalitionen vorher bekannt, so daß nur die Werte von Zwei-Personen-Koali-
tionen zu bestimmen sind. Für ein symmetrisches Spiel haben diese alle den gleichen
Wert und somit existiert genau ein Parameter v_2, der diese Spiele festlegt. Dieser
Parameter kann im Intervall $[0,1]$ variieren, für $v_2 = 1$ ergibt sich ein Spiel mit konstanter Summe, hingegen bei $v_2 = 0$ ein "reines Verhandlungsspiel", in dem jede Imputation dem Kern angehört, sodaß der Kern die einzige stabile Menge darstellt.

Ist v_2 nun sehr groß (d.h. nahe der 1), so werden sich die Spieler sicher so ähnlich
verhalten wie in einem Spiel mit konstanter Summe. Also werden sie zunächst versuchen,
eine Zwei-Spieler-Koalition einzugehen. Da nun jeder gegen jeden zu verhandeln sucht,
können sie nicht allzuviel von ihrem möglichen Partner erwarten und das "natürliche"
Ergebnis wird ein Kompromiß zwischen den Mitgliedern der Koalition sein, sodaß die
Gewinne gleichmäßig verteilt werden.

Hat sich eine Zwei-Spieler-Koalition erst einmal gebildet, so werden ihre Mitglieder
mit dem übriggebliebenen Spieler über die Aufteilung der restlichen $1 - v_2$ Nutzeneinheiten verhandeln. In diesem Fall gibt es keine Alternative, es existiert kein anderer
Spieler mehr, mit dem noch verhandelt werden könnte, und somit hängt der Betrag, den
die Koalition erhält, ausschließlich vom Verhandlungsgeschick der drei Spieler ab. Also
ist zu erwarten, daß eine stabile Menge gefunden werden kann, die - geometrisch inter-
pretiert - aus den drei Strecken

$$
8.4.1 \qquad \left.\begin{array}{c} (x,x,1-2x) \\ (x,1-2x,x) \\ (1-2x,x,x) \end{array}\right\} \qquad v_2/2 \leqslant x \leqslant \frac{1}{2}
$$

besteht (siehe Abb. VIII.4.2). Die Stabilität dieser Menge ist offenbar für $v_2 \geqslant \frac{2}{3}$ garantiert.

Die innere Stabilität kann wie folgt nachgewiesen werden: Aus $x \geqslant v_2/2$ folgt $2x \geqslant v_2$,
sodaß die Imputation $(x, x, 1-2x)$ nur durch eine der beiden Koalitionen $\{1,3\}$ und $\{2,3\}$
dominiert werden kann. Jedoch kann keine der durch 8.4.1 gegebenen Imputation $(x, x,$
$1-2x)$ vermöge $\{1,3\}$ dominieren, da in einer Imputation $(y, y, 1-2y)$ für $y > x$ auch
$1-2x > 1-2y$ gilt, während in einer Imputation $(y, 1-2y, y)$ für $y > x$ schließlich $2y > v_2$
folgt. Also ist die Menge $\{1,3\}$ nicht effektiv. Symmetrie und ähnliche Betrachungs-
weisen vervollständigen den Beweis der inneren Stabilität. Die äußere Stabilität läßt sich
ebenfalls leicht nachweisen. Wegen $v_2 \geqslant \frac{2}{3}$ besitzt nämlich jede Imputation höchstens
zwei Komponenten, die größer oder gleich $v_2/2$ sind mit Ausnahme des Falles $v_2 = 2/3$.
Diese Ausnahme bildet hier die Imputation $(\frac{1}{3}, \frac{1}{3}, \frac{1}{3})$, die aber 8.4.1 erfüllt. Also
hat jede Imputation, die nicht 8.4.1 erfüllt, höchstens zwei Komponenten, die größer

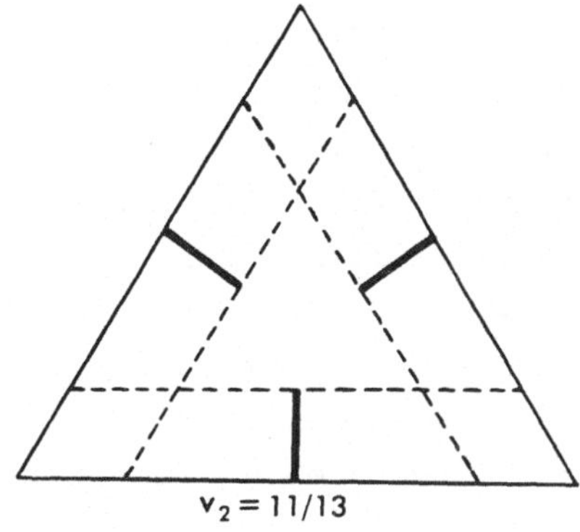

Abb. VIII.4.2

oder gleich $v_2/2$ sind. Nehmen wir nun an, eine Imputation z besitzt zwei derartige Komponenten. Aus Symmetriegründen sollen dies die ersten beiden Komponenten z_1 und z_2 sein. Für $z_1 = z_2$ erfüllt z die Bedingung 8.4.1. Gilt $z_1 \neq z_2$, so kann man (wiederum wegen der Symmetrie) annehmen, daß $z_1 = z_2 + 3\varepsilon$ mit $\varepsilon > 0$ ist. Dann wird z von der Imputation

$$(z_2 + \varepsilon, \ z_2 + \varepsilon, \ z_3 + \varepsilon)$$

vermöge der Koalition $\{2,3\}$ dominiert.

Wenn jedoch die Imputation z höchstens eine Komponente besitzt, die gleich $v_2/2$ ist, dann kann angenommen werden, daß sowohl z_1 als auch z_2 kleiner als $v_2/2$ sind. Also wird z in diesem Fall durch

$$(v_2/2, \ v_2/2, \ 1 - v_2)$$

vermöge $\{1,2\}$ dominiert.

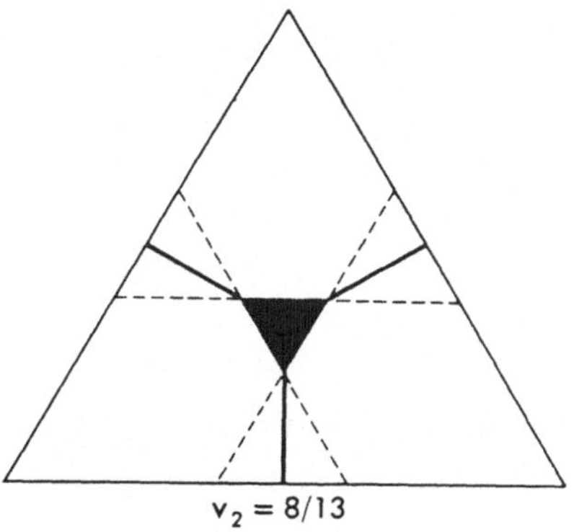

Abb. VIII.4.3

Dieser Beweis gilt nicht für $v_2 < 2/3$. Dann ergibt sich zwar innere Stabilität, jedoch geht die äußere verloren. Solche Spiele besitzen einen Kern, der aus allen Imputationen $y = (y_1, y_2, y_3)$ besteht mit $y_i \leqslant 1 - v_2$ für $i = 1, 2, 3$. Man kann leicht nachprüfen, daß die Vereinigung des Kerns mit den drei Strecken von 8.4.1 eine stabile Menge bildet. (siehe Abb.VIII.4.3) Weiterhin sind alle drei Segmente für $v_2 \leqslant 1/2$ Teilmengen des Kerns. Also ist in diesem Fall der Kern eine eindeutig bestimmte Menge (siehe Abb.VIII.4.4). Wie wir gesehen haben, bildet die Menge aller n-Personenspiele (in Normalform) eine kompakte Teilmenge des $(2^n - n - 2)$-dimensionalen Euklidischen Raumes. Wir geben die folgenden Theoreme ohne Beweis an.

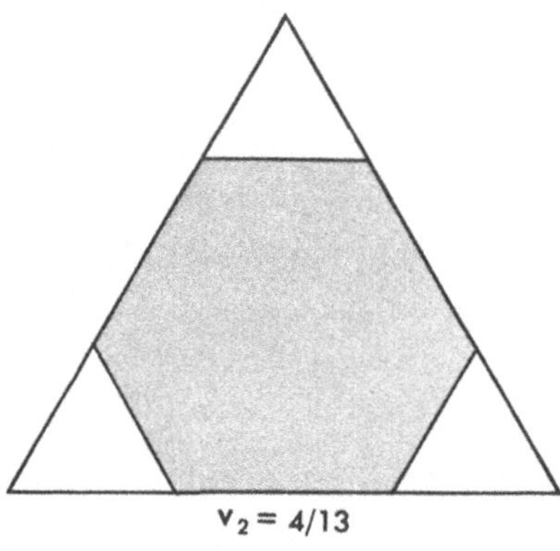

Abb. VIII. 4.4

VIII.4.8 Theorem. Jeder positive Teil [1] der Menge aller n-Personenspiele besitzt eindeutig stabile Mengen, die aus dem Kern bestehen.

VIII.4.9 Theorem. Ein positiver Teil der Menge aller n-Personenspiele besitzt stabile Mengen, die n – 2 Spieler diskriminieren. Außerdem sind dabei mindestens n – 3 der diskriminierten Spieler sogar ausgeschlossen.

VIII.5 Edgeworth-Marktspiele – ein Beispiel

Wir haben uns zuletzt überwiegend mit mathematischen Betrachtungen beschäftigt und wollen nun einige davon auf die Ökonomie anwenden.

Betrachten wir den folgenden Typ eines Zwei-Personen-Nicht-Nullsummenspiels: Spieler I besitze genau a Einheiten eines Gutes, während Spieler II genau über b Einheiten

---

[1] Teilmenge mit positivem Lebesgue-Maß (Anm. d. Übers.)

eines anderen Gutes verfügt. Wir stellen dies folgendermaßen dar: Spieler I besitzt ein Bündel (a, 0), Spieler II das Bündel (0, b). Nun sollen sie miteinander handeln und zwar so, daß beide an Nutzen gewinnen. Nach dem Handel besitzen sie schließlich die Bündel (x, y) bzw. (a - x, b - y) mit $0 \leqslant x \leqslant a$ und $0 \leqslant y \leqslant b$.

Spiele dieser Art wurden zuerst von Edgeworth behandelt. Er gab eine "Lösung", die den stabilen Mengen von Neumann-Morgenstern analog ist.

Diese "Lösung" ist eine Menge A von Verteilungen derart, daß keine Verteilung aus A von beiden Spielern einer anderen aus A vorgezogen wird; wenn aber ((x, y); (a - x, b - y)) irgendeine Verteilung ist, die nicht in A liegt, so gibt es eine Verteilung ((x', y'); (a - x', b - y')) aus A, die von beiden Spielern präferiert wird. Schließlich ist der Nutzen beider Spieler für alle Verteilungen in A wenigstens so groß wie der der Anfangsverteilung (a, 0), (0, b). Unter der Annahme der unendlichen Teilbarkeit der gehandelten Güter, bildet die Menge A die sogenannte Kontrakt-Kurve.

Diese ist in Abb. VIII.5.1 durch ein System von Indifferenzkurven graphisch dargestellt. Zwei beliebige Punkte auf einer der Indifferenzkurven, die nach unten konvex sind, repräsentieren stets den gleichen Nutzen für Spieler I, während zwei beliebige Punkte auf einer der Kurven, die nach oben konvex sind, den gleichen Nutzen für Spieler II darstellen. Die Kontraktkurve ist dann die Menge der Berührungspunkte der Kurven dieser beiden Scharen mit der Beschränkung, daß der Nutzen beider Spieler auf oder oberhalb des Punktes liegt, an dem nicht mehr gehandelt wird. In seiner Analyse schließt Edgeworth nun, daß bei Anwachsen der Spielerzahl unter bestimmten plausiblen Bedingungen die Kontraktkurve zu einem einzelnen Grenzpunkt zusammenschrumpft. Dieser liefert genau den "Marktpreis". Wir geben nun die mathematische Beschreibung dieses Sachver-

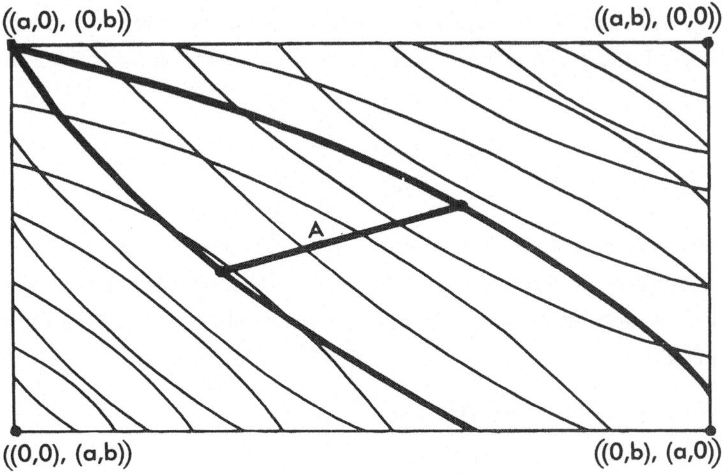

Abb. VIII.5.1

haltes und betrachten dazu einen Markt, der aus der Menge $I = M \cup N$ von Händlern besteht. Die Mitglieder i von M haben ein anfängliches Güterbündel $(a_i, 0)$, während die Mitglieder j von N zunächst über die Bündel $(0, b_j)$ verfügen. Der Spieler i besitze die Nutzenfunktion $\psi_i(x, y)$. Es wird folgendes angenommen:

8.5.1   Jedes ψ_i ist streng konvex.

8.5.2 $\lim\limits_{x \to \infty} \psi_i(x, y) < \infty$ für jedes y.

8.5.3 $\lim\limits_{y \to \infty} \psi_i(x, y) < \infty$ für jedes x.

8.5.4   Die zweiten partiellen Ableitungen der ψ_i existieren und sind überall stetig.

Wir nehmen weiterhin an, daß die Koalition S gebildet wird. Die Mitglieder von S werden ihr gemeinsames Bündel so aufteilen, daß ihr Gesamtnutzen maximiert wird, und zu dem Zweck machen sie eventuell einige Seitenzahlungen. Damit ergibt sich

8.5.5
$$v(S) = \max_{x,y} \left\{ \sum_{k \in S} \psi_k(x_k, y_k) \right\}$$

wobei das Maximum über alle x, y genommen wird, mit $x_k \geq 0$, $y_k \geq 0$,
$\sum\limits_{k \in S} x_k = \sum\limits_{i \in S \cap M} a_i$ und $\sum\limits_{k \in S}' y_k = \sum\limits_{j \in S \cap N} b_j$. Vereinfachend wird angenommen, daß die
Spieler die gleiche Nutzenfunktion haben:

$$\psi_i(x, y) = \psi(x, y) \quad \text{für alle } i.$$

Wegen der strengen Konvexität von ψ erhält man eine optimale Verteilung der Güter durch eine Gleichverteilung. Nehmen wir weiter an, daß jedes Mitglied von M über die gleiche Menge a des ersten Gutes und jedes Mitglied von N über die gleiche Menge b des zweiten Gutes verfügt, dann können wir die charakteristische Funktion implizit angeben durch

8.5.6
$$v(S) = s\psi(s_m a/s, s_n b/s),$$

wobei s, s_m, s_n beziehungsweise die Anzahl der Elemente von S, $S \cap M$ und $S \cap N$ sind. Ein solches Spiel, bei dem M über m und N über n Elemente verfügt, bezeichnen wir durch $[m, n]$. Wir betrachten nun das Zwei-Personenspiel $[1,1]$. Die charakteristische Funktion ist erklärt durch

$$v(\{1\}) = \psi(a, 0)$$

$$v(\{2\}) = \psi(0, b)$$

$$v(\{1, 2\}) = 2\psi(a/2, b/2).$$

Es wird sich zeigen, daß dieses Spiel eine eindeutig bestimmte Menge besitzt, die aus allen Imputationen besteht, d.h. aus allen Vektoren der Form (z_1, z_2) mit

8.5.7 $\qquad\qquad z_1 + z_2 = 2\psi(a/2, b/2)$

8.5.8 $\qquad\qquad z_1 \geqslant \psi(a, 0)$

8.5.9 $\qquad\qquad z_2 \geqslant \psi(0, b)$.

Wir kommen nun zu

<u>VIII.5.2 Theorem</u>. Für jede natürliche Zahl n besitzt das Spiel $[n, n]$ eine stabile Menge V , die aus allen Vektoren x besteht mit $x_i = z_1$ für $i \in M$ und $x_j = z_2$ für $j \in N$, wobei (z_1, z_2) (8.5.7)-(8.5.9) erfüllt.

<u>Beweis</u>. Erstens ist V intern stabil. Eine Domination kann nämlich nur durch eine Menge S erfolgen, für die $S \cap M \neq \emptyset$ und $S \cap N \neq \emptyset$ gilt. Aber für $x, y \in V$ ist dann $x_j < y_j$ für alle $j \in N$, sofern für mindestens ein $i \in M$ $x_i > y_i$ gilt. Also gilt $x \not\succ y$.

Sei nun $x \in V$. Dann existiert ein Paar (i, j) mit $i \in M$ und $j \in N$, so daß $x_i + x_j < 2\psi\left(\frac{a}{2}, \frac{b}{2}\right)$ gilt. Wählt man $(\hat{z}_1, \hat{z}_2)$ so, daß $\hat{z}_1 \gg x_i$ und $\hat{z}_2 > x_j$ gelten, dann dominiert die zu $(\hat{z}_1, \hat{z}_2)$ gehörige Imputation $y \in V$ natürlich x vermöge (i, j) . Also ist V extern stabil.
$\qquad\qquad\qquad\qquad\qquad\qquad\qquad\qquad\qquad\qquad\qquad\qquad\qquad\qquad$ ☐

Offenbar zeigt dies, daß die stabilen Mengen nicht auf einen Punkt zusammenschrumpfen, wenn m wächst. Eine solche Tendenz ist jedoch beim Kern festzustellen. Wir betrachten die beiden extremen Fälle und zwar das Monopol (das Spiel $[1, n]$) und die vollständige Konkurrenz (das Spiel $[m, n]$, m und n sehr groß).

<u>VIII.5.3 Theorem</u>. Beim Spiel $[1, n]$, gehört die Imputation x , mit $x_j = (0, b)$ für alle $j \in N$, zum Kern. Weiterhin existiert für jedes $\varepsilon > 0$ ein $n(\varepsilon)$ so, daß für $n \geqslant n(\varepsilon)$ keine Imputationen y mit $y_1 \leqslant x_1 - \varepsilon$ zum Kern gehört.

<u>Beweis</u>. Domination ist nur durch eine Menge S mit $1 \in S$ möglich. Da x_1 den größtmöglichen Wert hat, folgt $x \in C(v)$. Wir betrachten nun den Ausdruck $v(I) - v(I - \{j\}) - \psi(0, b)$ für $j \in N$. Ersetzt man darin v nach Definition 8.5.6 und wendet das Theorem von TAYLOR an, so erhält man für beliebiges $\varepsilon > 0$ bei hinreichend großem $n(\varepsilon)$

$$|v(I) - v(I - \{j\}) - \psi(0, b)| < \varepsilon/n$$

für alle $n \geqslant n(\varepsilon)$. Ist y eine Imputation für das Spiel $[1, n]$ mit $y_1 \leqslant x_1 - \varepsilon$, dann gibt es eine $j \in N$ mit $y_j \geqslant (0, b) + \varepsilon/n$ (weil nämlich $\sum y_i = x_i + n\psi(0, b)$ gilt). Dann folgt offenbar

$$\sum_{i \in I - \{j\}} y_i \leqslant v(I) - \psi(0, b) - \varepsilon/n < v(I - \{j\}) \, ,$$

und damit ist $y \notin C(v)$ bewiesen.

Theorem VIII.5.3 beschreibt die Situation des Monopols. Für den Fall der vollständigen Konkurrenz gilt:

<u>VIII.5.4 Theorem.</u> Es seien m' und n' natürliche Zahlen mit

$$8.5.10 \qquad \psi \left(\frac{m'a}{m' + n'} \, , \, \frac{n'b}{m' + n'} \right) = \max_s \psi \left(\frac{s_m a}{s} \, , \, \frac{s_n b}{s} \right) \, ,$$

und $[m, n]$ ein Spiel mit $m = k \cdot m'$ und $n = k \cdot n'$. Dann gehört die Imputation

$$x = \left(\frac{v(I)}{m + n} \, , \, \frac{v(I)}{m + n} \, , \, \dots \, , \, \frac{v(I)}{m + n} \right)$$

zum Kern. Weiterhin existiert für jedes $\varepsilon > 0$ ein $k(\varepsilon)$, so daß für kein Spiel $[k m', k n']$ mit $k \geqslant k(\varepsilon)$ eine Imputation mit einer Komponente kleiner als

$$\frac{v(I)}{m + n} - \varepsilon \qquad \text{zum Kern gehört.}$$

Wir übergehen den Beweis dieses Theorems, der ähnlich durchzuführen ist wie der von VIII.5.3. Die Gleichung 8.5.10 besagt, daß die beiden Spielermengen M und N im "optimalen Verhältnis" stehen (etwa in dem Fall, wo das verfügbare Kapital gerade ausreicht, die verfügbare Arbeit auszunutzen). Stehen M und N in einem anderen Verhältnis, so gibt es ein Ungleichgewicht (Unter- oder Überbeschäftigung), und der Kern ist leer, sofern das Spiel hinreichend groß ist. Andererseits wird immer, sofern 8.5.10 erfüllt ist, ein nicht-leerer Kern existieren, der zu einer einzigen Imputation zusammenschrumpft. Das Spiel kann wachsen, "bis alle glücklich sind".

Aufgaben

1.a) Der Kern eines n-Personenspiels ist stets Teilmenge des Durchschnitts aller stabilen Mengen.

   b) Hat der Kern einen nicht leeren Schnitt mit jeder Fläche $x_i = v(\{i\})$ des Simplex' aller Imputationen, dann ist der Kern die einzige stabile Menge des Spieles v und umgekehrt.

c) Positive Teile von n-Personenspielen (auf $(0,1)$ normiert) besitzen eine eindeutige stabile Menge als Lösung (Theorem VIII.4.7)

2. Ein Vektor $x = (x_1, \ldots, x_n)$ mit $x_i \geqslant v(\{i\})$ und $\sum x_i \leqslant v(N)$ heiße Semi-Imputation des Spieles v. Ist eine stabile Menge von v und x eine Semi-Imputation mit $x \notin V$, dann existiert ein $y \in V$ mit $y \succ x$.

3. Für ein Spiel definieren wir die Zahl

$$b_i = \max_{S \subset N-\{i\}} [v(S \cup \{i\}) - v(S)] \, .$$

Man zeige, daß eine Imputation x, die nicht die Bedingung $x_i \leqslant b_i$ erfüllt, weder zum Kern noch zu irgendeiner stabilen Menge gehört.

4. Man zeige, daß die symmetrische stabile Menge V des Drei-Personenspiels, das in VIII.4.5 betrachtet wurde, wie folgt die einfache Hauptlösung eines einfachen Spiels induziert.

Es sei v ein einfaches $(0,1)$-normiertes n-Personen-Spiel mit konstanter Summe. Für jede minimale Gewinnkoalition S existiere ein Vektor $\alpha = (\alpha_1, \ldots, \alpha_n)$ mit $\alpha_i \geqslant 0$ und $\sum_{i \in S} \alpha_i = 1$. Für eine solche Koalition sei der Vektor x^S durch $x_i^S = \alpha_i$ für $i \in S$ und $x_i^S = 0$ für $i \notin S$ definiert. Dann ist x^S eine Imputation und die Menge $V = \{x^S | S$ ist eine minimale Gewinnkoalition$\}$ ist eine stabile Menge von v (einfache Hauptlösung).

5. Man betrachte das auf $(0,1)$-normierte einfache n-Personenspiel, in dem die Gewinnkoalitionen aus

(i) Spieler I und aus wenigstens einem anderen Spieler oder

(ii) der Menge $\{2, 3, \ldots, n\}$ bestehen.

a) Bestimmen Sie die einfache Hauptlösung dieses Spiels.

b) Für $S = \{1, j\}$ mit $j \neq 1$ bestehe V_S aus allen Imputationen mit $x_1 + x_j = 1$. Für $S = \{2, 3, \ldots, n\}$ bestehe V_S aus allen Imputationen mit $x_1 = 0$. In beiden Fällen ist V_S eine stabile Menge.

c) Für $S = \{2, 3, \ldots, n\}$ und $0 \leqslant c \leqslant 1$ bestehe $V_S(c)$ aus allen Imputationen mit $x_1 = c$. Dann ist $V_S(c)$ eine stabile Menge für $0 \leqslant c < (n-2)/(n-1)$, jedoch nicht für $c \geqslant (n-2)/(n-1)$.

d) Für $S = \{1, j\}$ ist die einzige stabile Mengen-Lösung, die die Mitglieder von $N-S$ diskriminiert, die Menge V_S die in (b) beschrieben wurde.

6. Zusammensetzung einfacher Spiele

Es seien v_1, v_2, $\ldots$, v_n einfache auf $(0,1)$ normierte Spiele für m_1, m_2, $\ldots$, m_n Spieler, und es sei w ein n-Personenspiel, das ebenfalls auf $(0,1)$ normiert ist. Ferner seien V_1, V_2, $\ldots$, V_n, W beziehungsweise stabile Menge für v_1, v_2, $\ldots$, v_n, w.

Man bilde ein einfaches m-Personenspiel $u(m = m_1 + m_2 + \ldots + m_n)$ auf folgende Weise: Die m Spieler werden durch geordnete Paare (i, j) bezeichnet, wobei $1 \leqslant j \leqslant \leqslant n$ und $1 \leqslant i \leqslant m_j$ gilt. Eine Koalition S gewinnt genau dann, wenn sie eine Menge der Form

$$S' = \bigcup_{j \in T} S_j \times \{j\}$$

enthält, wobei T in w und S_j in v_j Gewinnkoalitionen darstellen. (Dies legt eine "Zerlegung" des Spiels in n-Teilspiele $M_j \times \{j\}$ nahe).

Für $x^j \in V_j$ und $y \in W$ sei z der m-Vektor mit den Komponenten $z_{ij} = x_i^j y_j$. Man zeige, daß die Menge aller z eine stabile Menge des "zusammengesetzten" einfachen Spiels u ist.

7. Es sei v ein einfaches Spiel mit abzählbar vielen Spielern, in dem eine Koalition genau dann gewinnt, wenn ihre Komplementärmenge endlich ist. Ist v ein auf $(0,1)$ normiertes Spiel, und besteht die Menge $E(v)$ aus allen Folgen $(x_1, x_2, \ldots)$ nicht negativer Zahlen mit $\sum x_i = 1$, dann besitzt v keine stabile Menge. (Zeigen Sie, daß keine Imputation Element einer stabilen Menge sein kann).

8. Sei v ein einfaches auf $(0,1)$ normiertes Vier-Personen-Spiel mit den Gewinnkoalitionen $\{1, 2, 4\}$, $\{1, 3, 4\}$, $\{2, 3, 4\}$ und $\{1,2,3,4\}$. C sei eine abgeschlossene Teilmenge des Intervalls $[0,1]$ und J die Menge aller Vektoren der Form

$$x = \left(0, \frac{1-u}{2}, \frac{1-u}{2}, u\right) \quad \text{mit} \quad u \in C.$$

Dann ist V eine stabile Menge des Spiels v mit $J \subset V$, und die beiden Mengen J und $V - J$ sind abgeschlossen und disjunkt (d.h. separiert).
a) Es sei $\rho(u, C) = \min|u - v|$ und K die Menge aller Imputationen der Form

$$\left(\frac{1-u-\rho(u, C)}{2}, x, y, u\right)$$

für alle $u \in [0,1]$. Zeigen Sie, daß K abgeschlossen ist und $K \cap J = \emptyset$ gilt.

b) H sei eine Teilmenge von K und bestehe aus all den Imputationen, die von mindestens einer Imputation aus J dominiert werden. Dann ist

$$V = J \cup (K - H)$$

die gewünschte stabile Menge.

9. Beweisen Sie Theorem VIII.5.4.

Kapitel IX
Andere Lösungskonzepte für n-Personen-Spiele

IX.1 Der Shapley-Wert

Da bisher kein allgemeiner Existenzsatz für n-Personenspiele bekannt ist, haben die Mathematiker nach anderen Lösungskonzepten gesucht. Eines dieser Konzepte ist der Shapley-Wert. Shapley definiert seinen Wert axiomatisch. Wir geben dazu zwei Definitionen:

IX.1.1 Definition. Eine Koalition T eines Spiels v heißt Träger, wenn für alle Koalitionen S

$$v(S) = v(S \cap T)$$

gilt.

Diese Definition besagt offenbar, daß jeder Spieler, der nicht zu einem Träger gehört, unbedeutend ist, d.h., er kann zu keiner Koalition etwas beitragen.

IX.1.2 Definition. Es sei v ein n-Personenspiel und π eine Permutation der Menge N. Dann bezeichne πv das Spiel u mit

$$u(\{\pi(i_1), \pi(i_2), \ldots, \pi(i_s)\}) = v(S).$$

für beliebige $S = (i_1, i_2, \ldots, i_s)$. Das Spiel πv entsteht also aus dem Spiel v, in dem nur die Rollen der Spieler vertauscht werden.

Mit diesen Definitionen können wir die Axiome Shapleys formulieren. Da die Spiele reelle Funktionen sind, ist es möglich, Summen sowohl zweier oder mehrerer Spiele als auch Produkte aus einer Zahl und einem Spiel zu betrachten.

IX.1.3 Axiome (SHAPLEY). Der Shapley-Wert eines Spiels v ist ein n-dimensionaler Vektor $\varphi[v]$, der folgende Bedingungen erfüllt:

<u>S1.</u> Ist S ein Träger von v, so gilt

$$\sum_{S} \varphi_i[v] = v(S)$$

<u>S2.</u> Für alle Permutationen π und $i \in N$ ist

$$\varphi_{\pi(i)}[\pi v] = \varphi_i[v]$$

<u>S3.</u> Für beliebige Spiele u und v gilt

$$\varphi_i[u + v] = \varphi_i[u] + \varphi_i[v]$$

Dies sind die Shapley Axiome. Sie garantieren die Existenz und Eindeutigkeit des Wertes φ. Diese Tatsache begründet ihre Bedeutung.

<u>IX.1.4 Theorem.</u> Es existiert genau eine auf der Menge aller Spiele definierte Funktion C, die die Axiome S1 - S3 erfüllt.

Der Beweis von IX.1.4 wird durch die folgenden Lemmata erbracht.

<u>IX.1.5 Lemma.</u> Für eine Koalition S sei das Spiel w_S definiert durch

$$w_S(T) = \begin{cases} 0 & \text{für } S \not\subseteq T \\ 1 & \text{für } S \subset T . \end{cases}$$

Ist s die Anzahl der Spieler in S, so gilt

$$\varphi_i[w_S] = \begin{cases} \dfrac{1}{s} & \text{für } i \in S \\ 0 & \text{für } i \notin S . \end{cases}$$

<u>Beweis:</u> Offenbar ist S ein Träger von w_S, was auch für jede Obermenge T von S zutrifft. Nach Axiom S2 folgt

$$\sum_{T} \varphi_i[w_S] = 1 \text{ für } S \subset T .$$

Das liefert $\varphi_i[w_S] = 0$ für $i \notin S$, da auch $S = T$ zugelassen ist. Ist π eine Permutation, die S auf sich abbildet, so gilt $\pi w_S = w_S$. Aus S2 folgt dann $\varphi_i[w_S] = \varphi_j[w_S]$ für alle $i, j \in S$. Da es s derartige Ausdrücke gibt, deren Summe gleich 1 ist, ergibt sich

$$\varphi_i[w_S] = \frac{1}{s} \text{ für } i \in S .$$

IX.1.6 Korollar. Ist $c > 0$, so gilt

$$\varphi_i[cw_S] = \begin{cases} c/s & \text{für } i \in S \\ 0 & \text{für } i \notin S \end{cases}$$

IX.1.7 Lemma. Für jedes Spiel v existieren $2^n - 1$ reelle Zahlen c_S $(S \subset N)$ mit

$$v = \sum_{S \subset N} c_S w_S .$$

Dabei ist w_S wie in IX.1.5 definiert.

Beweis: Es sei

9.1.1
$$c_S = \sum_{T \subset S} (-1)^{s-t} v(T)$$

und t sei die Anzahl der Elemente in T. Wir werden zeigen, daß diese c_S das Lemma erfüllen. Für jede Koalition U gilt nämlich

$$\sum_{S \subset N} c_S w_S(U) = \sum_{S \subset U} c_S$$

$$= \sum_{S \subset U} \left(\sum_{T \subset S} (-1)^{s-t} v(T) \right)$$

$$= \sum_{T \subset U} \left(\sum_{\substack{S \subset U \\ S \supset T}} (-1)^{s-t} \right) v(T) .$$

Betrachten wir nun die inneren Klammern des letzten Ausdrucks. Für jeden Wert von s zwischen t und u existieren $\binom{u-t}{u-s}$ Mengen S mit s Elementen, so daß $T \subset S \subset U$ gilt. Also können die inneren Klammern ersetzt werden durch

$$\sum_{s=t}^{u} \binom{u-t}{u-s} (-1)^{s-t} .$$

Das ist aber genau die Binominalreihe von $(1-1)^{u-t}$. Sie ist Null für alle $t < u$ und 1 für $t = u$. Daraus ergibt sich

$$\sum_{S \subset N} c_S w_S(U) = v(U) \quad \text{für alle } U \subset N .$$

Wir können nun fortfahren, Theorem IX.1.4 zu beweisen. Wie Lemma IX.1.7 zeigt, kann jedes Spiel als Linearkombination der Spiele w_S geschrieben werden. Wegen Lemma IX.1.5 ist die Funktion φ für solche Spiele eindeutig definiert. Einige der Koeffizienten c_S sind nun negativ; jedoch ist aus Axiom S3 leicht zu sehen, daß $\varphi[u-v] = \varphi[u] - \varphi[v]$ gilt, wenn u, v und $u-v$ Spiele sind. Aus S3 folgt dann die Eindeutigkeit der Funktion φ. Wegen

$$v = \sum_{S \subset N} c_S w_S$$

folgt

$$\varphi_i[v] = \sum_{S \subset N} c_S \varphi_i[w_S]$$

$$= \sum_{\substack{S \subset N \\ i \in S}} c_S \cdot \frac{1}{s} \, .$$

Die c_S sind durch 9.1.1 definiert worden. Setzt man das in die letzte Gleichung, so ergibt sich

$$\varphi_i[v] = \sum_{\substack{S \subset N \\ i \in S}} \frac{1}{s} \left\{ \sum_{T \subset S} (-1)^{s-t} v(T) \right\}$$

9.1.2
$$\varphi_i[v] = \sum_{T \subset N} \left\{ \sum_{\substack{S \subset N \\ T \cup \{i\} \subset S}} (-1)^{s-t} \frac{1}{s} v(T) \right\} \, .$$

Zur Abkürzung setzen wir in 9.1.2

9.1.3
$$\gamma_i(T) = \sum_{\substack{S \subset N \\ T \cup \{i\} \subset S}} (-1)^{s-t} \frac{1}{s} \, .$$

Nun folgt aus $i \notin T'$ und $T = T' \cup \{i\}$ leicht $\gamma_i(T') = -\gamma_i(T)$. Es sind nämlich alle Ausdrücke auf der rechten Seite von 9.1.3 in beiden Fällen die gleichen, ausgenommen $t = t' + 1$, wodurch sich der Vorzeichenwechsel ergibt. Also ist

$$\varphi_i[v] = \sum_{\substack{T \subset N \\ i \in T}} \gamma_i(T) \left\{ v(T) - v(T - \{i\}) \right\} \, .$$

186

Für $i \in T$, gibt es genau $\binom{n-t}{s-t}$ Koalitionen S mit s Elementen, so daß $T \subset S$. Also gilt

$$\gamma_i(T) = \sum_{s=t}^{n} (-1)^{s-t} \binom{n-t}{s-t} \frac{1}{s}$$

$$= \sum_{s=t}^{n} (-1)^{s-t} \binom{n-t}{s-t} \int_0^1 x^{s-1}\, dx$$

$$= \int_0^1 \sum_{s=t}^{n} (-1)^{s-t} \binom{n-t}{s-t} x^{s-1}\, dx$$

$$= \int_0^1 x^{t-1} \sum_{s=t}^{n} (-1)^{s-t} \binom{n-t}{s-t} x^{s-t}\, dx$$

$$= \int_0^1 x^{t-1} (1-x)^{n-t}\, dx \ .$$

Das ist ein bekanntes Integral (Betafunktion), aus dessen Eigenschaften

$$\gamma_i(T) = \frac{(t-1)!\,(n-t)!}{n!}$$

9.1.4
$$\varphi_i[v] = \sum_{\substack{T \subset N \\ i \in T}} \frac{(t-1)!\,(n-t)!}{n!} \, [v(T) - v(T - \{i\})] \ .$$

folgt.

Die Formel 9.1.4 gibt den Shapley-Wert explizit an. Es ist leicht nachzuprüfen, daß 9.1.4 die Axiome S1-S3 erfüllt. Weiterhin ist leicht zu sehen, daß die Summe der Koeffizienten $\gamma_i(T)$ gleich 1 ist, weil der Zähler gleich der Anzahl der Permutationen in N ist, in der i echte Vorgänger aus T besitzt. Wegen der Super-Additivität ist die Klammer wenigstens gleich $v(\{i\})$. Also folgt

9.1.5
$$\varphi_i[v] \geq v(\{i\})$$

und damit ist $\varphi[v]$ eine Imputation.

Neben der axiomatischen Ableitung ergibt sich der Shapley-Wert aus 9.1.4 durch folgende heuristische Betrachtung: Angenommen, die Spieler (Elemente von N) verabreden sich, zu einer bestimmten Zeit an einem bestimmten Ort zu sein. Jedoch treffen alle dem Zufall entsprechend zu verschiedenen Zeitpunkten ein. Wir nehmen jedoch an, daß alle Anordnungen der zeitlichen Ankünfte (Permutationen der Spieler) die gleiche Wahrscheinlichkeit $1/n!$ haben. Wenn nun ein Spieler i am verabredeten Ort ankommt und die Mitglieder der Koalition $T - \{i\}$ (und keine anderen) dort vorfindet, wird ihm der Wert $v(T) - v(T - \{i\})$ zugeordnet, d.h. der Grenzwert, den er der Koalition als Auszahlung beisteuert. Dann ist der Shapley-Wert für $\varphi_i[v]$ der erwartete Gewinn des Spielers i in diesem Wahrscheinlichkeitsmodell.

Ist nun v ein einfaches Spiel, so wird die Berechnung des Shapley-Wertes besonders einfach. In der Tat nimmt der Ausdruck $v(T) - v(T - \{i\})$ entweder den Wert 0 oder 1 an; er wird 1, wenn T, aber nicht $T - \{i\}$ die Gewinnkoalition ist. Daraus folgt

$$\varphi_i[v] = \sum_T \frac{(t - 1)!\,(n - t)!}{n!} \, ,$$

wobei sich die Summation über die Gewinnkoalitionen T erstreckt, für die $T - \{1\}$ nicht gewinnt.

IX.1.6 Beispiel. Man betrachte eine Gesellschaft mit vier Kapitalhaltern, die jeweils 10, 20, 30 und 40 Anteile besitzen. Es wird angenommen, daß eine Entscheidung nur mit Billigung der Kapitalhalter gefällt werden kann, die über mehr als 50 % der Anteile verfügen. Dies kann als ein einfaches Vier-Personenspiel gedeutet werden, bei denen die Gewinnkoalitionen $\{2,4\}$, $\{3,4\}$, $\{1,2,3\}$, $\{1,2,4\}$, $\{1,3,4\}$, $\{2,3,4\}$ und $\{1,2,3,4\}$ sind. Wir wollen nun den Shapley-Wert dieses Spiels bestimmen.

Zur Bestimmung von φ_1 wissen wir, daß die einzige Gewinnkoalition T, für die $T - \{1\}$ nicht gewinnt, die Koalition $\{1,2,3\}$ ist. Also gilt für $t = 3$

$$\varphi_1 = \frac{2!\,1!}{4!} = \frac{1}{12} \, .$$

Entsprechend sind $\{2,4\}$, $\{1,2,3\}$ und $\{2,3,4\}$ Gewinnkoalitionen, die aber ohne 2 nicht gewinnen können. Also ergibt sich

$$\varphi_2 = \frac{1}{12} + \frac{1}{12} + \frac{1}{12} = \frac{1}{4} \, .$$

Analog findet man $\varphi_3 = 1/4$ und $\varphi_4 = 5/12$. Der Shapley-Wert ist demnach der Vektor $(1/12, 1/4, 1/4, 5/12)$, der im Gegensatz zum "Vektor der Anteile" $(1/10, 1/5, 3/10, 2/5)$ steht. Man beachte, daß die Werte für Spieler 2 und 3 übereinstimmen, obwohl Spieler 3 über mehr Anteile verfügt als 2. Das verwundert nicht weiter, weil Spieler 3 einfach keine günstigere Gelegenheit hat, Gewinnkoalitionen zu bilden. In dieser Hinsicht ist er 2 nicht überlegen. Das Spiel behandelt daher beide Spieler symmetrisch. Entsprechend macht man sich klar, daß die Möglichkeiten von Spieler 4 weit höher einzuschätzen sind, als sein Anteil wirklich ausmacht, während bei Spieler 1 das Umgekehrte zutrifft.

<u>IX.1.7 Beispiel.</u> Wir betrachten ein zu Beispiel IX.1.6 analoges Spiel, nur haben die Spieler jetzt 10, 30, 30 und 40 Anteile. Man sieht sofort, daß je zwei der Spieler 2, 3 und 4 zusammen eine Gewinnkoalition bilden können, während Spieler 1 unbedeutend ist, weil er zu keiner Koalition etwas beitragen kann. Daraus ergibt sich für den Wert-Vektor $(0, 1/3, 1/3, 1/3)$. Der Anteil des Spielers 1 nützt diesem nichts, während Spieler 4 trotz seines hohen Anteils keinen Vorteil gegenüber 2 und 3 hat.

IX.2 Die Verhandlungsmenge

Ein wesentlicher Mangel der behandelten Konzepte besteht darin, daß sie die Folge der Entscheidungen innerhalb eines Spieles nicht erklären. Stabile Mengen sind gewissermaßen "Verhaltensnormen", und der Shapley-Wert liefert nur eine Art Erwartung. Der Verhandlungsbereich dagegen entsteht gerade dadurch, daß wir die Spieler während des Spiels Diskussionen über den Ablauf führen lassen. So werden wir mögliche Drohungen und Gegendrohungen, die von einzelnen Spielern gemacht werden, in das Konzept miteinbeziehen.

<u>IX.2.1 Definition.</u> Unter einer Koalitionsstruktur eines n-Personenspiels versteht man eine Zerlegung

$$\mathcal{J} = \{T_1, T_2, \ldots, T_m\}$$

der Menge N.

Nehmen wir an, eine solche Struktur ist nach einer Verhandlung erreicht. Dann soll jede der gebildeten Koalitionen T_k den Wert $v(T_k)$ erhalten, der unter ihren Mitgliedern aufgeteilt wird. Jedoch bleibt die Frage offen, wie diese Aufteilung vorgenommen wird.

IX.2.2 Definition. Ein Paar

$$(x; \mathcal{T}) = (x_1, \ldots, x_n; T_1, \ldots, T_m)$$

heißt Auszahlungsfigur, wenn $\mathcal{T}$ eine Koalitionsstruktur ist, und die Komponenten des Vektors x

9.2.1
$$\sum_{i \in T_k} x_i = v(T_k) \quad \text{für alle} \quad k = 1, \ldots, n$$

erfüllen.

Man möchte nun wissen, welche Auszahlungsfiguren sich realisieren lassen. In diesem Zusammenhang spielt die sogenannte "individuelle Rationalität"

9.2.2
$$x_i \geqslant v(\{i\}) \quad \text{für alle} \quad i \in N$$

eine wichtige Rolle. Eine weitere mögliche Forderung könnte sein, daß keine Koalition T_k gebildet wird, wenn eine ihrer Unterkoalitionen allein mehr erhalten könnte, als ihr der Auszahlungsvektor x zubilligt. Also fordert man

9.2.3
$$\sum_{i \in S} x_i \geqslant v(S) \quad \text{für} \quad S \subset T_k \in \mathcal{T} \, .$$

Natürlich ist 9.2.3 stärker als 9.2.2. Andererseits ist die Notwendigkeit für 9.2.3 nicht so einsichtig wie die für 9.2.2. Eine Auszahlungsfigur, die 9.2.3 erfüllt, wird koalitionsrational (k.r.A.F) genannt, erfüllt sie jedoch nur 9.2.2, so heißt sie individuell rational (i.r.A.F). Wir werden uns zuerst mit k.r.A.F beschäftigen. Nehmen wir an, daß eine k.r.A.F erreicht ist. Wann ist diese stabil? Wenn die k.r.A.F eine Imputation aus dem Kern eines Spiels ist, so wird sie in dem Sinne stabil sein, daß keine Koalition sie ändern will und kann. Da jedoch der Kern oft leer ist, kann man diese Annahme nicht generell machen.

Betrachten wir beispielsweise das symmetrische Drei-Personenspiel, das oben behandelt wurde. Bei der Koalition $\{1,2\}$ ist der Auszahlungsvektor $(1/2, 1/2, 0)$ sehr wahrscheinlich. Allerdings könnte jeder der beiden Spieler der Koalition vom anderen mehr verlangen und drohen, mit Spieler 3 zu koalieren, wenn seine Forderung nicht erfüllt wird. Spieler 1 wird mit der Koalition $\{1,3\}$ drohen, mit der sich die Auszahlung $(3/4, 0, 1/4)$ ergibt. Spieler 2 kann mit der Koalition $\{2,3\}$ drohen, indem er Spieler 3 den Wert $1/2$ anbietet, um auf die Auszahlung $(0, 1/2, 1/2)$ zu kommen. Spieler 2 hat also eine Gegendrohung, mit der er seinen Anteil von $1/2$ verteidigen kann.

Um diese Gedanken mathematisch zu formulieren, definieren wir zunächst den Begriff des Partners.

__IX.2.3 Definition.__ Es sei $\mathcal{J} = \{T_1, \ldots, T_m\}$ eine Koalitionsstruktur und K irgendeine Koalition. Dann heißt

$$P(K; \mathcal{J}) = \{i \mid i \in T_k, \ T_k \cap K \neq \emptyset\}$$

Menge der Partner von K bezüglich $\mathcal{J}$. Spieler i ist demnach Partner der Koalition K (in $\mathcal{J}$), wenn er zur gleichen Koalition T_k wie ein Mitglied von K gehört. Man beachte, daß jedes Mitglied von K auch ein Partner von K ist. Der Hauptgedanke besteht nämlich darin, daß die Mitglieder von K ihren Anteil aus der k.r.A.F $(x; \mathcal{J})$ nur mit Zustimmung ihrer Partner erhalten können. Andere Spieler sind unwesentlich.

__IX.2.4 Definition.__ Es sei $(x; \mathcal{J})$ eine k.r.A.F für ein Spiel v. Außerdem seien K und L zwei nicht leere disjunkte Teilmengen eines $T_k \in \mathcal{J}$. Dann versteht man unter einem Einspruch von K gegen L eine k.r.A.F $(y; \mathcal{U})$ mit

9.2.4
$$P(K; \mathcal{U}) \cap L = \emptyset$$

9.2.5
$$y_i > x_i \quad \text{für alle} \quad i \in K$$

9.2.6
$$y_i \geqslant x_i \quad \text{für alle} \quad i \in P(K; \mathcal{U}) \ .$$

__IX.2.5 Definition.__ Es seien $(x; \mathcal{J})$, K und L definiert wie in IX.2.4 und $(y; \mathcal{U})$ sei ein Einspruch von K gegen L. Dann heißt eine k.r.A.F $(z; \mathcal{V})$ mit

9.2.7
$$K \nsubseteq P(L; \mathcal{V})$$

9.2.8
$$z_i \geqslant x_i \quad \text{für} \quad i \in P(L; \mathcal{V})$$

9.2.9
$$z_i \geqslant y_i \quad \text{für} \quad i \in P(L; \mathcal{V}) \cap P(K; \mathcal{U})$$

ein Gegeneinspruch von L gegenüber K.

Kurz gesagt: die Mitglieder von K fordern durch ihren Einspruch gegen L eine höhere Auszahlung durch eine Änderung der k.r.A.F, und ihre neuen Partner stimmen dem zu. Die Mitglieder von L können Gegeneinspruch erheben, wenn sie eine dritte k.r.A.F finden, die ihnen und all ihren Partnern wenigstens ihre früheren Anteile garantiert. Wenn sie dazu einige Partner von K benötigen, geben sie diesen Spielern wenigstens den Anteil, den diese in der Einspruchs-k.r.A.F erhalten würden. Man beachte, daß L zu dem Zweck möglicherweise einige Mitglieder von K als Partner für sich gewinnen muß.

<u>IX.2.6 Definition.</u> Eine k.r.A.F $(x; \mathcal{J})$ heißt stabil, wenn L zu jedem Einspruch von K einen Gegeneinspruch besitzt. Die Verhandlungsmenge $\mathcal{M}$ ist die Menge aller stabilen k.r.A.F.

Die genaue Gestalt der Verhandlungsmenge ist noch in verschiedener Hinsicht unklar. Es können noch einige Modifikationen vorgenommen werden. Beispielsweise könnten wir vereinbaren, daß nur einzelne Spieler Einspruch erheben dürfen, oder daß es als Gegeneinspruch für L ausreicht, wenn dieser nur von einem Mitglied aus L kommt.

<u>IX.2.7 Definition.</u> Die Verhandlungsmenge $\mathcal{M}_1$ ist die Menge all der k.r.A.F $(x; \mathcal{J})$, bei denen zu einem Einspruch irgendeiner Koalition K gegen L mindestens ein Mitglied von L über einen Gegeneinspruch verfügt.

<u>IX.2.8 Definition.</u> Die Verhandlungsmenge $\mathcal{M}_2$ ist die Menge all der k.r.A.F $(x; \mathcal{J})$, bei denen zu einem Einspruch irgendeines Einzelspielers i gegen die Koalition L diese einen Gegeneinspruch besitzt.

Offenbar gilt $\mathcal{M} \subset \mathcal{M}_1$ und $\mathcal{M} \subset \mathcal{M}_2$. Aber das Verhältnis zwischen $\mathcal{M}_1$ und $\mathcal{M}_2$ ist nicht klar. Wenn wir mit i.r.A.F statt mit k.r.A.F arbeiten, ergeben sich drei neue Mengen $\mathcal{M}_1^{(i)}$, $\mathcal{M}_2^{(i)}$, $\mathcal{M}_3^{(i)}$, die sich sinngemäß aus $\mathcal{M}$, $\mathcal{M}_1$ und $\mathcal{M}_2$ ableiten.

Im Gegensatz zum Kern, der oft leer sein kann, kann man zeigen, daß keine der oben definierten Verhandlungsmengen leer ist. Tatsächlich ist bei $(0,1)$ normierten Spielen die k.r.A.F $(x; \mathcal{J})$ mit $x = (0,\ldots,0)$ und $\mathcal{J} = \{\{1\}, \{2\}, \ldots, \{n\}\}$ stabil. Jedoch gibt es dabei keine Möglichkeit zu kooperieren.

Aber gerade die unterschiedlichen Koalitionsstrukturen interessieren uns, und wir suchen daher Elemente der Verhandlungsmengen für diese interessanten Fälle. Es gilt zunächst das folgende

<u>IX.2.9 Theorem.</u> Ist v ein n-Personenspiel und $\mathcal{J}$ irgendeine Koalitionsstruktur, dann existiert wenigstens ein Vektor x mit $(x; \mathcal{J}) \in \mathcal{M}_1$.

Wir setzen nun die $(0,1)$-Normierung des Spiels v voraus. Für eine gegebene Koalitionsstruktur $\mathcal{J}$ sei $X(\mathcal{J})$ die Menge aller Vektoren x derart, daß $(x; \mathcal{J})$ eine i.r.A.F ist. Das folgende Lemma stammt von B. PELEG:

<u>IX.2.10 Lemma.</u> Es seien $c_1(x)$, $c_2(x)$, $\ldots$, $c_n(x)$ nicht negative, stetige reellwertige Funktionen auf $X(\mathcal{J})$. Wenn es für jedes $x \in X(\mathcal{J})$ und für jedes $S_j \in \mathcal{J}$ einen Spieler $i \in S_j$ gibt mit $c_i(x) \geq x_i$, dann existiert ein Punkt $\xi = (\xi_1, \ldots, \xi_n) \in X(\mathcal{J})$ mit $c_i(\xi) \geq \xi_i$ für $i = 1, 2, \ldots, n$.

<u>Beweis.</u> Für $x \in X(\mathcal{J})$ und $i \in N$ setzen wir

$$d_i = \begin{cases} x_i - c_i(x) & \text{für } x_i \geq c_i(x) \\ 0 & \text{für } x_i \leq c_i(x) \, , \end{cases}$$

und für $i \in S_j$

$$y_i = x_i - d_i + \frac{1}{s_j} \sum_{k \in S_j} d_k \, ,$$

wobei s_j die Anzahl der Elemente in S_j ist.

Es ist unmittelbar einzusehen, daß y eine stetige Funktion von x ist. Weiterhin gilt $y_i \geq 0$, da x_i, d_i und c sämtlich nicht-negativ sind. Also gilt

$$\sum_{i \in S_j} y_i = \sum_{i \in S_j} x_i = v(S_j) \, ,$$

und damit $y \in X(\mathcal{J})$.

Sei nun $x_i \geq c_i(x)$. Das bedeutet $d_i > 0$. Jedoch gilt nach Voraussetzung für mindestens ein $k \in S_j$ $x_k \leq c_k(x)$ und somit $d_k = 0$. Mithin folgt

$$y_k \geq x_k + \frac{d_i}{s_j} > x_k \, .$$

Also ist x kein Fixpunkt dieser Abbildung. Da aber $X(\mathcal{J})$ konvex und kompakt ist, kann man den Brouwerschen Fixpunktsatz anwenden. Demnach existiert ein ξ mit $y(\xi) = \xi$. Also muß ξ die Ungleichungen $\xi_i \leq c(\xi)$ für alle $i = 1, 2, \ldots, n$ erfüllen. $\quad\square$

<u>IX.2.11 Definition.</u> Ein Spieler i heißt stärker als k in $(x; \mathcal{J})$, wenn i gegen k einen Einspruch hat, dem k nichts entgegenzusetzen hat. Wir schreiben dafür $i \gg k$. Wir sagen, i und k sind gleichstark, $i \sim k$, wenn weder $i \gg k$ noch $k \gg i$ gilt.

<u>IX.2.12 Definition.</u> Es sei $(x; \mathcal{J})$ eine i.r.A.F und C irgendeine Koalition. Dann heißt $e(C) = v(C) - \sum_{i \in C} x_i$ Exzess von C.

<u>IX.2.13 Lemma.</u> Es sei $(x; \mathcal{J})$ eine i.r.A.F. Dann ist die Relation "$\gg$" azyklisch.

<u>Beweis:</u> Offenbar gilt $i \sim k$, wenn sich i und k in verschiedenen Koalitionen befinden. Angenommen, die Koalition S_j enthält die Spieler $1, 2, \ldots, t$ und es gilt $1 \gg 2 \gg 3 \gg \ldots \gg t \gg 1$, dann hat Spieler i $(i = 1, 2, \ldots, t)$ einen Einspruch gegen Spieler $i + 1$ (mod t) durch die Koalition C, der nicht pariert werden kann. Es sei C_{i_0} die Koalition (aus den C_1, C_2, $\ldots$, C_t) mit dem größten Exzess. Dann fordern wir, daß i_0 einen Gegeneinspruch gegenüber $i_0 - 1$ (mod t) durch die Koalition C_{i_0} hat. In der Tat verfügt $i_0 - 1$ (mod t) nur über den Wert $e(C_{i_0})$ zum Aufstellen der Gegenkoalition. Spieler i_0, der über den Wert $e(C_{i_0}) \geqslant e(C_{i_0-1})$ verfügt, kann nur dann Gegeneinspruch erheben, wenn $i_0 - 1$ (mod t) $\notin C_{i_0}$. Wiederholt man dies, so erhält man $i_0 - 2$ (mod t) $\in C_{i_0}$ und schließlich $i_0 + 1$ (mod t) $\in C_{i_0}$. Dies ist jedoch unmöglich.

<u>IX.2.14 Beweis des Theorems IX.2.9.</u> $(x; \mathcal{T})$ sei eine i.r.A.F. Wir bezeichnen mit $(y^{S_j}, x^{N-S_j}; \mathcal{T})$ die i.r.A.F, die dadurch entsteht, daß alle x_i für $i \in (N-S_j)$ festgehalten und alle x_k mit $k \in S_j$ durch y_k mit $y_k \geqslant 0$ und $\sum_{k \in S_j} y_k = v(S_j)$ ersetzt werden.

Es sei $E_j^i(x)$ die Menge alle der Punkte y^{S_j}, für die Spieler $i \in S_j$ in $(y^{S_j}, x^{N-S_j}; \mathcal{T})$ nicht schwächer ist als irgendein anderer Spieler. Die Menge $E_j^i(x)$ ist abgeschlossen und enthält die durch $x_i = 0$ definierten Mengen. (Denn im Falle $x_i = 0$ kann sich i immer als Ein-Spieler-Koalition einem Einspruch widersetzen.) Wir definieren nun die Funktion

$$C_i(x) = x_i + \underset{y^{S_j} \in E_j^i(x)}{\text{Max}} \quad \underset{k \in S_j}{\text{Min}} \; (x_k - y_k) \, ,$$

wobei S_j genau die Koalition aus T ist, die i enthält. Natürlich ist $C_i(x)$ stetig und außerdem nicht negativ, da aus $y_i = 0$ und $y_k \geqslant x_k$ für alle $k \in S_j$ mit $k \neq i$ $\;y^{S_j} \in E_j^i(x)$ folgt.

Wegen Lemma IX.2.13 gibt es für alle $x \in X(\mathcal{T})$ und beliebiges $S_j \in \mathcal{T}$ mindestens ein $i \in S_j$, so daß i nicht schwächer ist als alle $k \in S_j$. Also gilt $x^{S_j} \in E_j^i(x)$ und damit $C_i(x) \geqslant x_i$. Demnach existiert wegen Lemma IX.2.10 ein ξ mit $C(\xi) \geqslant \xi_i$ für alle $i \in N$. Es folgt nun aus

$$\sum_{k \in S_j} x_k = \sum_{k \in S_j} y_k$$

$c_i(x) \leqslant x_i$ für alle i. Also existiert zu jedem i mindestens ein $y \in E_j^i(\xi)$ mit $y_k = \xi_k$. Das bedeutet wiederum $\xi^{S_j} \in E_j^i(\xi)$ für alle i und j. Also ist in $(\xi, \mathcal{T})$ kein Spieler stärker als der andere. Damit gilt $(\xi; \mathcal{T}) \in \mathfrak{m}_1^{(i)}$.

<u>IX.2.15 Beispiel.</u> Man betrachte das einfache Fünf-Personenspiel in $(0,1)$-Normierung, in dem $\{1,2\}$, $\{1,3\}$, $\{1,4\}$, $\{1,5\}$ und $\{2,3,4,5\}$ die minimalen Gewinnkoalitionen sind. Wir betrachten weiterhin zwei Arten von Koalitionsstrukturen: in der einen kommt $\{1,2\}$, in der anderen kommt $\{2,3,4,5\}$ vor.

Nehmen wir nun an, daß $\{1,2\}$ gebildet wird. Es spielt zwar keine Rolle, was die anderen Spieler machen, doch nehmen wir an, daß sie keine Koalition eingehen. Für $\mathcal{T}$ ergibt sich dann $\mathcal{T} = \{\{1,2\}, \{3\}, \{4\}, \{5\}\}$. Die i.r.A.F besteht aus allen $(x; \mathcal{T})$, mit

$$x_1 + x_2 = 1, \quad x_3 = x_4 = x_5 = 0 \quad \text{und}$$

$x_1 \geqslant 0$, $x_2 \geqslant 0$. Wenn nun $x_1 > \frac{3}{4}$ ist, muß $x_2 < \frac{1}{4}$ sein und so kann Spieler 2 mit der Imputation $(0, 1/4, 1/4, 1/4, 1/4)$ Einspruch erheben. Wie man sieht, hat 1 keinen Gegeneinspruch. Ist jedoch $x_1 \leqslant 3/4$ und erhebt 2 Einspruch, so erhalten alle seine Partner weniger als $1/4$. Im Falle $x_3 < 1/4$ kann Spieler 1 einen Gegeneinspruch geltend machen mit $\left(\frac{3}{4}, 0, \frac{1}{4}, 0, 0\right)$. Ähnlich verschiebt es sich bei $x_1 < \frac{1}{2}$, dann kann nämlich 1 etwa mit $\left(\frac{1}{2}, 0, \frac{1}{2}, 0, 0\right)$ Einspruch erheben, und 2 hat keine Gelegenheit zum Gegeneinspruch. Ist aber $x_1 \geqslant \frac{1}{2}$, dann erzwingt jeder Einspruch y von 1, daß die Spieler 3, 4 und 5 einen Gesamtbetrag von weniger als $\frac{1}{2}$ erhalten. Also kann 2 mit $z = \left(0, \frac{1}{2}, y_3 + \varepsilon_3, y_4 + \varepsilon_4, y_5 + \varepsilon_5\right)$ opponieren. Folglich gehört $(x; \mathcal{T})$ für gegebenes $\mathcal{T}$ genau dann zu $\mathfrak{m}_1^{(i)}$, wenn x die Beziehungen

9.2.10 $$x_1 + x_2 = 1$$

9.2.11 $$x_1 \geqslant \frac{1}{2}$$

9.2.12 $$x_2 \geqslant \frac{1}{4}$$

9.2.13 $$x_3 = x_4 = x_5 = 0$$

erfüllt. Wegen der Symmetrie erhält man ähnliche Ergebnisse, wenn $\{1,3\}$, $\{1,4\}$ oder $\{1,5\}$ zustande kommen. Untersuchen wir nun den Fall, daß die Koalition $\{2,3,4,5\}$ zustande kommt. Wir müssen sämtliche i.r.A.F $(x; \mathcal{T})$ betrachten, wobei x ein Vektor mit nichtnegativen Komponenten der Summe 1 ist, $x_1 = 0$ gilt und $\mathcal{T} = \{\{1\}, \{2,3,4,5\}\}$

ist. Angenommen es gilt $x_2 > x_3$. Dann kann 3 gegen 2 mit der Imputation $(1 - x_3 - \varepsilon, 0, x_3 + \varepsilon, 0, 0)$ Einspruch erheben, wobei $0 < \varepsilon < x_2 - x_3$ ist. Man sieht leicht, daß Spieler 2 nichts dagegen tun kann. Aus der Symmetrie folgt, daß für dieses $\mathcal{T}$ genau ein x mit $(x, \mathcal{T}) \in \mathcal{m}_1^{(i)}$ existiert mit

9.2.14
$$x_1 = 0$$

9.2.15
$$x_2 = x_3 = x_4 = x_5 = \frac{1}{4} \,.$$

IX.3 ψ-Stabilität

Eine etwas andere Betrachtungsweise des Verhandlungsprozesses führt zum Begriff der ψ-Stabilität. Wie bei der Verhandlungsmenge ist das Paar $(x; \mathcal{T})$ ein Spielausgang mit dem Auszahlungsvektor x und der Koalitionsstruktur $\mathcal{T}$. Jedoch ist der Gedanke, der hinter der ψ-Stabilität steht, vergleichsweise einfacher; denn es werden zwar Einsprüche, aber keine Gegeneinsprüche betrachtet. Da diese Änderung die Menge der stabilen Ausgänge viel zu klein machen würde, verringern wir die Zahl der Einsprüche dadurch, daß wir nur gewissen Koalitionen gestatten, gegen Spielausgänge zu protestieren.

Mathematisch kann dies durch eine Funktion ψ ausgedrückt werden, die jeder Zerlegung von N ein System von Teilmengen aus N zuweist. Ist also $\mathcal{T}$ eine Zerlegung, dann ist $\psi(\mathcal{T})$ ein System von Koalitionen. Heuristisch betrachtet gilt $S \in \psi(\mathcal{T})$ dann und nur dann, wenn die Koalition S aus der vorliegenden Koalitionsstruktur $\mathcal{T}$ gebildet werden kann.

<u>IX.3.1 Definition.</u> Es sei ψ eine Funktion, die jeder Zerlegung $\mathcal{T}$ ein System von Koalitionen zuweist. Dann heißt das Paar $(x; \mathcal{T})$ mit der Imputation x ψ-stabil, wenn

(i)
$$\text{für alle} \quad S \in \psi(\mathcal{T}), \quad \sum_{i \in S} x_i \geqslant v(S)$$

(ii)
$$x_i > v(\{i\}), \quad \text{wenn} \quad \{i\} \in \mathcal{T} \,.$$

Bedingung (i) besagt, daß keine der erlaubten Koalitionen in der Lage ist, $(x; \mathcal{T})$ zu verhindern. Bedingung (ii) besagt, daß kein Spieler einer nicht-trivialen Koalition beitritt, wenn er dort nicht mehr als seinen Minimax-Wert $v(\{i\})$ erhält. Die Schwierigkeit der ψ-Stabilität liegt in der Konstruktion einer geeigneten Funktion ψ. Schränkt ψ genügend ein, so gibt es viele stabile Paare. Andernfalls existieren nicht notwendig stabile Paare bzw. nur der Kern ist ψ-stabil.

Eine "vernünftige" Möglichkeit wäre etwa die sogenannte k-Stabilität (k eine ganze Zahl). In diesem Fall ist ψ dadurch definiert, daß $S \in \psi(\mathcal{T})$ dann und nur dann, wenn ein $T \in \mathcal{T}$ existiert, so daß $S \Delta T = (S - T) \cup (T - S)$ höchstens k Elemente enthält. Für solche Funktionen geben wir die folgenden Ergebnisse ohne Beweis an.

IX.3.2 Theorem. Ein n-Personenspiel mit konstanter Summe ist $(n-2)$-instabil, d.h., die Menge aller $(n-2)$-stabilen Paare ist leer.

IX.3.3 Definition. Ein n-Personenspiel v heißt Quotenspiel, wenn ein Vektor $\omega = (\omega_1, \ldots, \omega_n)$ mit $\sum \omega_i = v(N)$ existiert und für alle $i, j \in N$, $i \neq j$, $v(\{i,j\}) = \omega_i + \omega_j$ ist. Ein Spieler i eines Quotenspiels heißt schwach, wenn $\omega_i < v(\{i\})$ ist. Wie man sieht, kann es in einem Quotenspiel höchstens einen schwachen Spieler geben, denn es gilt

$$v(\{i,j\}) \geqslant v(\{i\}) + v(\{j\}) \ .$$

IX.3.4 Theorem. Es sei $(x; \mathcal{T})$ ein k-stabiles Paar eines n-Personen-Quotenspiels. Dann gilt $x = \omega$, sofern n ungerade oder n gerade und $k \geqslant 2$ ist. Ist n gerade und $k = 1$, dann hat jedes $T \in \mathcal{T}$ eine gerade Zahl von Elementen und weiterhin gilt

$$\sum_{i \in T} x_i = \sum_{i \in T} \omega_i \ .$$

Schließlich ist ein Quotenspiel mit einem schwachen Spieler k-instabil für alle k.

Aufgaben

1. Für ein Spiel v mit konstanter Summe ist der Shapley-Wert gegeben durch

$$\varphi_i[v] = 2 \sum_{\substack{S \subset N \\ i \in S}} \left[\frac{(n-s)!\,(s-1)!}{n!} \ v(S) \right] - v(N) \ .$$

2. Ein m-Quotenspiel für n-Personen ist ein Spiel v, für das ein Vektor $\omega = (\omega_1, \ldots, \omega_n)$ mit $\sum \omega_i = v(N)$ existiert. Ferner gilt für jede m-Personenkoalition $M \subset N$ $\sum \omega_i = v(M)$, während für eine s-Personenkoalition S $(s \neq m)$ $v(S) = \sum v(\{i\})$ gilt. Spieler i heißt schwach, wenn $\omega_i < v(\{i\})$ gilt. Eine Kolaitionsstruktur $\mathcal{T}$ eines solchen Spiels heißt maximale Koalitionsstruktur (m.K.S.), wenn sie die größtmögliche Anzahl $\left(\text{z.B. } \left[\frac{n}{m}\right]\right)$ von m-Personenkoalitionen enthält.

a) Es sei v ein m-Quotenspiel mit der Quote ω ohne schwache Spieler. Ist T eine m.K.S., so liegt k.r.A.F $(x; \mathcal{J})$ genau dann in der Verhandlungsmenge, wenn $x_i = \omega_i$ für alle i, die zu einer m-Spielerkoalition aus $\mathcal{J}$ gehören.

b) Es sei v ein m-Quotenspiel mit der Quote ω und A die Menge der schwachen Spieler. Ist $n = qm + r$, mit $0 \leqslant r < m$ und $q \geqslant m + 1$ und $\mathcal{J}$ eine m.K.S., so liegt die k.r.A.F $(x; \mathcal{J})$ genau dann in $\mathcal{M}_0$, wenn $x_i = v(\{i\})$ für alle $i \in A$ und $x_i \leqslant \omega_i$ für $i \in (N-A)$.

3. Für ein n-Personenspiel v und eine i.r.A.F $(x; \mathcal{J})$ ist der größte Überschuß von i gegenüber j

$$s_{ij} = \max_D e(D) \; ,$$

wobei $e(D)$ der Exzess von D ist und das Maximum über alle Koalitionen D so gebildet wird, daß $i \in D$ aber $j \notin D$ ist. Wir sagen, Spieler i überwiegt j, wenn $s_{ij} > s_{ji}$ und $x_j > v(\{j\})$ ist. Zwei Spieler i und j sind im Gleichgewicht, wenn keiner überwiegt. Der Kern $\mathcal{K}$ sei die Menge aller i.r.A.F $(x; \mathcal{J})$, bei denen je zwei Spieler der gleichen Koalition im Gleichgewicht sind.

a) Zu jeder Koalitionsstruktur $\mathcal{J}$ gibt es ein x mit $(x; \mathcal{J}) \in \mathcal{K}$.

b) $\mathcal{K} \subset \mathcal{M}_1^{(i)}$.

c) Ist v ein einfaches Spiel und $\mathcal{J}$ von der Form $\{S, T_1, \ldots, T_1\}$ mit der minimalen Gewinnkoalition S, so gilt $(x; \mathcal{J})$ genau dann, wenn für $i \in S$

$$x_i = \frac{v(S) - \sum_{j \in S} v(\{j\})}{s} + v(\{i\})$$

ist (s ist die Anzahl der Elemente von S).

4. Beweise Theorem IX.3.2

5. Beweise Theorem IX.3.4

6. Man zeige, daß jedes 4-Personenspiel mit konstanter Summe ein Quotenspiel ist. Suche alle k-stabilen Paare für $k = 1, 2, 3$.

7. Es sei v ein Spiel wie in Aufgabe VII.7. Zeige, daß für jede nicht-triviale Koalitionsstruktur $\mathcal{J}$ die Menge aller x mit $(x; \mathcal{J}) \in \mathcal{K}$ leer ist, wohingegen die Menge aller x mit $(x; \mathcal{J}) \in \mathcal{M}_1^{(i)}$ nicht leer ist.

Kapitel X
Modifikationen des Spielkonzepts

X.1 Spiele mit einem Kontinuum von Spielern

Bei dem Versuch, die Theorie der n-Personenspiele auf ökonomische Probleme anzuwenden, zeigt sich häufig, daß kleine Spiele (d.h. Spiele mit einer geringen Anzahl von
Spielern) kaum geeignet sind, die Situation des "freien" Marktes zu beschreiben. Daher
benötigt man Spiele mit einer sehr großen Spielerzahl, damit der Einfluß des einzelnen
Spielers auf die Auszahlungen der anderen vernachlässigt werden kann. Die "Zahl" muß
zweckmäßig so groß sein, wie die "Anzahl" der Punkte einer Strecke (etwa das Intervall $[0,1]$). Mathematisch formuliert man dies wie folgt:

<u>X.1.1 Definition.</u> Ein Spiel mit einem Kontinuum von Spielern besteht aus einer σ-Al-
gebra ϑ auf $[0,1]$ und einer reellwertigen auf ϑ definierten Funktion v mit den Eigenschaften

(i) $$v(\emptyset) = 0$$

(ii) $$v(A \cup B) \geqslant v(A) + v(B) \quad \text{für} \quad A \cap B = \emptyset$$

Die Elemente von ϑ sind Koalitionen, und die Elemente aus $[0,1]$ heißen Spieler.

Man muß hier weit vorsichtiger als bei den endlichen Spielen vorgehen. Beispielsweise
muß die Definition der $(0,1)$-Normierung geändert werden: Es reicht nicht aus,
$v(\{x\}) = 0$ für jeden Punkt $x \in [0,1]$ und $v([0,1]) = 1$ zu fordern. Diese Forderung erfüllt beispielsweise das Lebesgue-Maß. Aber ein Maß ist additiv und ein derartiges Spiel
wäre unwesentlich. Stattdessen definieren wir die $(0,1)$-Normierung nunmehr so:

10.1.1 $$v([0,1]) = 1$$

10.1.2 $$v(S) \geqslant 0 \quad \text{wenn} \quad S \in \vartheta$$

10.1.3 $\quad$ Ist α ein Maß auf ϑ und $\alpha \leqslant v$,
$$\text{dann gilt } \alpha \equiv 0.$$

Eine andere Darstellung von 10.1.3 erhält man durch

$$10.1.4 \qquad \alpha(S) = \inf \sum_i v(S_i) \quad \text{für} \quad v \geqslant 0 \, ,$$

wobei das Infimum über alle Folgen der Mengen S_i aus ϑ mit $\bigcup S_i \subset S$ gebildet wird,
d.h. α ist ein äußeres Maß. Jedoch bedeutet die Superadditivität nichts anderes, als
daß man das Infimum durch eine "feine" Zerlegung der Menge S erhalten kann. Also
sind alle Elemente von ϑ meßbar bezüglich α. Damit ist α ein Maß auf ϑ und zwar das
größte mit $\alpha \leqslant v$. Also kann 10.1.3 ersetzt werden durch

$$10.1.5 \qquad \text{für das in 10.1.4 definierte } \alpha \text{ gilt } \alpha \equiv 0 \, .$$

Ist v eine Funktion mit wechselndem Vorzeichen, so wird ein Maß α mit Vorzeichen
etwas anders definiert. Das Maß α bzw. ein Maß mit Vorzeichen ersetzt uns praktisch
die Zahlen $v(\{i\})$. Daher ist eine Imputation des Spiels v irgendein Maß σ (Vorzeichen)
mit

$$10.1.6 \qquad \sigma([0,1]) = v([0,1])$$

$$10.1.7 \qquad \sigma(S) \geqslant \alpha(S) \quad \text{für} \quad S \in \vartheta$$

Bei $(0,1)$-normierten Spielen gilt natürlich 10.1.7 für ein Maß σ.

Die Dominanzrelation muß ebenfalls anders definiert werden. Wenn $\sigma > \tau$ in einer Menge S
gelten soll, muß die Ungleichung $\sigma(S) \leqslant v(S)$ erfüllt sein. Es ist jedoch sinnlos $\sigma(A) > \tau(A)$
für sämtliche $A \subseteq S$ zu fordern, da dies z.B. schon nicht zutrifft, wenn S abzählbar
ist und alle Einpunktmengen zu ϑ gehören. Allerdings ist es auch nicht hinreichend,
$\sigma(A) > \tau(A)$ für alle $A \subset S$ zu fordern, da dies zu der Relation $\sigma \not> \sigma$ führen könnte.
Schließen wir einen Kompromiß und fordern, daß die Ungleichung $\sigma(A) > \tau(A)$ für alle
Teilmengen A aus ϑ gilt, für die

$$\sup \{v(A \cup B) - v(B)\} > 0$$

ist. Daher können wir "kleine" (z.B. endliche) Mengen vernachlässigen.

Mit diesen Definitionen von Imputation und Domination können stabile Mengen genau wie
für endliche Spiele definiert werden. Im allgemeinen weiß man über die stabilen Mengen
solcher Spiele genau so wenig wie über diejenigen der n-Personenspiele mit großem n,
mit Ausnahme einiger spezieller Typen. Beispielsweise existieren stabile Mengen für
folgende einfache Spiele: Ist S eine minimale Gewinnkoalition, dann ist die Menge aller
auf $[0,1]-S$ verschwindenden Imputationen stabil.

Obwohl bisher wenig über stabile Mengen veröffentlicht wurde, existieren viele Arbeiten über den Shapley-Wert für ein Kontinuum von Spielern. Gewöhnlich können, mutatis mutandis, die Axiome S1 - S3, durch die der Shapley-Wert definiert wird, direkt angewandt werden. Eine gewisse Schwierigkeit ergibt sich jedoch mit S2 (Symmetrie-Axiom); die Permutationen von N, die dort behandelt wurden, müssen hier durch bijektive meßbare Funktionen von $(0,1)$ auf sich ersetzt werden. Führt dies auf den ersten Blick auch nicht zu irgendwelchen Problemen, so erkennt man bald Widersprüche in einigen degenerierten Fällen.

Die Bestimmung des Wertes eines einzelnen Spiels ist natürlich insofern besonders schwierig, als die Formel nicht für den unendlichen Fall anwendbar ist. Die Methode, die zur Bestimmung des Wertes eines beliebigen Spiels benutzt wird, beruht auf einer Zerlegung des Intervalls $[0,1]$ in Teilmengen (nicht notwendig Intervalle). Diese Teilmengen werden dann als Einzelspiele behandelt und der Shapley-Wert des entsprechenden endlichen Spiels kann berechnet werden. Die Zerlegung des Intervalls $[0,1]$ wird dann beliebig verfeinert, und der Shapley-Wert $\varphi[v]$ ist definiert als der Grenzwert der Folge der Werte der endlichen Spiele (vorausgesetzt, dieser Grenzwert existiert und ist von der gewählten Folge unabhängig). Angenommen, es existiert ein solches Maß μ auf ϑ, daß $v(S)$ nur von $\mu(S)$ abhängt, beispielsweise: $v(S) = [\mu(S)]^2$. Dann folgt wegen des Symmetrie-Axioms aus $\mu(S) = \mu(\tau)$ sofort $\varphi[v](S) = \varphi[v](\tau)$. Da aber $\varphi[v]$ eine additive Mengenfunktion sein muß, ist $\varphi[v]$ gleich dem Maß μ dividiert durch einen konstanten Faktor, wodurch $\varphi[v]([0,1]) = v([0,1])$ garantiert ist.

<u>X.1.2 Beispiel</u>. Es sei λ ein Lebesgue-Maß und μ ein durch $\mu(S) = 2 \int_S x \, d\lambda =$
$= 2 \int_S x \, dx$ für alle $S \in \vartheta$ definiertes Maß. Ist nun v nur Funktion von λ, so gilt $\varphi[v] = \lambda$.
Hängt dagegen v nur von μ ab, so haben wir analog $\varphi[v] = \mu$. Angenommen, es ist

$$10.1.8 \qquad\qquad v(S) = \mu(S) \, \lambda(S) \quad \text{für alle } S \in \vartheta .$$

Für $v_1 = \frac{1}{2}\mu^2$ und $v_2 = \frac{1}{2}\lambda^2$ ergibt sich

$$v_3 = v + v_1 + v_2 = \frac{1}{2}(\lambda + \mu)^2 .$$

Aus der Addivität folgt dann

$$\varphi[v] = \varphi[v_3] - \varphi[v_1] - \varphi[v_2] .$$

Da λ, μ und $\lambda + \mu$ Maße sind, kann die rechte Seite der Gleichung leicht ausgerechnet werden. Tatsächlich hängt v_3 nur von $\lambda + \mu$ ab ; wegen $v_3[0,1] = 2$ und $(\lambda + \mu)[0,1] = 2$ folgt

$$10.1.9 \qquad \varphi[v_3] = \lambda + \mu \; .$$

Weiterhin hängt v_1 nur von μ ab. Wegen $v_1([0,1]) = \frac{1}{2}$ folgt

$$10.1.10 \qquad \varphi[v_1] = \frac{1}{2}\,\mu \; .$$

Ähnlich ergibt sich

$$10.1.11 \qquad \varphi[v_2] = \frac{1}{2}\,\lambda \; .$$

Faßt man alle drei Gleichungen zusammen, so erhält man

$$10.1.12 \qquad \varphi[v] = \frac{1}{2}\,(\lambda + \mu)$$

als den Shapley-Wert des Spiels v, das in 10.1.8 definiert wurde. Auf ähnliche Weise kann man den Shapley-Wert sämtlicher Polynome in μ und λ berechnen. Analog findet man den Shapley-Wert für ein Polynom in endliche vielen Maßen.

Nehmen wir jedoch einmal an, v sei durch

$$v(S) = \begin{cases} 0 & \text{wenn } \lambda(S) < 1 \\ 1 & \text{wenn } \lambda(S) = 1 \end{cases}$$

gegeben. Offenbar ist v eine Funktion von λ, also $\varphi[v] = \lambda$. Man sieht auch leicht, daß $\mu(S) = 1$ genau dann zutrifft, wenn $\lambda(S) = 1$ ist. Daraus folgt

$$v(S) = \begin{cases} 0 & \text{wenn } \mu(S) < 1 \\ 1 & \text{wenn } \mu(S) = 1 \end{cases}$$

und somit $\varphi[v] = \mu$. Dieser Widerspruch zeigt, daß dieses Spiel keinen Shapley-Wert besitzt. Der Grund liegt darin, daß die oben definierte Folge der Shapley-Werte für endliche Teile des Spiels keinen Grenzwert besitzt.

X.2 Spiele ohne Seitenzahlungen

Eine andere mögliche Verallgemeinerung der in Kapitel VIII und IX behandelten Spiele sind Spiele ohne Seitenzahlungen.

In diesen beiden Kapiteln haben wir einen linear transferierbaren Nutzen vorausgesetzt. Die Bedeutung der Seitenzahlungen liegt in der enormen Vereinfachung der Darstellung des Spiels. Anstatt alle möglichen Ergebnisse zu betrachten, die eine Koalition S erreichen kann, braucht man nur den Gesamtbetrag für S anzugeben, der beliebig unter den Mitgliedern von S geteilt werden kann. Dabei spielten Seitenzahlungen eine wesentliche Rolle. Wenn nun Seitenzahlungen nicht mehr erlaubt sind, wird die Form der charakteristischen Funktion sehr kompliziert.

Die charakteristische Funktion ist dann eine mengenwertige Funktion, die auf der Potenzmenge von N definiert ist. Es sei zunächst u_i^* der größte Nutzen, den Spieler i sich selbst auf jeden Fall sichern kann. Es bedeutet dann $v(N)$ keine Zahl, sondern die Menge aller Imputationen, die die Menge N erreichen kann, wenn alle Mitglieder zusammenarbeiten.

Also besteht die Menge $v(S)$ effektiv aus all den Vektoren x, für die die Koalition S ihren Mitgliedern wenigstens deren individuellen Anteil von x garantieren kann. (Beispielsweise besteht die Menge $v(\{i\})$ aus allen Vektoren x mit $x_i \leq u_i^*$). Da Lotterien möglich sind, sind die Mengen $v(S)$ konvex. Es ist zwar nicht unmittelbar einzusehen, daß diese Mengen auch abgeschlossen sind, aber wir werden dennoch diese plausibel erscheinende Annahme machen.

<u>X.2.1 Definition.</u> Ein n-Personenspiel ohne Seitenzahlung ist ein Paar (v, H), bestehend aus der kompakten und konvexen Teilmenge H des R^n und einer Funktion v, die jeder Teilmenge S aus $N = 1, 2, \ldots, n$ eine Teilmenge des R^n zuordnet, und zwar mit folgenden Eigenschaften

(i) $v(S)$ ist abgeschlossen und konvex

(ii)   Aus $x \in v(S)$ und $y_i \leq x_i$ für alle $i \in S$ folgt $y \in v(S)$

(iii)   Aus $S \cap T = \emptyset$ folgt $v(S) \cap v(T) \subset v(S \cup T)$

(iv) $v(S) \neq \emptyset$ für alle $S \subset N$

(v) $x \in v(N)$ genau dann, wenn $x \leq y$ für mindestens ein $y \in H$.

In dieser Definition betrifft (ii) die Monotonie. Kann S ihren Mitgliedern den Wert x garantieren, dann gilt dies auch für den kleineren Wert y. Bedingung (iii) ist die

Superadditivität in einer neuen Form. Bedingung (v) sorgt dafür, daß die Menge $v(N)$ "nicht zu groß" ist. Zusammen mit (iii) garantiert (v) mit $T = N-S$, daß die Menge $v(S)$ "nicht zu groß" wird.

Diese Definition der Imputationen und charakteristischen Funktion ermöglicht es, die Dominanzrelation zu definieren. Wir setzen $x > y$, wenn eine nicht-leere Koalition S existiert mit $x_i > y_i$, für $i \in S$ und $x \in v(S)$. Stabile Mengen und der Kern werden dann wie im Fall mit Seitenzahlung erklärt. Es gibt bereits einige Arbeiten über stabile Mengen von Spielen ohne Seitenzahlung. So ist von STEARNS [X.14] gezeigt worden, daß alle Drei-Personenspiele mindestens eine stabile Menge besitzen. Diese Mengen sind sogar katalogisiert worden. Die Frage nach der Existenz stabiler Mengen für beliebige Spiele ist jedoch neu entschieden worden: STEARNS [X.15] gibt ein Beispiel eines Sieben-Personenspiels, das keine stabile Menge besitzt.

Andere Arbeiten behandeln den Kern von Spielen ohne Seitenzahlungen. Ein Vektor $x \in v(x)$ gehört zum Kern, wenn für jede Koalition S und jedes $y \in v(S)$ mindestens ein $i \in S$ mit $x_i \geqslant y_i$ existiert.

Für die Behandlung von Spielen ohne Seitenzahlungen erweist sich die Normalform der charakteristischen Funktion überlegen. Bei den nicht-kooperativen Spielen definiert man einen Gleichgewichtspunkt als ein n-Tupel von Strategievektoren derart, daß kein Spieler durch eine einseitige Strategieänderung etwas gewinnen könnte. Wir sprechen dagegen von einem strengen Gleichgewichtspunkt, wenn das betrachtete n-Tupel von Strategien (gegenseitige Beeinflussung wird nicht ausgeschlossen) keine Koalition S mehr zuläßt, deren Mitglieder den größten Nutzen erhalten können, während die übrigen Spieler ihre Anfangsstrategien beibehalten. Diese Definition ist jedoch zu streng. Die meisten Spiele werden keine derartigen Punkte besitzen. AUMANN [X.1] behandelt solche Spiele unter der Voraussetzung, daß sie unendlich wiederholt werden. Dies führt zu einem "Superspiel", für das Strategien verwendet werden, bei denen jeder Zug des Originalspiels vom Ausgang der vorausgegangenen Spiele abhängt. Für dieses Superspiel werden strenge Gleichgewichtspunkte in der eben beschriebenen Form definiert. Leider besitzen viele Spiele selbst in diesem schwächeren Sinn keinen strengen Gleichgewichtspunkt.

Für Spiele dieser Art sind schließlich Wertkonzepte definiert worden. Folgende Methoden wurden vorgeschlagen:

SHAPLEY [X.13] erhält den Shapley-Wert durch die Annahme, daß Seitenzahlungen gemacht werden können. Kann der Wert eines solchen Spiels auch ohne Seitenzahlungen erreicht werden, dann wird er als Wert des Spiels gesetzt. Für die anderen Spiele erhält SHAPLEY den Wert durch die zusätzliche Forderung der Invarianz bezüglich linearer Transformationen der Nutzenfunktion eines jeden Spielers. Damit kann man für jedes Spiel einen Wert festsetzen.

HARSANYI [X.4, X.5] gibt zwei Verhandlungsmodelle an (das zweite eine Modifikation des ersten), die auf der Verallgemeinerung des Nash-Axioms für kooperative Zwei-Personenspiele beruhen.

ISBELL [X.6] unterstellt, daß der Nutzenraum sämtlicher Spieler beschränkt ist (in der Form [0,1]) und benützt ein Verhandlungsschema, das die Nutzenverhältnisse konstant läßt.

MIYASAWA [X.10] gibt ebenfalls eine Verallgemeinerung des Modells von Nash.

SELTEN [X.12] betrachtet verschiedene Wert-Modelle vom axiomatischen Standpunkt aus.

X.3 Spiele in Partitionsform

Eine der Annahmen, die zuerst bei der Definition der charakteristischen Funktion (von NEUMANN-MORGENSTERN) gemacht wurde, bedeutet, daß wir nach Zustandekommen einer Koalition S stets mit der ungünstigsten aller Möglichkeiten kalkulieren.

Deshalb beschäftigen wir uns mit der Möglichkeit, daß die komplementäre Koalition $N-S$ gebildet wird. Obwohl diese von einem Min-max-Standpunkt aus vernünftig erscheint, ist es doch möglich, daß die Koalition $N-S$ wegen der Schwierigkeiten in der Kommunikation, wegen persönlicher Differenzen unter den Spielern, wegen schlechter Motivation oder aus anderen Gründen nicht zustande kommt. Was passiert aber, wenn die Koalition $N-S$ entsteht? Natürlich hängt der Betrag, den S erhalten kann, von den verschiedenen Koalitionsstrukturen ab. So kann etwa in einem Wahlspiel eine Koalition mit weniger als 50 % der Stimmen gewinnen, wenn sich die Gegner nicht einigen können oder einige gar nicht wählen. Überlegungen dieser Art führten auf Spiele in Partitionsform.

X.3.1 Definition. Eine Funktion v, die jeder Zerlegung $\wp = (P_1, \ldots, P_k)$ von N einen k-Vektor $v^\wp = (v^\wp(P_1), v^\wp(P_2) \ldots v^\wp(P_k))$ zuordnet, heißt Spiel in Partitionsform.

Somit liefert v den Betrag, den jede Koalition in $\wp$ erhält, sofern die Zerlegung (Koalitionsstruktur) $\wp$ sich einstellt. Wie schon in der von Neumann-Morgenstern-Theorie sind wir an dem Maximum interessiert, das eine Koalition S sich selbst garantieren kann, was immer die anderen Spieler unternehmen. Dieses Maximum ist gegeben durch

10.3.1
$$u(S) = \min_{S \in P} v^\wp(S) .$$

Die Mengenfunktion u ist nicht notwendig superadditiv. Dies erklärt sich aus der Tatsache, daß in bestimmten Fällen Koalitionen aus antagonistischen Gruppen diese selbst sogar schwächen können.

Der Begriff der Imputation muß modifiziert werden. Dazu dient die folgende

X.3.2 Definition. Eine Imputation für ein n-Personenspiel v in Partitionsform ist ein n-Vektor $x = (x_1, \ldots, x_n)$ mit folgenden Eigenschaften

(i)
$$x_i \geqslant u(\{i\})$$

(ii)
$$\sum_{i=1}^{n} x_i = \sum_{S \in \wp} v^{\wp}(S) \quad \text{für mindestens ein } \wp$$

Die Summe der Komponenten einer Imputation hat also nicht für alle diese Spiele denselben Wert. Wir ändern nun auch den Begriff etwas ab.

X.3.3 Definition. Eine Imputation x dominiert y durch die Koalition S, d.h. $x \underset{S}{\succ} y$, wenn

(i)
$$x_i > y_i \quad \text{für } i \in S$$

(ii)
$$\sum_{i \in S} x_i \leqslant u(S)$$

(iii)
$$\text{mindestens ein } \wp \text{ mit } S \in \wp \quad \text{und} \quad \sum_{i=1}^{n} x_i = \sum_{T \in \wp} v^{\wp}(T) \quad \text{existiert.}$$

Die beiden ersten Bedingungen sind die gleichen geblieben. Die dritte ist neu und heißt "Realisierbarkeit". Normalerweise erzeugen verschiedene Zerlegungen $\wp$ verschiedene Werte der Summe

$$\sum_{S \in \wp} v^{\wp}(S) = \|\wp\|.$$

In diesem Sinne können die von Neumann-Morgenstern-Spiele als degenerierte Spezialfälle angesehen werden, in denen die Summe der Nutzen der Spieler von der Koalitionsstruktur unabhängig ist. Wir erwähnten bereits, daß die von Neumann-Morgenstern-Spiele sehr häufig eine große Zahl von stabilen Mengen besitzen, und es zeigt sich, daß dies auf die Degeneriertheit der charakteristischen Funktion zurückzuführen ist.

Dazu existiert das folgende

<u>X.3.4 Theorem.</u> Sei v ein Vier-Personenspiel, bei dem für zwei Zerlegungen aus $\rho_1 \neq \rho_2$ stets $\|\rho_1\| \neq \|\rho_2\|$ folgt. Dann besitzt v eine eindeutig bestimmte stabile Menge.

Den Beweis führen wir später. Dazu sind jedoch einige Voraussetzungen nötig. Eine Koalition S heißt effektiv für eine Imputation x wenn

$$\sum_{i \in S} x_i \leq u(S)$$

und streng effektiv, wenn

$$\sum_{i \in S} x_i < u(S) \qquad \text{gilt} \quad .$$

<u>X.3.5 Lemma.</u> Keine Imputation x kann eine andere y vermöge einer Ein-Spieler Koalition $\{i\}$ dominieren.

<u>Beweis.</u> Aus $x \underset{\{i\}}{\succ} y$ folgt $y_i < x_i \leq u\{i\}$, d.h., y ist keine Imputation. $\quad$ []

<u>X.3.6 Lemma.</u> Aus $x \underset{S}{\succ} y$ und $y_i \geq z_i$ für alle $i \in S$ folgt $x \succ z$. Der Beweis ist trivial.

<u>X.3.7 Lemma.</u> In einem Vier-Personenspiel mit sämtlich voneinander verschiedenen $\|\rho\|$ existiert zu jeder Imputation x höchstens eine für x streng effektive Koalition, die x auch realisieren kann.

<u>Beweis.</u> Da die Zahlen $\|\rho\|$ sämtlich voneinander verschieden sind, gibt es nur eine Zerlegung ρ, die x realisieren kann. Daher ist x nur durch die Koalitionen dieser Zerlegung realisierbar. Da eine Ein-Personenkoalition für eine Imputation nicht streng effektiv sein kann und die einzigen Zerlegungen mit mehr als einer mehrdeutigen Koalition von der Form $\{\{i, j\}, \{k, l\}\}$ sind, betrachten wir nur Zerlegungen ρ dieser Form. Sei ferner $\{i, j\}$ streng effektiv für x. Dann gilt

$$v^{\rho}(\{i, j\}) \geq u(\{i, j\}) > x_i + x_j$$

Da aber x durch ρ realisiert wird, folgt

$$x_i + x_j + x_k + x_l = \|\rho\| = v^{\rho}(\{i, j\}) + v^{\rho}(\{k, l\})$$

und damit

$$x_k + x_l > v^{\rho}\{k, l\} \geq u(\{k, l\}) \quad .$$

Also ist $\{k, l\}$ nicht effektiv für x.

Wir setzen nun den Beweis von X.3.4 fort. Ein Vier-Personenspiel besteht aus 15 Zerlegungen, die wir der Norm nach ordnen und mit $P_1, \ldots, P_{15}$ bezeichnen.

$$\|P_j\| > \|P_{j+1}\| \quad \text{für} \quad j = 1, \ldots, 14 \; .$$

Es sei nun E_j die Menge aller Imputationen x mit $\sum\limits_j x_i = \|P_j\|$, dann gilt $E = \bigcup\limits_{j=1}^{15} E_j$. Wir definieren nun den eingeschränkten Kern durch

$$C_j = \left\{ x \in E \; \middle| \; \sum_{i \in M} x_i \geqslant u(M) \quad \text{für alle} \quad M \in \bigcup_{k=1}^{j} P_k \right\}$$

für $j = 1, \ldots, 15$ und setzen $C_0 = E$. Offensichtlich gilt $C_j \subset C_{j-1}$. Sei m die kleinste der ganzen Zahlen j mit $C_j \cap E_{j+1} = \emptyset$. Ist $C_j \cap A_{j+1} \neq \emptyset$ für $j = 1, \ldots, 14$, dann wird $m = 15$ gesetzt. Es gilt $m > 0$ wegen $C_1 \cap E = E_1 \neq \emptyset$. Schließlich definieren wir die Menge

$$Q = \bigcup_{j=1}^{m} (E_j \cap C_{j-1}) \; .$$

<u>X.3.8 Lemma.</u> Es sei R eine Teilmenge von Q derart, daß alle $x \in Q - R$ von mindestens einem $y \in R$ dominiert werden. Dann wird auch jedes $x \in E - R$ von mindestens einem $y \in R$ dominiert.

<u>Beweis.</u> Für $x \in E - Q$ gilt $x \in E_t$ für mindestens ein t. Außerdem existiert mindestens ein $M \in P_j$ mit $j \leqslant \min(n, t-1)$, das streng effektiv für x ist. Man wähle nun $M_0 \in P_s$ so, daß s minimal wird. Das bedeutet $M_0 \in P_s$ ist streng effektiv für x, aber $M \in P_j$ mit $j \leqslant s-1$ ist nicht mehr streng effektiv für x. Sei nun $z \in E_s$, so gewählt, daß M_0 effektiv ist für z und $z_i > x_i$ für alle $i \in N$ gilt. Dann folgt $z \in E_s \cap C_{s-1} \subset Q$. Ist $z \in R$, so gilt $z \succ x$. Also spielt z die Rolle des gesuchten y. Ist aber $z \notin R$, so existiert mindestens ein $y \in R$, das z dominiert. Mit Lemma X.3.6 folgt $y \succ x$. In beiden Fällen wird x durch mindestens ein y dominiert. $\qquad\qquad\square$

<u>X.3.9 Lemma.</u> Ist R stabil, dann gilt $R \subset Q$.

<u>Beweis.</u> Es sei $x \in E - Q$. Wie in Lemma X.3.8 existiert mindestens ein $z \in Q$ mit $z \succ x$ woraus mit $y \succ z \; y \succ x$ folgt. Daher impliziert $z \in R \; x \notin R$. Gilt aber $z \in R$, so existiert ein $y \in R$ mit $y \succ z$. Also gilt $y \succ x$ und damit $x \notin R$. $\qquad\qquad\square$

<u>X.3.10 Beweis von X.3.4.</u> Wegen der vorausgegangenen Lemmata genügt es zu zeigen, daß Q eine eindeutig bestimmte stabile Menge enthält. Dazu konstruieren wir uns eine

Teilmenge $R_j \subset E_j \cap C_{j-1}$ für $j = 1, \ldots, m$ und zeigen, daß $\bigcup\limits_{j=1}^{m} R_j = R$ eine stabile Menge ist. Zunächst enthalte K_m alle die Elemente von $E_m \cap C_{m-1}$, die bezüglich $\succeq$ maximal sind. Da $\underset{M}{\succeq}$ eine Teilordnung und $E_m \cap C_{m-1}$ eine kompakte Menge ist, folgt aus dem Zornschen Lemma, daß zu jedem $x \in E_m \cap C_{m-1}$, das nicht maximal bezüglich $\succeq$ ist, ein y mit $y \underset{M}{\succeq} x$ existiert, das bezüglich $\underset{M}{\succeq}$ sogar maximal ist. Also ist M effektiv für y und streng effektiv für x. Damit ergibt sich $M \in P_m$ wegen $x \in C_{m-1}$, d.h., y ist realisierbar für M.

Nun existiert aber kein $z \in E_m \cap C_{m-1}$ mit $z \succeq y$. Denn wäre $z \underset{S}{\succeq} y$, so wäre S streng effektiv für y und sowohl z als auch y wären realisierbar. Wegen $S \neq M$ und Lemma X.3.7 kann aber M nicht effektiv für y sein. Also ist y maximal in $E_m \cap C_{m-1}$ bezüglich $\succeq$ und somit $y \in R_m = K_m$. Also wird jedes $x \in E_m \cap C_{m-1} - R_m$ durch mindestens ein $y \in R_m$ dominiert. Wegen der Maximalität bezüglich $\succeq$ dominiert kein $x \in R_m$ ein $y \in R_m$.

Wir konstruieren nun die Mengen $K_{m-1}, K_{m-2}, \ldots, K$ folgendermaßen: angenommen, die Mengen $K_m, K_{m-1}, \ldots, K_{j+1}$ seien bereits konstruiert, und es sei $R_{j+1} = \bigcup\limits_{j+1}^{m} K_l$. Die Teilmenge G_j von $E_j \cap C_{j-1}$ bestehe aus den Imputationen, die nicht durch irgendwelche Elemente aus R_{j+1} dominiert werden. Ferner sei K_j die Menge aller $\succeq$ - maximalen Elemente aus G_j. Wegen der Kompaktheit von G wird jedes $x \in G_j - K_j$ durch mindestens ein $y \in K_j$ und damit auch jedes $x \in E_j \cap C_{j-1} - K_j$ durch mindestens ein $y \in R_j = \bigcup\limits_{j}^{m} K_l$ dominiert.

Wir setzen voraus, daß kein Element aus R_{j+1} ein anderes Element aus R_{j+1} dominiert (Induktionsannahme). Ferner nehmen wir an, daß zu jedem

$$x \in \bigcup\limits_{j+1}^{m} (E_l \cap C_{l-1}) - R_{j+1},$$

mindestens ein $y \in R_{j+1}$ mit $y > x$ existiert. Mit $x \in R_j$ und $y \in R_j$ gibt es wegen $R_j = R_{j+1} \cup K_j$ vier Möglichkeiten:

(i) $\qquad\qquad\qquad\qquad x \in R_{j+1}, \qquad y \in R_{j+1}$

(ii) $\qquad\qquad\qquad\qquad x \in R_{j+1}, \qquad y \in K_j$

(iii) $\qquad\qquad\qquad\qquad x \in K_j, \qquad y \in R_{j+1}$

(iv) $\qquad\qquad\qquad\qquad x \in K_j, \qquad y \in K_j.$

Im Fall (i) kann die Relation $x \succ y$ wegen der Induktionsannahme nicht gelten. Das gleiche gilt wegen $y \in G_j$ und $x \in R_{j+1}$ im Fall (ii). Für (iii) ist die Relation ebenfalls falsch, da sonst mindestens ein $M \in \mathfrak{P}_j$ streng effektiv für y wäre im Widerspruch zu $y \in C_j$. Auch in (IV) gilt $x \succ y$ nicht, da sowohl x als auch y $\succ$ - maximal in G_j sind. Für $x \in R_j$ und $y \in R_j$ trifft also $x \succ y$ nicht zu.

Ist andererseits $x \in \bigcup_j^m (E_1 \cap C_{1-1}) - R_j$ dann gilt

(i)
$$x \in \bigcup_{j+1}^m (E_1 \cap C_{1-1}) - R_{j+1}$$

(ii)
$$x \in E_j \cap C_{j-1} - K_j \, .$$

Im Fall (i) existiert wegen der Induktionsannahme ein $y \in R_{j+1}$, mit $y \succ x$. Im Fall (ii) sahen wir oben, daß ein $y \in K_j$ exisitert mit $y \succ x$. In beiden Fällen gibt es also mindestens ein $y \in R_j$ mit $y \succ x$. Fährt man auf diese Weise fort, so erhält man schließlich eine Menge $R = R_1$, die die Voraussetzungen von X.3.8 erfüllt und offensichtlich intern stabil ist. Also ist R eine stabile Menge.

Der Beweis der Eindeutigkeit von R ist nicht schwierig und wird unten als Aufgabe X.3 gestellt. Der Beweis des Theorems X.3.4 ist trotz der Anwendung des Zornschen Lemmas ein konstruktiver Beweis. Wir geben unten ein Beispiel dafür, wie er zur Bestimmung stabiler Mengen benutzt werden kann. Wegen der großen Zahl von Imputationssimplices werden wir jedoch nur ein Drei-Personenspiel behandeln. Dieses besitzt nur 5 Zerlegungen, während beim Vier-Personenspiel schon 15 Zerlegungen existieren.

<u>X.3.11 Beispiel.</u> Man betrachte ein Drei-Personenspiel mit

$$\mathfrak{P}_1 = \{\{1, 2\}, \{3\}\}, \ \mathfrak{P}_2 = \{\{1, 3\}, \{2\}\}, \ \mathfrak{P}_3 = \{\{1\}, \{2, 3\}\}, \ \mathfrak{P}_4 = \{\{1, 2, 3\}\},$$
$$\mathfrak{P}_5 = \{\{1\}, \{2\}, \{3\}\} \, ,$$

und

$$
\begin{aligned}
v^{\mathfrak{P}_1}(\{1, 2\}) &= 5 \\
v^{\mathfrak{P}_1}(\{3\}) &= 5 \\
v^{\mathfrak{P}_2}(\{1, 3\}) &= 5 \\
v^{\mathfrak{P}_2}(\{2\}) &= 3 \\
v^{\mathfrak{P}_3}(\{2, 3\}) &= 6 \\
v^{\mathfrak{P}_3}(\{1\}) &= 0 \\
v^{\mathfrak{P}_4}(\{1, 2, 3\}) &= 4 \\
v^{\mathfrak{P}_5}(\{i\}) &= 0 \qquad \text{für} \quad i = 1, 2, 3
\end{aligned}
$$

210

Dann gilt

$$\|\wp_1\| = 10 \ , \quad \|\wp_2\| = 8 \ , \quad \|\wp_3\| = 6 \ , \quad \|\wp_4\| = 4 \ , \quad \|\wp_5\| = 0$$

sowie

$$u(\{1, 2\}) \ 3 \ u(\{1, 3\}) = 5, \quad u(\{2, 3\}) = 6, \quad u(\{i\}) = 0 \ .$$

Offensichtlich gilt $E_3 \cap C_2 \neq \emptyset$ und $E_4 \cap C_3 = \emptyset$, was $m = 3$ bedeutet. Wir konstruieren nun R folgendermaßen: E_3 ist das Simplex aus den nicht negativen Vektoren mit der Komponentensumme 6. $E_3 \cap C_2$ besteht aus den Elementen von E_3, die

$$x_1 + x_2 \geqslant 5$$
$$x_1 + x_3 \geqslant 5$$

bzw.

$$x_2 \leqslant 1$$
$$x_3 \leqslant 1$$

erfüllen.

In E_3 kann Domination nur durch $\{2, 3\}$ erfolgen. Also enthält K_3 all die Elemente von $E_3 \cap C_2$, die maximal bezüglich $\succeq$ vermöge $\{2, 3\}$ sind. Nun folgt aus $x_2 < 1$ und $x_3 < 1$ $y \succeq x$ mit $y = (4, 1, 1)$. Sind aber $x_2 = 1$ oder $x_3 = 1$, so kann x in $E_3 \cap C_2$ nicht dominiert werden. Also ist K_3 gleich der Vereinigung der beiden durch

10.3.2 $\qquad\qquad\qquad x_2 = 1, \ 0 \leqslant x_3 \leqslant 1$

und

10.3.3 $\qquad\qquad\qquad x_3 = 1, \ 0 \leqslant x_2 \leqslant 1$

gegebenen Punktmengen.

Betrachten wir nun $E_2 \cap C_1$. E_2 besteht aus den nicht-negativen Vektoren mit der Summe 8. $E_2 \cap C_1$ enthält all die Elemente aus E_2, die auch $x_1 + x_2 \geqslant 5$ oder $x_3 \leqslant 1$ erfüllen. Um G_2 zu erhalten, müssen die Elemente aus $E_2 \cap C_1$ gestrichen werden, die von K_3 dominiert werden. Nun ist aber $\{2, 3\}$ die einzige Koalition, die die Imputationen in K_3 realisieren kann. Aus der speziellen Gestalt von K_3 folgt daher, daß die Elemente von $E_2 \cap C_1$ gestrichen werden müssen, für die $x_2 < 1$ und $x_3 < 1$. Dann ist G_2 durch

$$x_1 + x_2 + x_3 = 8$$

$$x_3 \leqslant 3$$

$$x_2 \geqslant 1 \quad \text{oder} \quad x_3 \geqslant 1$$

bestimmt. Wir suchen nun die Elemente in G_2, die maximal bezüglich $\succeq$ sind. Da $\{1, 3\}$ die tatsächlich entstandene Koalition ist, wird jedes x mit $x_1 + x_3 < 5$, $x_3 < 3$ durch mindestens ein $y \in G_2$ dominiert. Man zeigt leicht, daß K_3 aus der Vereinigung der drei durch

10.3.4 $$0 \leqslant x_2 \leqslant 1, \quad 1 \leqslant x_3 \leqslant 3$$

10.3.5 $$1 \leqslant x_2 \leqslant 3, \quad 0 \leqslant x_3 \leqslant 3$$

und

10.3.6 $$x_3 = 3$$

definierten Mengen besteht.

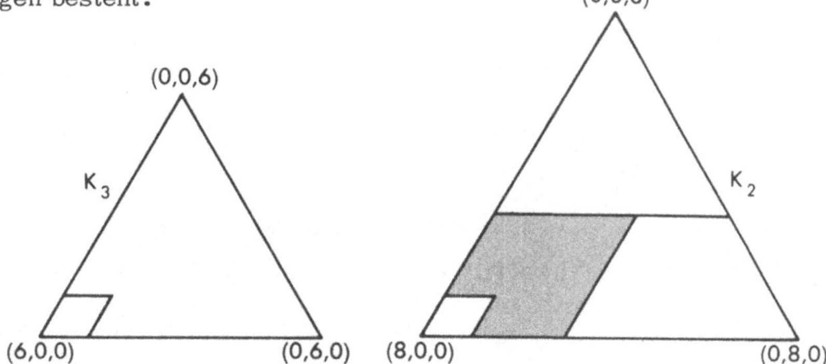

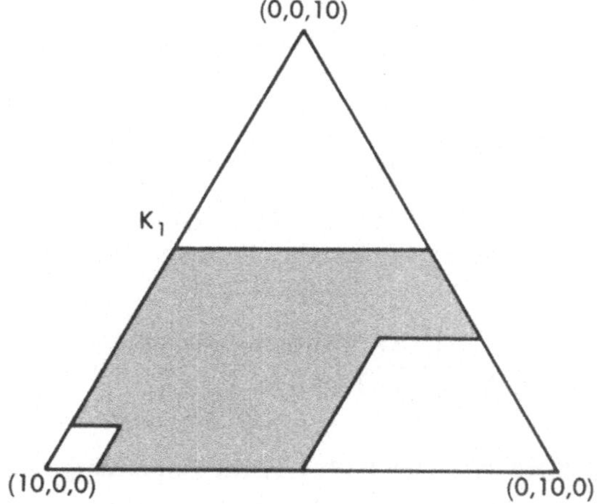

Abb. X.3.1

Betrachten wir nun $E_1 \cap C_0 = E_1$. Diese Menge besteht aus allen nicht negativen Vektoren, deren Komponentensumme 10 ist. Um G_1 zu erhalten, müssen wir alle Imputationen aus E_1 entfernen, die von $R_2 = K_2 \cup K_3$ dominiert werden. Die durch K_3 dominierten Imputationen haben die Eigenschaft $x_2 < 1$, $x_3 < 1$. Für von K_2 dominierte Imputationen gilt $x_1 + x_3 < 5$ und $x_3 < 3$. Damit ist G_1 gegeben durch

$$x_2 \geqslant 1 \quad \text{oder} \quad x_3 \geqslant 1$$
$$x_2 \leqslant 5 \quad \text{oder} \quad x_3 \geqslant 3 \ .$$

Man sieht, daß G_1 alle Imputationen aus E mit $x_3 = 5$ enthält. Damit wird sie für $y_3 < 5$ vermöge $\{1, 2\}$ von mindestens einem $x \in G_1$ dominiert. Alle anderen Elemente von G_1 gehören zu K_1, die daher als die Vereinigung der Mengen

10.3.7 $$0 \leqslant x_2 \leqslant 1, \quad 1 \leqslant x_3 \leqslant 5$$

und

10.3.8 $$1 \leqslant x_2 \leqslant 5, \quad 0 \leqslant x_3 \leqslant 5$$

und

10.3.9 $$x_2 \geqslant 5, \quad x_3 \geqslant 3$$

gegeben ist.

Die Bedingungen (10.3.2)-(10.3.9) definieren die Mengen K_1, K_2 und K_3. Die Menge $R = K_1 \cup K_2 \cup K_3$ ist die eindeutig bestimmte stabile Menge unseres Spiels (Abb. X.3.1)

Aufgaben

1. Die Summe endlich vieler Maße ist wieder ein Maß. Man zeige, daß ein Polynom $P(\mu_1, \ldots, \mu_m)$ in den Maßen μ_i in der Form $P = c_1 v_1^{n_1} + c_2 v_2^{n_2} + \ldots + c_k v_k^{n_k}$ geschrieben werden kann, wobei c_j Konstante, v_j Maße und n_j natürliche Zahlen sind.

2. Für $S \subseteq [0,1]$ sei $v(S) = \lambda^3(S)\mu(S)$ mit dem Lebesgue-Maß λ und $\mu(S) = \int_S x\,dx$. Man bestimme den Shapley-Wert $\varphi[v]$ dieses Spiels.

3. Man vervollständige den Beweis von X.3.4 (d.h., man zeige, daß die in dem Beweis konstruierte Menge R die einzige stabile Menge ist). Man zeige dazu, daß K_m, $K_{m-1}, \ldots, K_1$ Teilmengen sämtlicher stabilen Mengen sein müssen.

4. Ein n-Personenspiel ohne Seitenzahlungen besitzt nicht notwendig eine stabile Menge. Man betrachte das Sieben-Personenspiel v , wobei H die konvexe Hülle der fünf Punkte

$$c = (2,\ 0,\ 2,\ 0,\ 2,\ 0,\ 1)$$
$$p_1 = (1,\ 1,\ 2,\ 0,\ 0,\ 0,\ 0)$$
$$p_2 = (0,\ 0,\ 1,\ 1,\ 2,\ 0,\ 0)$$
$$p_3 = (2,\ 0,\ 0,\ 0,\ 1,\ 1,\ 0)$$
$$0 = (0,\ 0,\ 0,\ 0,\ 0,\ 0,\ 0)$$

ist, und die minimalen Gewinnkoalitionen $\{1,3,5\}$, $\{1,2,7\}$, $\{3,4,7\}$, $\{5,6,7\}$ sind. Jede Gewinnkoalition kann jede Imputation erzwingen, wohingegen die anderen Koalitionen nur effektiv für diejenigen Imputationen sind, in denen ihre Mitglieder die Auszahlung 0 erhalten. Dann besitzt v keine stabile Menge.

a) Der Kern von v ist $\{c\}$.

b) Bezeichnet L_i das Segment $[p_i, c]$, dann ist die Menge der Imputationen, die durch c nicht dominiert werden, gleich $L_1 \cup L_2 \cup L_3$. Ist V stabil, so muß sie aus jedem mindestens einen Punkt $q_i \neq c$ enthalten.

c) Die Punkte q_i müssen die Gleichungen $q_1^7 = q_2^7 = q_3^7$ erfüllen. Somit enthält V nur jeweils einen von c verschiedenen Punkt aus jedem L_i . Also ist V nicht stabil, und das Spiel v besitzt keine stabile Menge als Lösung.

Anhang

A.1 Konvexität

In diesem Buch wird der Begriff der Konvexität sehr häufig gebraucht. Wir geben im folgenden einige Eigenschaften konvexer Funktionen an, obwohl andere schon im Text - besonders in Kapitel II und IV - erläutert wurden.

A.1.1 Definition. Eine auf einem reellen Vektorraum definierte Funktion $f(x)$ heißt konvex, wenn für alle x, y und alle r mit $0 \leqslant r \leqslant 1$

$$1.1 \qquad\qquad f(rx + (1-r)y) \leqslant rf(x) + (1-r)f(y)$$

gilt. Die Funktion heißt streng konvex, wenn für $x \neq y$ und $0 < r < 1$ die strenge Ungleichung in 1.1 gilt.

A.1.2 Definition. Eine Funktion f heißt konkav (streng konkav), wenn $-f$ konvex (streng konvex) ist.

Das folgende Theorem gibt einfache Eigenschaften konvexer Funktionen an. Wir übergehen den Beweis.

A.1.3 Theorem. Es seien f und g konvexe Funktionen und $c \geqslant 0$. Dann sind die Funktionen $f + g$, cf und $\max\{f, g\}$ ebenfalls konvex. Außerdem gilt für konkave Funktionen f und g, daß auch $f + g$, cf und $\min\{f, g\}$ konkav sind. Eine lineare Funktion ist offenbar sowohl konkav als auch konvex. Umgekehrt ist jede Funktion, die sowohl konkav als auch konvex ist, linear.

A.1.4 Definition. Sei V ein reeller Vektorraum, dann heißt eine Menge $S \subset V$ konvex, wenn für alle $x, y \in S$ und $0 \leqslant r \leqslant 1$ die Beziehung

$$1.2 \qquad\qquad rx + (1-r)\, y \in S$$

gilt. Also heißt eine Menge konvex, wenn die Verbindungsstrecke je zweier Punkte aus S ganz in S liegt.

Diese Darstellung kann man auch mit der Konvexität einer Funktion in Zusammenhang bringen. Eine Funktion ist konvex, wenn die Sehne, die zwei Punkte ihres Graphen miteinander verbindet, ganz oberhalb des Graphen liegt. Also ist die Menge aller Punkte oberhalb des Graphen einer konvexen Funktion konvex. (Diese Tatsache wird oft zur Definition einer konvexen Funktion verwendet.) Dieser Zusammenhang zwischen konvexen Mengen und konvexen Funktionen wird durch das folgende Theorem beschrieben, das zum Teil A.1.3 analog ist. Der Beweis ist trivial.

A.1.5 Theorem. Es sei S_α konvex für $\alpha \in A$ (A sei eine Indexmenge). Dann ist $\bigcap\limits_{\alpha \in A} S_\alpha$ ebenfalls konvex.

Will man ein Theorem, das nur für konvexe Mengen gilt, auf beliebige Mengen "anwenden", so muß man diese zunächst durch eine sie enthaltende (möglichst kleine) konvexe Menge ersetzen. Zu dem Zweck definieren wir die konvexe Hülle einer Menge.

A.1.6 Definition. Es sei K eine beliebige Teilmenge des Vektorraums V. Dann ist seine konvexe Hülle H(K) der Durchschnitt aller konvexen Mengen, die K enthalten. Nach Theorem A.1.5 ist die konvexe Hülle einer Menge konvex. Außerdem ist jede konvexe Menge gleich ihrer eigenen konvexen Hülle.

Eine andere Methode, konvexe Hüllen zu definieren, benutzt die sogenannten konvexen Linearkombinationen.

A.1.7 Definition. Es seien $x^1, x^2, \ldots, x^p$ Punkte eines reellen Vektorraums. Ein Punkt y heißt konvexe Linearkombination von $x^1, x^2, \ldots, x^p$, wenn für passende reelle Zahlen $c_1, \ldots, c_p$:

(i) $\qquad\qquad c_j \geqslant 0 \qquad\qquad j = 1, \ldots, p$

(ii) $\qquad\qquad \sum c_j = 1$

(iii) $\qquad\qquad y = \sum c_j x^j$

gilt.

Der Zusammenhang zwischen konvexen Linearkombinationen und konvexer Hülle wird im folgenden Theorem dargestellt.

A.1.8 Theorem. Die konvexe Hülle jeder Menge K aus V ist gleich der Menge der konvexen Linearkombinationen der Elemente aus K.

Beweis. Sei S die Menge aller konvexen Linearkombinationen von Punkten aus K. Offensichtlich ist $K \subset S$. S ist konvex, denn angenommen

$$y = \sum_{1}^{p} c_j x^j \qquad x^1, \ldots, x^p \in K$$

und

$$y' = \sum_{p+1}^{p+q} c_j x^j \qquad x^{p+1}, \ldots, x^{p+q} \in K$$

liegen beide in S, und $(c_1, \ldots, c_p)$ bzw. $(c_{p+1}, \ldots, c_{p+q})$ erfüllen (i) und (ii) von A.1.7. Dann kann für $0 \leqslant r \leqslant 1$

$$y'' = ry + (1-r)y' = \sum_{j=1}^{p} (rc_j) x^j + \sum_{j=p+1}^{p+q} (1-r) c_j x^j$$

geschrieben werden und die Zahlen $(rc_1, \ldots, rc_p, (1-r)c_{p+1}, \ldots, (1-r)c_{p+q})$ erfüllen A.1.7 (i), (ii). Daraus folgt $y'' \in S$, d.h., S ist konvex. Daraus ergibt sich $H(K) \subseteq S$. Sei umgekehrt $y = \sum_{j=1}^{p} c_j x^j$ mit $x^j \in K$ und c_j wie oben. Wir beweisen durch Induktion bezüglich p die Beziehung $y \in H(K)$. Für $p = 1$, d.h. $y = x^1$, gilt $y \in K \subset H(K)$. Angenommen, diese Aussage gilt bereits für $p = 1$. Wir können weiterhin o.B.d.A. annehmen, daß $c_1 > 0$ und damit $r = \sum_{j-1}^{p-1} c_j > 0$. Dann ergibt sich

$$y = ry' + (1-r) x^p$$

mit

$$y' = \sum_{j=1}^{p-1} \frac{c_j}{r} x^j .$$

Offenbar ist $y' \in S$ und wegen der Induktionsannahme auch $y' \in H(K)$. Aber es gilt $x^p \in H(K)$. Wegen der Konvexität folgt dann $y \in H(K)$. Daraus ergibt sich $S \subset H(K)$, und das Theorem ist bewiesen. $\square$

Man kann nun jeder beliebigen Menge ihre eindeutig bestimmte konvexe Hülle zuordnen. Andererseits kommt es gelegentlich vor, daß zu einer gegebenen konvexen Menge K eine Teilmenge K' gesucht wird, deren konvexe Hülle $H(K')$ gleich K ist.

<u>A.1.9 Definition.</u> Es sei S eine konvexe Menge und $x \in S$. Dann heißt x Extrempunkt von S, wenn es keine Darstellung der Form

$$x = \frac{1}{2} (x' + x'')$$

mit $x' \neq x''$ aus S gibt. Das folgende wichtige Theorem wurde auch im Text benutzt.

A.1.10 Theorem. Jede kompakte und konvexe Teilmenge S des n-dimensionalen Euklidischen Raumes ist die konvexe Hülle ihrer Extremalpunkte. Weiterhin ist jedes $y \in S$ als konvexe Linearkombination von höchstens n + 1 Extremalpunkten aus S darstellbar.

Beweis. Der erste Teil des Theorems folgt aus dem zweiten. Wir beschränken uns also auf den Beweis des zweiten Teils. Diesen Beweis führen wir mit vollständiger Induktion bezüglich n. Für n = 1 sind die einzigen kompakten und konvexen Mengen die leere Menge $\emptyset$, die Mengen mit je einem Punkt und die abgeschlossenen Intervalle [a,b]. Für die leere Menge und die Menge aus einzelnen Punkten ist der Satz trivial; für die Intervalle [a,b] sind offensichtlich a und b Extrempunkte, und jedes $y \in [a,b]$ läßt sich als konvexe Linearkombination von a und b darstellen.

Angenommen, die Aussage gilt für n - 1. Dann gilt sie für alle (n - 1)-dimensionale Mengen, auch wenn diese Mengen Teilmengen von Räumen mit höherer Dimension sind. Es sei S wie im Theorem definiert und $y \in S$.

Wir betrachten eine beliebige Gerade durch y und deren Schnitt mit S. Da S kompakt und konvex ist, besteht dieser Schnitt aus einer Strecke mit den Endpunkten y' und y''.

Betrachten wir nun den Punkt y'. Da er Randpunkt von S ist, existiert eine Hyperebene P (siehe Aufgabe II.1), die so durch y' geht, daß die Menge S entweder völlig auf oder "oberhalb" (auf einer Seite) von P liegt. Offenbar ist P abgeschlossen und konvex, und damit ist $S \cap P$ eine kompakte und konvexe Menge, deren Dimension höchstens gleich n - 1 ist. Wegen $y' \in S \cap P$ kann y' als Linearkombination von höchstens n Extrempunkten aus $S \cap P$ geschrieben werden.

Sei nun $x \in S \cap P$ und $x = \frac{1}{2}(x' + x'')$ mit $x', x'' \in S$. Die Menge P kann durch die Gleichung $L(x) = \alpha$ charakterisiert werden, wobei L ein lineares Funktional mit $L(x) \geq \alpha$ für alle $x \in S$ ist. Wegen der Linearität folgt $L(x') = L(x'') = \alpha$ und damit $x', x'' \in P$. Das bedeutet, daß x Extrempunkt in P ist, wenn es Extrempunkt in $S \cap P$ ist. Wir haben somit gezeigt, daß y eine konvexe Linearkombination aus y'' und höchstens n Extrempunkten von S ist. Jedoch ergab sich y'' mit Hilfe einer beliebigen durch y verlaufenden Geraden; diese Gerade kann immer so gewählt werden, daß y'' Extrempunkt ist. Somit wird y als Linearkombination von höchstens n + 1 Extrempunkten aus S dargestellt. $\Box$

A.2 Fixpunktsätze

Wir geben hier zwei Theoreme ohne Beweis an, die im Text benutzt wurden. Die Beweise sind sehr umfangreich. Der Leser sei diesbezüglich auf das Literaturverzeichnis verwiesen.

<u>A.2.1 Theorem</u> (Der Brouwersche Fixpunktsatz). Es sei S eine kompakte und konvexe Teilmenge des n-dimensionalen Euklidischen Raumes und f eine stetige Funktion von S in sich. Dann existiert wenigstens ein $x \in S$ mit $f(x) = x$.

Der Beweis ist sehr schwierig und erfordert topologische Hilfsmittel, obwohl er für $n = 1$ eine direkte Folgerung aus dem Zwischenwertsatz ist (es genügt zu zeigen, daß die Gleichung $f(x) - x = 0$ eine Wurzel im gegebenen Intervall hat). Eine für die Spieltheorie nützliche Verallgemeinerung dieses Fixpunktsatzes ist der Fixpunktsatz von Kakutani. Als Vorbereitung geben wir die folgende

<u>A.2.2 Definition.</u> Es sei f eine auf dem topologischen Raum X definierte Funktion mit Werten in der Potenzmenge $\mathfrak{P}(Y)$[1] eines topologischen Raumes Y. Dann heißt f von oben halbstetig im Punkt y_0, wenn für jede gegen x_0 konvergierende Punktfolge $x_1, x_2 \ldots$ und für jede Punktfolge $y_1, y_2 \ldots$ mit $y_i \in f(x_i)$ der Grenzwert der Folge $\{y_n\}$ (vorausgesetzt die Folge konvergiert) Element der Menge $f(x_0)$ ist. Die Funktion f heißt von oben halbstetig, wenn sie in jedem Punkt aus X von oben halbstetig ist.

<u>A.2.3 Theorem</u> (KAKUTANI). Es sei S eine kompakte und konvexe Teilmenge des n-dimensionalen Euklidischen Raumes und f eine von oben halbstetige Funktion, die jedem $x \in S$ eine abgeschlossene, konvexe Teilmenge von S zuordnet. Dann existiert mindestens ein $x \in S$ mit $x \in f(x)$.

---

[1] Diese Funktion hat also als Werte stets Teilmengen der Menge Y.

Literaturverzeichnis

Allgemeine Literatur. Die folgenden Bücher enthalten Themen allgemeinen Interesses, im Gegensatz zu den Büchern und Aufsätzen, die nur mit einigen Kapiteln im Zusammenhang stehen und deshalb auch kapitelweise angegeben sind.

1. DRESHER, M., SHAPLEY, L.S., TUCKER, A.W.(eds.): Advances in Game Theory, Annals of Mathematics Studies No.52. Princeton (Princeton University Press), 1964.

2. DRESHER, M., TUCKER, A.W., WOLFE, P.(eds.): Contributions to the Theory of Games, III, Annals of Mathematics Studies No.39. Princeton (Princeton University Press), 1957.

3. KARLIN, S.: Mathematical Methods and Theory in Games, Programming and Economics, Reading, Mass.: Addison-Wesley Publishing Co., Inc., 1959.

4. KUHN, H.W., TUCKER, A.W.(eds.): Contributions to the Theory of Games, I-II, Annals of Mathematics Studies Nos.24, 28. Princeton (Princeton University Press), 1950, 1953.

5. KUHN, H.W., TUCKER, A.W.(eds.): Linear Inequalities and Related Systems, Annals of Mathematics Studies No.38. Princeton (Princeton University Press), 1956.

6. LUCE, R.D., RAIFFA, H.: Games and Decisions. New York: John Wiley and Sons, Inc., 1957.

7. TUCKER, A.W., LUCE, R.D.(eds.): Contributions to the Theory of Games, IV, Annals of Mathematics Studies No.40. Princeton (Princeton University Press), 1959.

8. VON NEUMANN, J., MORGENSTERN, O.: Theory of Games and Economic Behavior. Princeton (Princeton University Press), 1944, 1947.

Die unter 1, 2, 3, 4, 5 und 7 aufgeführten Bücher bestehen aus mehreren Artikeln und sind auch im Literaturverzeichnis der Kapitel aufgeführt, beispielsweise Annals 24, Annals 28 etc.

Kapitel I

1. BERGE, C.: Topological Games with Perfect Information, Annals 39.

2. GALE, D., STEWART, F.M.: Infinite Games with Perfect Information, Annals 28.

3. KUHN, H.W.: A Simplified Two-Person Poker, Annals 24.

220

4. KUHN, H.W.: Extensive Games and the Problem of Information, Annals 28.

5. NASH, J., SHAPLEY, L.S.: A Simple Three-Person Poker Game, Annals 24.

Kapitel II

1. BROWN, G.W., VON NEUMANN, L.: Solutions of Games by Differential Equations, Annals 24.

2. DRESHER, M., KARLIN, S.: Solutions of Convex Games as Fixed Points, Annals 28.

3. FARKAS, J.: Theorie der Einfachen Ungleichungen, J. Reine angew. Math. 124, S.1-27 (1902).

4. GALE, D., KUHN, H.W., TUCKER, A.W.: On Symmetric Games, Annals 24.

5. MOTZKIN, T.S., RAIFFA, H., THOMPSON, G.L., THRALL, R.M.: The Double Description Method, Annals 28.

6. ROBINSON, J.: An Iterative Method of Solving a Game, Annals of Mathematics 54, S.296-301 (1951).

7. SHAPLEY, L.S., SNOW, R.N.: Basic Solutions of Discrete Games, Annals 24.

8. WEYL, H.: Elementary Proof of a Minimax Theorem due to von Neumann, Annals 24.

Kapitel III

1. DANTZIG, G., FORD, L.R., FULKERSON, D.R.: A Primal-Dual Algorithm for Linear Programs, Annals 38.

2. DANTZIG, G., FULKERSON, D.R.: On the Max-Flow Min-Cut Theorem of Networks, Annals 38.

3. GASS, S.I.: Linear Programming. New York: McGraw-Hill Book Co. 1958.

4. GOLDMAN, A., TUCKER, A.W.: Theory of Linear Programming, Annals 38.

5. TUCKER, A.W.: Dual Systems of Homogeneous Linear Relations, Annals 38.

6. VAJDA, S.: The Theory of Games and Linear Programming. London: Methuen & Co., Ltd., New York: John Wiley and Sons, Inc. 1956.

7. WOLFE, P.: Determinateness of Polyhedral Games, Annals 38.

Kapitel IV

1. BOHNENBLUST, H.F., KARLIN, S., SHAPLEY, L.S.: Games with Continuous Convex Payoff, Annals 24.

2. BOHNENBLUST, H.F., KARLIN, S., SHAPLEY, L.S.: Solutions of Discrete Two-Person Games, Annals 24.

3. BOREL, E.: Sur les jeux où interviennent le hasard et l'habileté des joueurs, Eléments de la Théorie des Prohabilités, 3éme edition. Paris: Librairie Scientifique 1924.

4. DRESHER, M.S., KARLIN, S., SHAPLEY, L.S.: Polynominial Games, Annals 24.

5. DUFFIN, R.J.: Infinite Programs, Annals 38.

6. GROSS, O.: A Rational Game on the Square, Annals 39.

7. KARLIN, S.: Operator Treatment of the Minmax Principle, Annals 24.

8. KARLIN, S.: On a Class of Games, Annals 28.

9. KARLIN, S.: Reduction of Certain Classes of Games to Integral Equations, Annals 28.

10. RESTREPO, R.: Tactival Problems Involing Several Actions, Annals 39.

11. SHIFFMAN, M.: Games of Timing, Annals 28.

12. SION, M., WOLFE, P.: On a Game Without a Value, Annals 39.

Kapitel V

1. BERKOVITZ, L.D., FLEMING, W.H.: On Differential Games with Integral Payoff, Annals 39.

2. BERKOVITZ, L.D.: A Variational Approach to Differential Games, Annals 52.

3. BERKOVITZ, L.D.: A Differential Game without Pure Strategy Solutions on an Open Set, Annals 52.

4. BLACKWELL, D.: Multi-Component Attrition Games, Naval Research Logistics Quaterly 1, S.327-332 (1954).

5. DUBINS, L.E.: A Discrete Evasion Game, Annals 39.

6. EVERETT, H.: Recursive Games, Annals 39.

7. FLEMING, W.H., The Convergence Problem for Differential Games, Annals 52.

8. ISAACS, R.: Differential Games. New York: John Wiley & Sons, Inc. 1965.

9. ISBELL, J.: Finitary Games, Annals 39.

10. MILNOR, J., SHAPLEY, L.S.: On Games of Survival, Annals 39.

11. MYCIELSKI, J.: Continuous Games of Perfect Information, Annals 52.

12. RYLL-NARDZEWSKI, C.: A Theory of Pursuit and Evasion, Annals 52.

13. SCARF, H.E.: On Differential Games with Suvival Payoff, Annals 39.

14. SHAPLEY, L.S.: Stochastic Games, Proc. Nat. Acad. Sci. U.S.A. $\underline{39}$, S.327-332 (1953).

Kapitel VI

1. ARROW, K.J.: Social Choice and Individual Values, Cowlen Commission Monograph 12. New York: John Wiley and Sons, Inc. 1951.

2. DAVIDSON, D., SIEGEL, S., SUPPES, P.: Some Experiments and Related Theory on the Measurement of Utility and Subjective Probability, Applied Mathematics and Statistics Laboraty, Technical Report 1, Stanford University, 1955.

3. HAUSNER, M.: Multi-Dimensional Utilities, Decision Processes, ed. Thrall, Coombs, and Davis. New York: John Wiley and Sons, Inc. 1954.

4. HERNSTEIN, J.N., MILNOR, J.: An Axiomatic Approach to Measurable Utility, Econometrica 21, S.291-297 (1953).

5. ISBELL, J.: Absolute Games, Annals 40.

6. LUCE, R.D.: A Prohabilistic Theory of Utility, Technical Report 14, Behavioral Models Project, Columbia University, 1956.

7. SUPPES, P., WINET, M.: An Axiomatization of Utility Based on the Notion of Utility Differences, Man. Sci.1, S.259-270 (1955).

Kapitel VII

1. BRAITHWAITE, R.B.: Theory of Games as a Tool for the Moral Philosopher, Cambridge (Cambrigde University Press), 1955.

2. HARSANYI, J.C.: Approaches to the Bargaining Problem before, and after the Theory of Games: a Critical Discussion of Zeuthen's, Hick's and Nash's Theories, Econometrica 24, S.144-157 (1956).

3. HARSANYI, J.C.: A Solution for Non-Cooperative Games, Annals 52.

4. LEMBKE, C.E.: Bimatrix Equilibrium Points and Mathematical Programming, Man. Sci.11 (May 1965).

5. NASH, J.: Equilibrium Points in n-Person Games, Proc. Nat. Acad. Sci. U.S.A. 36, S.48-49 (1950).

6. NASH, J.: The Bargaining Problem, Econometrica 18, S.155-162 (1950).

7. NASH, J.: Non-Cooperative Games, Annals of Mathematics 54, S.286-295 (1951).

8. RAIFFA, H.: Arbitration Schemes for Generalized Two-Person Games, Annals 28.

9. SHAPLEY, L.S.: Some Topics in Two-Person Games, Annals 52.

10. ZEUTHEN, F.: Problems of Monopoly and Economic Warfare. London: G. Routledge and Sons 1930.

Kapitel VIII

1. BOTT, R.: Symmetric Solutions to Majority Games, Annals 28

2. GILLIES, D.B.: Solutions to General Non-Zero-Sum Games, Annals 40.

3. GURK, H., ISBELL, J.: Simple Solutions, Annals 40.

4. KALISCH, G.K., NERING, E.D.: Countably Infinitely Many Person Games, Annals 40.

5. MC KINSEY, J.C.C.: Isomorphism of Games and Strategic Equivalence, Annals 24.

6. OWEN, G.: Tensor Composition of Non-Negative Games, Annals 52.

7. OWEN, G.: Discriminatory Solutions of n-Person Games, Proc. Am. Math. Soc.17, S.653-657.

8. SHAPLEY, L.S.: Quota Solutions of n-Person Games, Annals 28.

9. SHAPLEY, L.S.: A Solution Containing an Arbitrary Closed Component, Annals 40.

10. SHAPLEY, L.S.: Solutions of Compound Simple Games, Annals 52.

11. SHUBIK, M.: Egdeworth Market Games, Annals 40.

Kapitel IX

1. AUMANN, R.J., MASCHLER, M.: The Bargaining Set for Cooperative Games, Annals 52.

2. LUCE, R.D.: ψ-Stability: a New Equilibrium Concept for n-Person Game Theory, Mathematical Models of Human Behavior (Proceedings of a symposium), Stamford, Conn. (Dunlap and Associates), 1955, pp.32-44.

3. LUCE, R.D.: k-Stability of Symmetric and Quota Games, Annals of Mathematics 62, S.517-527 (1955).

4. MASCHLER, M.: The Inequalities that Determine the Bargaining Set $\mathcal{M}_1^{(i)}$ Research Program in Game Theory and Mathematical Economics, Research Memorandum 17, Hebrew University of Jerusalem, January 1966.

5. MASCHLER, M., PELEG, B.: A Characterization, Existence Proof, and Dimension Bounds for the Kernel of a Game, Pacific J. Math. 18, S.289-328 (1966).

6. MILNOR, J.: Reasonable Outcomes for n-Person Games, RM-916, RAND Corporation, 1952.

7. PELEG, B.: On the Bargaining Set $\mathcal{M}_0$ of m-Quota Games, Annals 52.

8. PELEG, B.: Existence Theorem for the Bargaining Set $\mathcal{M}_1^{(i)}$, Bull. Am. Math. Soc. 69, S.109-110 (1963).

9. SHAPLEY, L.S.: A Value for n-Person Games, Annals 28.

Kapitel X

1. AUMANN, R.J.: Acceptable Points in General Cooperative n-Person Games, Annals 40.

2. AUMANN, R.J.: Markets with a Continuum of Traders, Econometrica 32, S.443-476 (1964).

3. DAVIS, M.: Symmetric Solutions to Symmetric Games with a Continuum of Players, Recent Advances in Game Theory, Proceedings of a Conference at Princeton University, 1961.

4. HARSANYI, J.C.: A Bargaining Model for the Cooperative n-Person Game, Annals 40.

5. HARSANYI, J.C.: A Simplified Bargaining Model for the n-Person Cooperative Games, International Economic Review 4 (May 1963).

6. ISBELL, J.: Absolute Games, Annals 40.

7. KANNAI, Y.: Values of Games with a Continuum of Players, Research Program in Game Theory and Mathematical Economics, Research Memorandum 11, Hebrew University of Jerusalem, August 1964.

8. LUCAS, W.F.: Solutions for Four-Person Games in Partition Function Form, J. SIAM 13, S.118-128 (1965).

9. MILNOR, J., SHAPLEY, L.S.: Values of Large Games II. Oceanic Games, RM-2699, RAND Corporation, February 1961.

10. MIYASAWA, K.: The n-Person Bargaining Game, Annals 52.

11. NERING, E.D.: Coalition Bargaining in n-Person Games, Annals 52.

12. SELTEN, R.: Valuation of n-Person Games, Annals 52.

13. SHAPLEY, L.S.: A Value for n-Person Games Without Side Payments, Procedings of a conference at Princeton University, April 1965.

14. STEARNS, R.E.: Three-Person Cooperative Games Without Side Payments, Annals 52.

15. STEARNS, R.E.: On the Axioms for a Cooperative Game Without Side Payments, Report 62-RL-3130E, General Electric Laboratories, Schenectady, N.Y., September 1962.

Anhang

1. BONNESEN, T., FENCHEL, W.: Theorie der Kovexen Körper, Ergebnisse der Mathematik und Ihrer Grenzgebiete, Vol.3, No.1. Berlin: Springer 1934; New York: Chelsea 1948.

2. GALE, D.: Convex Polyhedral Cones and Linear Inequalities, Activity Analysis of Production and Allocation, ed. T.C.Koopmans. New York: John Wiley and Sons, Inc. 1951.

3. KAKUTANI, S.: A Generalization of Brouwer's Fixed Point Theorem, Duke J. Math. 8, S.457-459 (1941).

4. WEYL, A.: The Elementary Theory of Convex Polyhedra, Annals 24.

Sachverzeichnis

Hochschultext

Innerhalb der *Hochschultexte* werden auf dem Gebiet der Mathematik wichtige Vorlesungsausarbeitungen und Lehrbücher publiziert. Ebenfalls Aufnahme in die *Hochschultexte* finden Übersetzungen bewährter Lehrbücher; wir glauben, auf diese Weise dem Studierenden der Anfangs- und mittleren Semester Bücher zugänglich machen zu können, die in Form und Inhalt im wahrsten Sinn des Wortes brauchbare Arbeitsmittel sind. *Hochschultexte* ist auf dem Gebiet der Mathematik Vorstufe und Ergänzung der Lehrbuchreihe *Graduate Texts in Mathematics,* einer Reihe, die (ausschließlich in englischer Sprache) es sich zum Ziel gesetzt hat, in knappen Leitfäden den Studierenden unmittelbar an den heutigen Stand der Wissenschaft heranzuführen.

H. Werner, Praktische Mathematik I. 1970. DM 14,– (Ursprünglich erschienen als „Mathematica Scripta, Band 1")

M. Gross und A. Lentin, Mathematische Linguistik. 1971. DM 28,–

J. C. Oxtoby, Maß und Kategorie. 1971. DM 16,–

G. Owen, Spieltheorie. 1971. DM 28,–

S. Mac Lane, Kategorien – Begriffssprache und mathematische Theorie. 1972. DM 34,–

G. Kreisel und J.-L. Krivine, Modelltheorie – Eine Einführung in die mathematische Logik. 1972. DM 28,–

Graduate Texts in Mathematics

Vol. 1 Takeuti/Zaring: Introduction to Axiomatic Set Theory. VII, 250 pages. DM 35,–

Vol. 2 Oxtoby: Measure and Category. VIII, 95 pages. DM 28,–

Vol. 3 Schaefer: Topological Vector Spaces. XI, 294 pages. DM 35,–

Vol. 4 Hilton/Stammbach: A Course in Homological Algebra. IX, 338 pages. DM 44,40

Vol. 5 Mac Lane: Categories. For the Working Mathematican. In preparation.